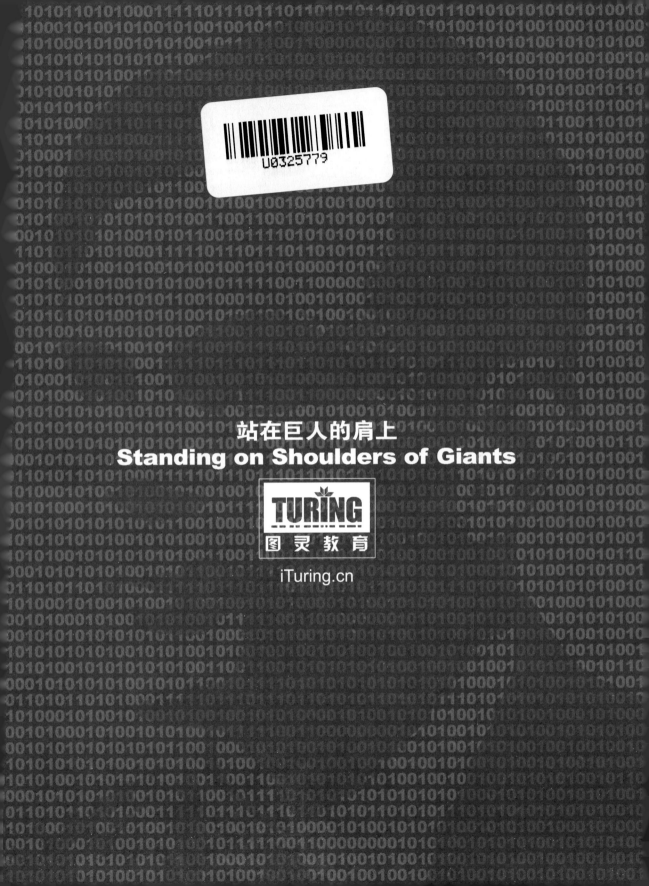

站在巨人的肩上
Standing on Shoulders of Giants

TURING
图灵教育

iTuring.cn

图灵程序设计丛书

Machine Learning with Spark Second Edition

Spark机器学习

（第2版）

[印] 拉结帝普·杜瓦　[印] 曼普利特·辛格·古特拉　[南非] 尼克·彭特里思　著
蔡立宇　黄章帅　周济民　译

人民邮电出版社
北京

图书在版编目（CIP）数据

Spark机器学习：第2版／（印）拉结帝普・杜瓦，（印）曼普利特・辛格・古特拉，（南非）尼克・彭特里思著；蔡立宇，黄章帅，周济民译. -- 北京：人民邮电出版社，2018.11
（图灵程序设计丛书）
ISBN 978-7-115-49783-3

Ⅰ. ①S… Ⅱ. ①拉… ②曼… ③尼… ④蔡… ⑤黄… ⑥周… Ⅲ. ①数据处理软件 Ⅳ. ①TP274

中国版本图书馆CIP数据核字(2018)第243357号

内 容 提 要

本书结合案例研究讲解Spark在机器学习中的应用，并介绍如何从各种公开渠道获取用于机器学习系统的数据。内容涵盖推荐系统、回归、聚类、降维等经典机器学习算法及其实际应用。第2版新增了有关机器学习数学基础以及Spark ML Pipeline API的章节，内容更加系统、全面、与时俱进。

本书适合数据分析从业人员以及高校数据挖掘相关专业师生阅读参考。

◆ 著　　[印] 拉结帝普・杜瓦　[印] 曼普利特・辛格・古特拉
　　　　[南非] 尼克・彭特里思
　译　　蔡立宇　黄章帅　周济民
　责任编辑　温 雪
　责任印制　周昇亮

◆ 人民邮电出版社出版发行　北京市丰台区成寿寺路11号
　邮编　100164　电子邮件　315@ptpress.com.cn
　网址　http://www.ptpress.com.cn
　三河市君旺印务有限公司印刷

◆ 开本：800×1000　1/16
　印张：24.25
　字数：573千字　　　　　2018年11月第1版
　印数：1-3 500册　　　　2018年11月河北第1次印刷

著作权合同登记号　图字：01-2017-8608号

定价：99.00元
读者服务热线：(010)51095186转600　印装质量热线：(010)81055316
反盗版热线：(010)81055315
广告经营许可证：京东工商广登字20170147号

前　　言

近年来，被收集、存储和分析的数据量呈爆炸式增长，特别是与网络、移动设备相关的数据，以及传感器产生的数据。大规模数据的存储、处理、分析和建模，以前只有 Google、Yahoo!、Facebook、Twitter 和 Salesforce 这样的大公司才会涉及，而现在越来越多的机构都会面对处理海量数据的挑战。

面对如此量级的数据以及常见的实时利用数据的需求，人工驱动的系统就难以应对。这就催生了所谓的大数据和机器学习系统，它们从数据中学习并可自动决策。

为了能以低成本实现对持续增长的大规模数据的支持，Google、Yahoo!、Amazon 和 Facebook 等公司推出了大量开源技术。这些技术旨在通过在计算机集群上进行分布式数据存储和计算来简化大数据处理。

这些技术中最广为人知的是 Apache Hadoop，它极大地简化了海量数据的存储（通过 HDFS，即 Hadoop distributed file system）和计算（通过 Hadoop MapReduce，一种在集群里多个节点上进行并行计算的框架）流程，并降低了相应的成本。

然而，MapReduce 有其严重的缺点，如启动任务时的高开销、对中间数据和计算结果写入磁盘的依赖。这些都使得 Hadoop 不适合迭代式或低延迟的任务。Apache Spark 是一个新的分布式计算框架，从设计开始便注重对低延迟任务的优化，并将中间数据和结果保存在内存中，从而弥补了 Hadoop 框架中的一些主要缺陷。Spark 提供简洁明了的函数式 API，并完全兼容 Hadoop 生态系统。

不止如此，Spark 还提供针对 Scala、Java、Python 和 R 语言的原生 API。通过 Scala 和 Python 的 API，Spark 应用程序可充分利用 Scala 或 Python 语言的优势。这些优势包括使用相关的解释程序进行实时交互式的程序编写。Spark 现在还自带了一个支持分布式机器学习和包含若干数据挖掘模型的工具包（1.6 版中为 Spark MLlib，2.0 版则对应 Spark ML）。该工具包正在重点开发中，但已包括多个针对常见机器学习任务的高质量、可扩展的算法。本书将会涉及部分此类任务。

在大型数据集上进行机器学习颇具挑战性。这主要是因为常见的机器学习算法并非为并行架构而设计。多数情况下，设计这样的算法并不容易。机器学习模型一般具有迭代式的特性，而这与 Spark 的设计目标一致。并行计算的框架有很多，但很少能在兼顾速度、可扩展性、内存处理和容错性的同时，还提供灵活、表达力丰富的 API。Spark 是其中为数不多的一个。

本书将关注机器学习技术的实际应用。我们会简要介绍机器学习算法的一些理论知识，但总体来说本书注重技术实践。具体来说，我们会通过示例程序和样例代码，举例说明如何借助 Spark、MLlib 以及其他常见的免费机器学习和数据分析套件来创建一个有用的机器学习系统。

本书内容

第 1 章"Spark 的环境搭建与运行"会讲到如何安装和搭建 Spark 框架的本地开发环境，以及怎样使用 Amazon EC2 在云端创建 Spark 集群；然后会介绍 Spark 编程模型和 API；最后分别用 Scala、Java 和 Python 语言创建一个简单的 Spark 应用。

第 2 章"机器学习的数学基础"会提供机器学习所需的基础数学知识。要理解算法，从而获得更好的建模效果，理解数学及其技巧十分重要。

第 3 章"机器学习系统设计"会展示一个贴合实际的机器学习系统案例。随后会针对该案例设计一个基于 Spark 的智能系统所对应的高层架构。

第 4 章"Spark 上数据的获取、处理与准备"会详细介绍如何从各种免费的公开渠道获取用于机器学习系统的数据。我们将学到如何进行数据处理和清理，并通过可用的工具、库和 Spark 函数将它们转换为符合要求的数据，使之具备可用于机器学习模型的特征。

第 5 章"Spark 构建推荐引擎"展示了如何创建一个基于协同过滤的推荐模型。该模型将用于向给定用户推荐物品，以及创建与给定物品相似的物品清单。这一章还会讲到如何使用标准指标来评估推荐模型的效果。

第 6 章"Spark 构建分类模型"阐述如何创建二元分类模型，以及如何利用标准的性能评估指标来评估分类效果。

第 7 章"Spark 构建回归模型"扩展了第 6 章中的分类模型以创建一个回归模型，并详细介绍了回归模型的评估指标。

第 8 章"Spark 构建聚类模型"探索如何创建聚类模型以及相关评估方法的使用。你会学到如何分析和可视化聚类结果。

第 9 章"Spark 应用于数据降维"将通过多种方法从数据中提取其内在结构并降低其维度。你会学到一些常见的降维方法，以及如何对它们进行应用和分析。这里还会讲到如何将降维的结果作为其他机器学习模型的输入。

第 10 章"Spark 高级文本处理技术"介绍了处理大规模文本数据的方法。这包括从文本中提取特征以及处理文本数据中常见的高维特征的方法。

第 11 章 "Spark Streaming 实时机器学习"对 Spark Streaming 进行了综述，并介绍它如何在流数据上的机器学习中实现对在线和增量学习方法的支持。

第 12 章 "Spark ML Pipeline API"在 Data Frames 的基础上提供了一套统一的接口（API），帮助用户创建和调试机器学习流程。

预备知识

本书假设读者已有基本的 Scala、Java、Python 或 R 编程经验，以及机器学习、统计学和数据分析方面的基础知识。

目标读者

本书的预期读者是初、中级数据科学研究者、数据分析师、软件工程师和对大规模环境下的机器学习或数据挖掘感兴趣的人。读者不需要熟悉 Spark，但若具有统计、机器学习相关软件（比如 MATLAB、scikit-learn、Mahout、R 或 Weka 等）或分布式系统（如 Hadoop）的实践经验，会很有帮助。

排版约定

在本书中，你会发现一些不同的文本样式，用以区别不同种类的信息。下面举例说明。

代码段的格式如下：

```
val conf = new SparkConf()
  .setAppName("Test Spark App")
  .setMaster("local[4]")
val sc = new SparkContext(conf)
```

所有的命令行输入或输出的格式如下：

```
> tar xfvz spark-2.1.0-bin-hadoop2.7.tgz
> cd spark-2.1.0-bin-hadoop2.7
```

新术语和**重点词汇**以黑体表示。屏幕、目录或对话框上的内容这样表示："这些信息可以从 AWS 主页上依次点击 Account | Security Credentials | Access Credentials 看到。"

这个图标表示警告或需要特别注意的内容。

这个图标表示提示或技巧。

读者反馈

欢迎提出反馈。如果你对本书有任何想法，喜欢它什么，不喜欢它什么，请让我们知道。要写出真正对大家有帮助的书，了解读者的反馈很重要。一般的反馈，请发送电子邮件至feedback@packtpub.com，并在邮件主题中包含书名。如果你有某个主题的专业知识，并且有兴趣写成或帮助促成一本书，请参考我们的作者指南 https://www.packtpub.com/books/info/packt/authors。

客户支持

现在，你是一位令人自豪的 Packt 图书的拥有者，我们会尽全力帮你充分利用你手中的书。

下载示例代码

你可以用你的账户从 https://www.packtpub.com 下载所有已购买 Packt 图书的示例代码文件。[①]如果你从其他地方购买本书，可以访问 https://www.packtpub.com/books/content/support 并注册，我们将通过电子邮件把文件发送给你。

你可通过如下步骤下载本书示例代码：

(1) 在上述网站上，使用你自己的邮件地址和密码登录或注册；
(2) 将鼠标移动到顶部的 SUPPORT 标签页；
(3) 点击 Code Downloads & Errata；
(4) 在 Search 栏中输入本书名；
(5) 在搜索结果中选择要下载代码的书；
(6) 从下拉菜单中选择从何处购买的本书；
(7) 点击 Code Download 下载包含代码和部分数据的代码包。

代码包下载后，请使用如下软件的最新版本来解压缩或提取所含资料：

- Windows 上建议使用 WinRAR/7-Zip；
- Mac 上建议使用 Zipeg/iZip/UnRarX；
- Linux 上建议使用 7-Zip/PeaZip。

代码包在 GitHub 上也可获取，地址为 https://github.com/PacktPublishing/Machine-Learning-with-Spark-Second-Edition。https://github.com/PacktPublishing 上也列出了我们所出版的各类图书和视频的代码包，欢迎查看。

[①] 读者也可访问本书图灵社区页面（http://www.ituring.com.cn/book/2041）下载示例代码及彩图，并提交本书中文版勘误。——编者注

勘误表

虽然我们已尽力确保本书内容正确，但出错仍旧在所难免。如果你在我们的书中发现错误，不管是文本还是代码，希望能告知我们，我们不胜感激。这样做可以减少其他读者的困扰，帮助我们改进本书的后续版本。如果你发现任何错误，请访问 https://www.packtpub.com/books/info/packt/errata-submission-form-0 提交，选择你的书，点击勘误表提交表单的链接（Errata Submission Form），并输入详细说明。勘误一经核实，你的提交将被接受，此勘误将上传到本公司网站或添加到现有勘误表。

从 https://www.packtpub.com/books/content/support 选择书名，在图书页面的 Errata 区域就可以查看现有的勘误表。

侵权行为

互联网上的盗版是所有媒体都要面对的问题。Packt 非常重视保护版权和许可证。如果你发现我们的作品在互联网上被非法复制，不管以什么形式，都请立即为我们提供位置地址或网站名称，以便我们可以寻求补救。

请把可疑盗版材料的链接发到 copyright@packtpub.com。

非常感谢你帮助我们保护作者，以及保护我们给你带来有价值内容的能力。

问题

如果你对本书内容存有疑问，不管是哪个方面，都可以通过 questions@packtpub.com 联系我们，我们将尽最大努力来解决。

电子书

扫描如下二维码，即可购买本书电子版。

目　录

第1章　Spark的环境搭建与运行 ……………… 1
- 1.1　Spark的本地安装与配置 …………………… 2
- 1.2　Spark集群 …………………………………… 3
- 1.3　Spark编程模型 ……………………………… 4
  - 1.3.1　`SparkContext`类与`SparkConf`类 ……………………………… 4
  - 1.3.2　`SparkSession` ……………………… 5
  - 1.3.3　Spark shell ………………………… 6
  - 1.3.4　弹性分布式数据集 ………………… 8
  - 1.3.5　广播变量和累加器 ……………… 12
- 1.4　SchemaRDD ………………………………… 13
- 1.5　Spark data frame …………………………… 13
- 1.6　Spark Scala编程入门 ……………………… 14
- 1.7　Spark Java编程入门 ……………………… 17
- 1.8　Spark Python编程入门 …………………… 19
- 1.9　Spark R编程入门 ………………………… 21
- 1.10　在Amazon EC2上运行Spark …………… 23
- 1.11　在Amazon Elastic Map Reduce上配置并运行Spark …………………… 28
- 1.12　Spark用户界面 …………………………… 31
- 1.13　Spark所支持的机器学习算法 …………… 32
- 1.14　Spark ML的优势 ………………………… 36
- 1.15　在Google Compute Engine上用Dataproc构建Spark集群 ……………… 38
  - 1.15.1　Hadoop和Spark版本 …………… 38
  - 1.15.2　创建集群 ………………………… 38
  - 1.15.3　提交任务 ………………………… 41
- 1.16　小结 ………………………………………… 43

第2章　机器学习的数学基础 ………………… 44
- 2.1　线性代数 …………………………………… 45
  - 2.1.1　配置IntelliJ Scala环境 …………… 45
  - 2.1.2　配置命令行Scala环境 …………… 47
  - 2.1.3　域 ……………………………………… 48
  - 2.1.4　矩阵 ………………………………… 54
  - 2.1.5　函数 ………………………………… 64
- 2.2　梯度下降 …………………………………… 68
- 2.3　先验概率、似然和后验概率 ……………… 69
- 2.4　微积分 ……………………………………… 69
  - 2.4.1　可微微分 …………………………… 69
  - 2.4.2　积分 ………………………………… 70
  - 2.4.3　拉格朗日乘子 ……………………… 70
- 2.5　可视化 ……………………………………… 71
- 2.6　小结 ………………………………………… 72

第3章　机器学习系统设计 …………………… 73
- 3.1　机器学习是什么 …………………………… 73
- 3.2　MovieStream介绍 ………………………… 74
- 3.3　机器学习系统商业用例 …………………… 75
  - 3.3.1　个性化 ……………………………… 75
  - 3.3.2　目标营销和客户细分 ……………… 76
  - 3.3.3　预测建模与分析 …………………… 76
- 3.4　机器学习模型的种类 ……………………… 76
- 3.5　数据驱动的机器学习系统的组成 ………… 77
  - 3.5.1　数据获取与存储 …………………… 77
  - 3.5.2　数据清理与转换 …………………… 78
  - 3.5.3　模型训练与测试循环 ……………… 79
  - 3.5.4　模型部署与整合 …………………… 79
  - 3.5.5　模型监控与反馈 …………………… 80

		3.5.6 批处理或实时方案的选择 ……… 80
		3.5.7 Spark 数据管道 ……… 81
3.6	机器学习系统架构 ……… 82
3.7	Spark MLlib ……… 83
3.8	Spark ML 的性能提升 ……… 83
3.9	MLlib 支持算法的比较 ……… 85
	3.9.1 分类 ……… 85
	3.9.2 聚类 ……… 85
	3.9.3 回归 ……… 85
3.10	MLlib 支持的函数和开发者 API ……… 86
3.11	MLlib 愿景 ……… 87
3.12	MLlib 版本的变迁 ……… 87
3.13	小结 ……… 88

第 4 章 Spark 上数据的获取、处理与准备 ……… 89

4.1	获取公开数据集 ……… 90
4.2	探索与可视化数据 ……… 92
	4.2.1 探索用户数据 ……… 94
	4.2.2 探索电影数据 ……… 102
	4.2.3 探索评级数据 ……… 104
4.3	数据的处理与转换 ……… 109
4.4	从数据中提取有用特征 ……… 112
	4.4.1 数值特征 ……… 112
	4.4.2 类别特征 ……… 113
	4.4.3 派生特征 ……… 114
	4.4.4 文本特征 ……… 116
	4.4.5 正则化特征 ……… 121
	4.4.6 用软件包提取特征 ……… 123
4.5	小结 ……… 126

第 5 章 Spark 构建推荐引擎 ……… 127

5.1	推荐模型的分类 ……… 128
	5.1.1 基于内容的过滤 ……… 128
	5.1.2 协同过滤 ……… 128
	5.1.3 矩阵分解 ……… 130
5.2	提取有效特征 ……… 139
5.3	训练推荐模型 ……… 140
	5.3.1 使用 MovieLens 100k 数据集训练模型 ……… 141
	5.3.2 使用隐式反馈数据训练模型 ……… 143
5.4	使用推荐模型 ……… 143
	5.4.1 ALS 模型推荐 ……… 144
	5.4.2 用户推荐 ……… 145
	5.4.3 物品推荐 ……… 148
5.5	推荐模型效果的评估 ……… 152
	5.5.1 ALS 模型评估 ……… 152
	5.5.2 均方差 ……… 154
	5.5.3 K 值平均准确率 ……… 156
	5.5.4 使用 MLlib 内置的评估函数 ……… 159
5.6	FP-Growth 算法 ……… 161
	5.6.1 FP-Growth 的基本例子 ……… 161
	5.6.2 FP-Growth 在 MovieLens 数据集上的实践 ……… 163
5.7	小结 ……… 164

第 6 章 Spark 构建分类模型 ……… 165

6.1	分类模型的种类 ……… 167
	6.1.1 线性模型 ……… 167
	6.1.2 朴素贝叶斯模型 ……… 177
	6.1.3 决策树 ……… 180
	6.1.4 树集成模型 ……… 183
6.2	从数据中抽取合适的特征 ……… 188
6.3	训练分类模型 ……… 189
6.4	使用分类模型 ……… 190
	6.4.1 在 Kaggle/StumbleUpon evergreen 数据集上进行预测 ……… 191
	6.4.2 评估分类模型的性能 ……… 191
	6.4.3 预测的正确率和错误率 ……… 191
	6.4.4 准确率和召回率 ……… 193
	6.4.5 ROC 曲线和 AUC ……… 194
6.5	改进模型性能以及参数调优 ……… 196
	6.5.1 特征标准化 ……… 197
	6.5.2 其他特征 ……… 199
	6.5.3 使用正确的数据格式 ……… 202
	6.5.4 模型参数调优 ……… 203
6.6	小结 ……… 211

第 7 章　Spark 构建回归模型 212
7.1　回归模型的种类 212
7.1.1　最小二乘回归 213
7.1.2　决策树回归 214
7.2　评估回归模型的性能 215
7.2.1　均方误差和均方根误差 215
7.2.2　平均绝对误差 215
7.2.3　均方根对数误差 216
7.2.4　R-平方系数 216
7.3　从数据中抽取合适的特征 216
7.4　回归模型的训练和应用 220
7.4.1　BikeSharingExecutor 220
7.4.2　在 bike sharing 数据集上训练回归模型 221
7.4.3　决策树集成 229
7.5　改进模型性能和参数调优 235
7.5.1　变换目标变量 235
7.5.2　模型参数调优 242
7.6　小结 256

第 8 章　Spark 构建聚类模型 257
8.1　聚类模型的类型 258
8.1.1　K-均值聚类 258
8.1.2　混合模型 262
8.1.3　层次聚类 262
8.2　从数据中提取正确的特征 262
8.3　K-均值训练聚类模型 265
8.3.1　训练 K-均值聚类模型 266
8.3.2　用聚类模型来预测 267
8.3.3　解读预测结果 267
8.4　评估聚类模型的性能 271
8.4.1　内部评估指标 271
8.4.2　外部评估指标 272
8.4.3　在 MovieLens 数据集上计算性能指标 272
8.4.4　迭代次数对 WSSSE 的影响 272
8.5　二分 K-均值 275
8.5.1　二分 K-均值——训练一个聚类模型 276
8.5.2　WSSSE 和迭代次数 280
8.6　高斯混合模型 283
8.6.1　GMM 聚类分析 283
8.6.2　可视化 GMM 类簇分布 285
8.6.3　迭代次数对类簇边界的影响 286
8.7　小结 287

第 9 章　Spark 应用于数据降维 288
9.1　降维方法的种类 289
9.1.1　主成分分析 289
9.1.2　奇异值分解 289
9.1.3　和矩阵分解的关系 290
9.1.4　聚类作为降维的方法 290
9.2　从数据中抽取合适的特征 291
9.3　训练降维模型 299
9.4　使用降维模型 302
9.4.1　在 LFW 数据集上使用 PCA 投影数据 302
9.4.2　PCA 和 SVD 模型的关系 303
9.5　评价降维模型 304
9.6　小结 307

第 10 章　Spark 高级文本处理技术 308
10.1　文本数据处理的特别之处 308
10.2　从数据中抽取合适的特征 309
10.2.1　词加权表示 309
10.2.2　特征散列 310
10.2.3　从 20 Newsgroups 数据集中提取 TF-IDF 特征 311
10.3　使用 TF-IDF 模型 324
10.3.1　20 Newsgroups 数据集的文本相似度和 TF-IDF 特征 324
10.3.2　基于 20 Newsgroups 数据集使用 TF-IDF 训练文本分类器 326
10.4　评估文本处理技术的作用 328
10.5　Spark 2.0 上的文本分类 329
10.6　Word2Vec 模型 331
10.6.1　借助 Spark MLlib 训练 Word2Vec 模型 331

10.6.2 借助 Spark ML 训练
　　　　Word2Vec 模型 ·················· 332
10.7 小结 ·· 334

第 11 章　Spark Streaming 实时机器学习 ·· 335

11.1 在线学习 ·· 335
11.2 流处理 ·· 336
　　11.2.1 Spark Streaming 介绍 ············· 337
　　11.2.2 Spark Streaming 缓存和
　　　　　容错机制 ·························· 339
11.3 创建 Spark Streaming 应用 ·········· 340
　　11.3.1 消息生成器 ························ 341
　　11.3.2 创建简单的流处理程序 ······ 343
　　11.3.3 流式分析 ···························· 346
　　11.3.4 有状态的流计算 ················ 348
11.4 使用 Spark Streaming 进行在线学习 ···· 349

　　11.4.1 流回归 ······························· 350
　　11.4.2 一个简单的流回归程序 ······· 350
　　11.4.3 流式 K-均值 ···················· 354
11.5 在线模型评估 ································ 355
11.6 结构化流 ·· 358
11.7 小结 ·· 359

第 12 章　Spark ML Pipeline API ············ 360

12.1 Pipeline 简介 ································· 360
　　12.1.1 DataFrame ························· 360
　　12.1.2 Pipeline 组件 ···················· 360
　　12.1.3 转换器 ······························· 361
　　12.1.4 评估器 ······························· 361
12.2 Pipeline 工作原理 ·························· 363
12.3 Pipeline 机器学习示例 ·················· 367
12.4 小结 ·· 375

第 1 章 Spark 的环境搭建与运行

Apache Spark 是一个分布式计算框架，旨在简化运行于计算机集群或虚拟机上的并行程序的编写。该框架对资源调度、任务的提交、执行和跟踪，节点间的通信以及数据并行处理的内在底层操作都进行了抽象。它提供了一个更高级别的 API 来处理分布式数据。从这方面说，它与 Apache Hadoop 等分布式处理框架类似。但在底层架构上，Spark 与它们有所不同。

Spark 起源于加州大学伯克利分校 AMP 实验室的一个研究项目。该高校当时关注分布式机器学习算法的应用情况。因此，Spark 从一开始便是为应对迭代式应用的高性能需求而设计的。在这类应用中，相同的数据会被多次访问。该设计主要通过在内存中缓存数据集以及启动并行计算任务时的低延迟和低系统开销来实现高性能。再加上其容错性、灵活的分布式数据结构和强大的函数式编程接口，Spark 在各类基于机器学习和迭代分析的大规模数据处理任务上有广泛的应用，这也表明了其实用性。

关于 Spark 项目的更多信息，请参见：

- http://spark.apache.org/community.html
- http://spark.apache.org/community.html#history

从性能上说，Spark 在不同工作负载下的运行速度明显高于 Hadoop，如下图所示。

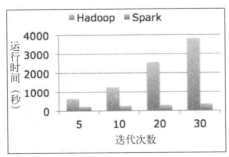

来源：https://amplab.cs.berkeley.edu/wp-content/uploads/2011/11/spark-lr.png

Spark 支持 4 种运行模式。

- 本地单机模式：所有 Spark 进程都运行在同一个 Java 虚拟机（JVM，Java virtual machine）进程中。
- 集群单机模式：使用 Spark 内置的任务调度框架。
- 基于 Mesos：Mesos 是一个流行的开源集群计算框架。
- 基于 Hadoop YARN：YARN 常被称作 NextGen MapReduce。

本章主要包括以下内容。

- 下载 Spark 二进制版本，并搭建一个在本地单机模式下运行的开发环境。本书各章的代码示例都在该环境下运行。
- 通过 Spark 的交互式终端来了解它的编程模型及 API。
- 分别用 Scala、Java、R 和 Python 语言来编写第一个 Spark 程序。
- 在 Amazon 的 EC2（Elastic Cloud Compute）平台上架设一个 Spark 集群。相比本地模式，该集群可以应对数据量更大、计算更复杂的任务。
- 借助 Amazon Elastic Map Reduce 服务来构建一个 Spark 集群。

如果读者曾构建过 Spark 环境并熟悉有关 Spark 程序编写的基础知识，可以跳过本章。

1.1 Spark 的本地安装与配置

Spark 能通过内置的单机集群调度器在本地模式下运行。此时，所有的 Spark 进程都高效地运行在同一个 Java 虚拟机中。这实际上构造了一个独立、多线程版本的 Spark 环境。本地模式常用于原型设计、开发、调试及测试。同样，它也适应于在单机上进行多核并行计算的实际场景。

Spark 的本地模式与集群模式完全兼容，在本地编写和测试过的程序仅需增加少许设置便能在集群上运行。

本地构建 Spark 环境的第一步是下载其最新的版本包。各版本的版本包及源代码的 GitHub 地址可在 Spark 项目的下载页面找到：http://spark.apache.org/downloads.html。

 Spark 的在线文档（http://spark.apache.org/docs/latest/）涵盖了进一步学习 Spark 所需的各种资料。强烈推荐读者浏览查阅。

为了访问 Hadoop 分布式文件系统（HDFS）以及标准或定制的 Hadoop 输入源，Spark 的编译需要与 Hadoop 的版本对应。上述下载页面提供了针对 Cloudera 的 Hadoop 发行版（CHD）、MapR 的 Hadoop 发行版和 Hadoop 2（YARN）的预编译二进制包。除非你想构建针对特定版本 Hadoop 的 Spark，否则建议你通过如下链接从 Apache 镜像下载 Hadoop 2.7 预编译版本：http://d3kbcqa49mib13.cloudfront.net/spark-2.0.2-bin-hadoop2.7.tgz。

Spark 的运行依赖 Scala 编程语言（写作本书时为 2.10.x 或 2.11.x 版）。好在预编译的二进制包中已包含 Scala 运行环境，我们不需要另外安装 Scala 便可运行 Spark。但是，你需要先安装好 Java 运行时环境（JRE）或 Java 开发工具包（JDK）。

 相应的安装指南可参见本书代码包中的软硬件列表。推荐使用 R 3.1 或以上版本。

下载完上述版本包后，在终端输入如下指令解压软件包并进入解压出的文件夹：

```
$ tar xfvz spark-2.0.0-bin-hadoop2.7.tgz
$ cd spark-2.0.0-bin-hadoop2.7
```

用户启动 Spark 所用的脚本在该目录的 bin 文件夹下。可通过如下命令运行 Spark 附带的一个示例程序来测试是否一切正常：

```
$ ./bin/run-example SparkPi 100
```

该命令将在本地单机模式下运行 SparkPi 这个示例。在该模式下，所有的 Spark 进程均运行于同一个 JVM 中，而并行处理则通过多线程来实现。默认情况下，该示例会启用的线程数与本地系统的 CPU 核心数目相同。示例运行完后，应可在输出的结尾看到如下的提示：

```
...
16/11/24 14:41:58 INFO Executor: Finished task 99.0 in stage 0.0
    (TID 99). 872 bytes result sent to driver
16/11/24 14:41:58 INFO TaskSetManager: Finished task 99.0 in stage
    0.0 (TID 99) in 59 ms on localhost (100/100)
16/11/24 14:41:58 INFO DAGScheduler: ResultStage 0 (reduce at
    SparkPi.scala:38) finished in 1.988 s
16/11/24 14:41:58 INFO TaskSchedulerImpl: Removed TaskSet 0.0,
    whose tasks have all completed, from pool
16/11/24 14:41:58 INFO DAGScheduler: Job 0 finished: reduce at
    SparkPi.scala:38, took 2.235920 s
Pi is roughly 3.1409527140952713
```

上述命令调用了 org.apache.spark.examples.SparkPi 类。

该类以 local[N] 格式来接受输入参数，其中 N 表示要启用的线程数目。比如只使用两个线程时，便可使用如下命令：

```
$ ./bin/spark-submit --class org.apache.spark.examples.SparkPi
    --master local[2] ./examples/jars/spark-examples_2.11-2.0.0.jar 100
```

按惯例，将命令中的 local[2] 改为 local[*] 则会使用本机所有可用的核心。

1.2　Spark 集群

Spark 集群由两类进程构成：一个驱动程序和多个执行程序。在本地模式下，所有的进程都运行在同一个 JVM 内，而在集群模式下时，它们通常运行在不同的节点上。

举例来说，一个采用单机模式的 Spark 集群（即使用 Spark 内置的集群管理模块）通常包括：

- 一个运行 Spark 单机主进程和驱动程序的主节点
- 各自运行一个执行程序进程的多个工作节点

在本书中，我们将使用 Spark 的本地单机模式进行概念阐述和举例说明，但所用的代码也可运行在 Spark 集群上。比如在一个 Spark 单机集群上运行上述示例，只需传入主节点的 URL 即可：

```
$ MASTER=spark://IP:PORT --class org.apache.spark.examples.SparkPi
  ./examples/jars/spark-examples_2.11-2.0.0.jar 100
```

其中的 IP 和 PORT 分别是主节点 IP 地址和端口号。这是告诉 Spark 让示例程序在主节点所对应的集群上运行。

Spark 集群管理和部署的完整方案不在本书的讨论范围内。但是，本章后面会对 Amazon EC2 集群的设置和使用做简要说明。

Spark 集群部署的概要介绍可参见如下链接：

- http://spark.apache.org/docs/latest/cluster-overview.html
- http://spark.apache.org/docs/latest/submitting-applications.html

1.3 Spark 编程模型

在对 Spark 的设计进行更全面的介绍前，我们先介绍 SparkContext 对象以及 Spark shell。后面将通过它们来了解 Spark 编程模型的基础知识。

虽然这里会对 Spark 的使用进行简要介绍并提供示例，但我们推荐读者通过如下资料来获得更深入的理解。

请参考如下链接。

- Spark 快速入门：http://spark.apache.org/docs/latest/quick-start.html。
- 针对 Scala、Java、Python 和 R 的 Spark 编程指南：http://spark.apache.org/docs/latest/rdd-programming-guide.html。

1.3.1 SparkContext 类与 SparkConf 类

任何 Spark 程序的编写都是从 SparkContext（或用 Java 编写时的 JavaSparkContext）开始的。SparkContext 的初始化需要 SparkConf 对象的一个实例，后者包含了 Spark 集群配置的各种参数，比如主节点的 URL。

SparkContext 是调用 Spark 功能的一个主要入口。一个 SparkContext 对象代表与一个 Spark 集群的连接。它能用于创建 RDD 对象、累加器或在集群内广播变量。

每个 JVM 上都只能有一个 SparkContext 对象。在创建一个新的对象前，必须调用现有对象的 stop() 函数。

初始化后，便可用 SparkContext 对象所包含的各种方法来创建和操作分布式数据集和共享变量。Spark shell（在 Scala 和 Python 下可以，但不支持 Java）能自动完成上述初始化。若要用 Scala 代码来实现的话，可参照下面的代码：

```
val conf = new SparkConf()
  .setAppName("Test Spark App")
  .setMaster("local[4]")
val sc = new SparkContext(conf)
```

这段代码会创建一个 4 线程的 SparkContext 对象，并将其相应的应用程序命名为 Test Spark APP。也可通过如下方式调用 SparkContext 的简单构造函数，以默认的参数值来创建相应的对象，其效果和上述的完全相同。

```
val sc = new SparkContext("local[4]", "Test Spark App")
```

下载示例代码

你可从 https://www.packtpub.com 下载你账号购买过的 Packt 图书的示例代码。若书是从别处购买的，则可在 https://www.packtpub.com/books/content/support 注册，相应的代码会直接发送到你的电子邮箱。

1.3.2 SparkSession

SparkSession 同时支持 DataFrame 和各种数据集 API，它提供了一个统一的 API 来调用这些功能。

首先需要创建 SparkConf 类的实例，然后用它来创建 SparkSession 实例。参考如下示例代码：

```
val spConfig = (new SparkConf).setMaster("local").setAppName("SparkApp")
  val spark = SparkSession
    .builder()
    .appName("SparkUserData").config(spConfig)
    .getOrCreate()
```

然后，用 Spark 对象来创建一个 DataFrame 对象：

```
val user_df = spark.read.format("com.databricks.spark.csv")
  .option("delimiter", "|").schema(customSchema)
  .load("/home/ubuntu/work/ml-resources/spark-ml/data/ml-100k/u.user")
val first = user_df.first()
```

1.3.3 Spark shell

Spark 支持用 Scala、Python 或 R REPL（read-eval-print-loop，交互式 shell）来进行交互式的程序编写。由于输入的代码会被立即计算，shell 能在输入代码时提供实时反馈。在 Scala shell 中，命令执行结果的值与类型在代码执行完后也会显示出来。

要通过 Scala 来使用 Spark shell，只需从 Spark 的主目录执行 ./bin/spark-shell。它会启动 Scala shell 并初始化一个 `SparkContext` 对象。我们可以通过 `sc` 这个 Scala 值来调用这个对象。在 Spark 2.0 中也以 Spark 变量的形式提供了一个 `SparkSession` 实例。

上述命令的终端输出如下：

```
$ ~/work/spark-2.0.0-bin-hadoop2.7/bin/spark-shell
Using Spark's default log4j profile: org/apache/spark/log4jdefaults.properties
  Setting default log level to "WARN".
To adjust logging level use sc.setLogLevel(newLevel).
16/08/06 22:14:25 WARN NativeCodeLoader: Unable to load nativehadoop library for your
  platform... using builtin-java classes where applicable
16/08/06 22:14:25 WARN Utils: Your hostname, ubuntu resolves to a
  loopback address: 127.0.1.1; using 192.168.22.180 instead (on
  interface eth1)
16/08/06 22:14:25 WARN Utils: Set SPARK_LOCAL_IP if you need to
  bind to another address
16/08/06 22:14:26 WARN Utils: Service 'SparkUI' could not bind on
  port 4040. Attempting port 4041.
16/08/06 22:14:27 WARN SparkContext: Use an existing SparkContext,
  some configuration may not take effect.
Spark context Web UI available at http://192.168.22.180:4041
Spark context available as 'sc' (master = local[*], app id = local-
  1470546866779).
Spark session available as 'spark'.
Welcome to
      ____              __
     / __/__  ___ _____/ /__
    _\ \/ _ \/ _ `/ __/  '_/
   /___/ .__/\_,_/_/ /_/\_\   version 2.0.0
      /_/

Using Scala version 2.11.8 (Java HotSpot(TM) 64-Bit Server VM,
  Java 1.7.0_60)
Type in expressions to have them evaluated.
Type :help for more information.

scala>
```

要想在 Python shell 中使用 Spark，直接运行 ./bin/pyspark 命令即可。[①]与 Scala shell 类似，

[①] 先执行 :quit 退出 Spark shell，再启用 Pyspark。——译者注

Python 下的 `SparkContext` 对象可以通过 Python 变量 `sc` 来调用。上述命令的终端输出应该如下：

```
~/work/spark-2.0.0-bin-hadoop2.7/bin/pyspark
Python 2.7.6 (default, Jun 22 2015, 17:58:13)  [GCC 4.8.2] on linux2
Type "help", "copyright", "credits" or "license" for more
  information.
Using Spark's default log4j profile: org/apache/spark/log4jdefaults.properties
Setting default log level to "WARN".
To adjust logging level use sc.setLogLevel(newLevel).
16/08/06 22:16:15 WARN NativeCodeLoader: Unable to load native hadoop
  library for yourplatform... using builtin-java classes where applicable
16/08/06 22:16:15 WARN Utils: Your hostname, ubuntu resolves to a
  loopback address: 127.0.1.1; using 192.168.22.180 instead (on
  interface eth1)
16/08/06 22:16:15 WARN Utils: Set SPARK_LOCAL_IP if you need to
  bind to another address
16/08/06 22:16:16 WARN Utils: Service 'SparkUI' could not bind on
  port 4040. Attempting port 4041.
Welcome to
      ____              __
     / __/__  ___ _____/ /__
    _\ \/ _ \/ _ `/ __/  '_/
   /__ / .__/\_,_/_/ /_/\_\   version 2.0.0
      /_/

Using Python version 2.7.6 (default, Jun 22 2015 17:58:13)
SparkSession available as 'spark'.
>>>
```

R 是一门编程语言，并提供了统计计算和图形可视化运行时环境。它是一个 GNU 项目，是 S 语言（由贝尔实验室开发）的一种不同实现。

R 提供了统计（线性和非线性建模、经典统计测试、时序分析、分类和聚类）以及可视化支持，有着极强的可扩展性。

要通过 R 来使用 Spark，执行如下命令来启用 Spark-R shell 即可：

```
$ ~/work/spark-2.0.0-bin-hadoop2.7/bin/sparkR
R version 3.0.2 (2013-09-25) -- "Frisbee Sailing"
Copyright (C) 2013 The R Foundation for Statistical Computing
Platform: x86_64-pc-linux-gnu (64-bit)

R is free software and comes with ABSOLUTELY NO WARRANTY.
You are welcome to redistribute it under certain conditions.
Type 'license()' or 'licence()' for distribution details.

  Natural language support but running in an English locale

R is a collaborative project with many contributors.
Type 'contributors()' for more information and
```

```
'citation()' on how to cite R or R packages in publications.

Type 'demo()' for some demos, 'help()' for on-line help, or
  'help.start()' for an HTML browser interface to help.
Type 'q()' to quit R.

Launching java with spark-submit command /home/ubuntu/work/spark-
    2.0.0-bin-hadoop2.7/bin/spark-submit   "sparkr-shell"
    /tmp/RtmppzWD8S/backend_porta6366144af4f
Using Spark's default log4j profile: org/apache/spark/log4jdefaults.properties
Setting default log level to "WARN".
To adjust logging level use sc.setLogLevel(newLevel).
16/08/06 22:26:22 WARN NativeCodeLoader: Unable to load nativehadoop library for your
    platform... using builtin-java classes where applicable
16/08/06 22:26:22 WARN Utils: Your hostname, ubuntu resolves to a
    loopback address: 127.0.1.1; using 192.168.22.186 instead (on interface eth1)
16/08/06 22:26:22 WARN Utils: Set SPARK_LOCAL_IP if you need to
    bind to another address
16/08/06 22:26:22 WARN Utils: Service 'SparkUI' could not bind on
    port 4040. Attempting port 4041.

Welcome to
```

```
SparkSession available as 'spark'.
During startup - Warning message:
package 'SparkR' was built under R version 3.1.1
>
```

1.3.4 弹性分布式数据集

弹性分布式数据集（RDD，resilient distributed dataset）是 Spark 的核心概念。RDD 代表一系列的记录（严格来说是某种类型的对象）。这些记录被分配或分区到集群的多个节点上（在本地模式下，可以近似地理解为单个进程中的多个线程上）。Spark 中的 RDD 具有容错性，即当某个节点或任务失败时（由用户代码错误之外的原因引起，如硬件故障、网络不通等），RDD 会在余下的节点上自动重建，以便最终完成任务。

1. 创建 RDD

RDD 可从现有的集合创建。比如在 Scala Spark shell 中：

```
val collection = List("a", "b", "c", "d", "e")
val rddFromCollection = sc.parallelize(collection)
```

RDD 也可以基于 Hadoop 的输入源创建，比如本地文件系统、HDFS 和 Amazon S3。基于 Hadoop 的 RDD 可以使用任何实现了 Hadoop InputFormat 接口的输入格式，包括文本文件、其他Hadoop标准格式、HBase、Cassandra和Tachyon等。

以下举例说明如何用一个本地文件系统里的文件创建RDD：

```
val rddFromTextFile = sc.textFile("LICENSE")
```

上述代码中的`textFile`函数（方法）会返回一个RDD对象。该对象的每一条记录都是一个表示文本文件中某一行文字的`String`（字符串）对象。该段代码对应的输出如下：

```
rddFromTextFile: org.apache.spark.rdd.RDD[String] = LICENSE
MapPartitionsRDD[1] at textFile at <console>:24
```

如下代码演示了如何通过`hdfs://`协议从HDFS中的一个文本文件创建一个RDD：

```
val rddFromTextFileHDFS = sc.textFile("hdfs://input/LICENSE ")
```

如下代码则演示了如何通过`s3n://`协议从Amazon S3中的一个文本文件创建一个RDD：

```
val rddFromTextFileS3 = sc.textFile("s3n://input/LICENSE ")
```

2. Spark操作

创建RDD后，我们便有了一个可供操作的分布式记录集。在Spark编程模型下，所有的操作被分为转换（transformation）和执行（action）两种。一般来说，转换操作是对一个数据集里的所有记录执行某个函数，从而使记录发生改变；而执行通常是运行某些计算或聚合操作，并将结果返回运行`SparkContext`的那个驱动程序。

Spark的操作通常采用函数式风格。对于那些熟悉用Scala、Python或Java 8中的lambda表达式进行函数式编程的程序员来说，这应不难掌握。若你没有函数式编程经验，也不用担心，Spark API其实很容易上手。

Spark程序中最常用的一种转换操作便是map（映射）。该操作对RDD里的每一条记录都执行某个函数，从而将输入**映射**为新的输出。比如，下面这段代码便对一个从本地文本文件创建的RDD进行操作。它对该RDD中的每一条记录都执行`size`函数。之前我们曾创建过一个这样的由若干`String`构成的RDD对象。通过`map`函数，我们将每一个字符串都转换为一个整数（`Int`），从而返回一个由若干`Int`构成的RDD对象。

```
val intsFromStringsRDD = rddFromTextFile.map(line => line.size)
```

其输出应与如下类似，其中也提示了RDD的类型：

```
intsFromStringsRDD: org.apache.spark.rdd.RDD[Int] =
MapPartitionsRDD[2] at map at <console>:26
```

示例代码中的`=>`是Scala下表示匿名函数的语法。匿名函数指那些没有指定函数名的函数，比如Scala或Python中用`def`关键字定义的函数。

匿名函数的具体细节并不在本书讨论范围内，但由于它们在 Scala、Python 以及 Java 8 中大量使用（示例或现实应用中都是），列举一些实例仍会有帮助。

语法 `line => line.size` 表示以=>操作符左边的部分作为输入，对其执行一个函数，并以=>操作符右边代码的执行结果为输出。在这个例子中，输入为 `line`，输出则是 `line.size` 函数的执行结果。在 Scala 语言中，这种将一个 `String` 对象映射为一个 `Int` 的函数被表示为 `String => Int`。

该语法使得每次使用如 `map` 这种方法时，都不需要另外单独定义一个函数。当函数简单且只需使用一次时（像本例一样时），这种方式很有用。

现在我们可以调用一个常见的执行操作 `count`，来返回 RDD 中的记录数目：

```
intsFromStringsRDD.count
```

执行的结果应该如下：

res0: Long = 299

如果要计算这个文本文件里每行字符串的平均长度，可以先使用 `sum` 函数对所有记录的长度求和，然后再除以总的记录数目：

```
val sumOfRecords = intsFromStringsRDD.sum
val numRecords = intsFromStringsRDD.count
val aveLengthOfRecord = sumOfRecords / numRecords
```

结果应该如下：

```
scala> intsFromStringsRDD.count
res0: Long = 299

scala> val sumOfRecords = intsFromStringsRDD.sum
sumOfRecords: Double = 17512.0

scala> val numRecords = intsFromStringsRDD.count
numRecords: Long = 299

scala> val aveLengthOfRecord = sumOfRecords / numRecords
aveLengthOfRecord: Double = 58.5685618729097
```

在多数情况下，Spark 的操作都会返回一个新 RDD，但多数的执行操作则是返回计算的结果（比如上面例子中，`count` 返回一个 `Long`，`sum` 返回一个 `Double`）。这就意味着多个操作可以很自然地前后链接，从而让代码更为简洁明了。举例来说，用下面的一行代码可以得到和上面例子相同的结果：

```
val aveLengthOfRecordChained = rddFromTextFile
  .map(line => line.size).sum / rddFromTextFile.count
```

值得注意的一点是，Spark 中的转换操作是延后的。也就是说，在 RDD 上调用一个转换操作并不会立即触发相应的计算。相反，这些转换操作会链接起来，并只在有执行操作被调用时才被高效地计算。这样，大部分操作可以在集群上并行执行，只有必要时才计算结果并将其返回给驱动程序，从而提高了 Spark 的效率。

这就意味着，如果我们的 Spark 程序从未调用一个执行操作，就不会触发实际的计算，也不会得到任何结果。比如下面的代码就只返回一个表示一系列转换操作的新 RDD：

```
val transformedRDD = rddFromTextFile
  .map(line => line.size).filter(size => size > 10).map(size => size * 2)
```

相应的终端输出如下：

```
transformedRDD: org.apache.spark.rdd.RDD[Int] =
  MappedRDD[6] at map at <console>:26
```

注意，这里实际上没有触发任何计算，也没有结果被返回。如果我们现在在新的 RDD 上调用一个执行操作，比如 sum，该计算将会被触发：

```
val computation = transformedRDD.sum
```

现在你可以看到一个 Spark 任务被启动，并返回如下终端输出：

```
computation: Double = 35006.0
```

RDD 支持的转换和执行操作的完整列表以及更为详细的例子，参见 Spark 编程指南（http://spark.apache.org/docs/latest/programming-guide.html#rdd-operations）以及 Spark API（Scala）文档（http://spark.apache.org/docs/latest/api/scala/index.html#org.apache.spark.rdd.RDD）。

3. RDD 缓存策略

Spark 最为强大的功能之一便是能够把数据缓存在集群的内存里。这通过调用 RDD 的 cache 函数来实现：

```
rddFromTextFile.cache
res0: rddFromTextFile.type = MapPartitionsRDD[1] at textFile at
<console>:27
```

调用一个 RDD 的 cache 函数将会告诉 Spark 将这个 RDD 缓存在内存中。在 RDD 首次调用一个执行操作时，这个操作对应的计算会立即执行，数据会从数据源里读出并保存到内存。因此，首次调用 cache 函数所需要的时间，部分取决于 Spark 从输入源读取数据所需要的时间。但是，当下一次访问该数据集的时候（比如在后续分析中进行查询时，以及机器学习模型中的迭代时），数据可以直接从内存中读出，从而减少低效的 I/O 操作，加快计算。多数情况下，这会取得数倍的速度提升。

当再在上述已缓存了的 RDD 上调用 count 或 sum 函数时，该 RDD 已载入内存：

```
val aveLengthOfRecordChained = rddFromTextFile
  .map(line => line.size).sum / rddFromTextFile.count
```

 Spark 支持更为细化的缓存策略。通过 `persist` 函数可以指定 Spark 的数据缓存策略。关于 RDD 缓存的更多信息可参见：http://spark.apache.org/docs/latest/programming-guide.html#rdd-persistence。

1.3.5 广播变量和累加器

Spark 的另一个核心功能是能创建两种特殊类型的变量：广播变量和累加器。

广播变量（broadcast variable）为**只读**变量，它由运行 `SparkContext` 的驱动程序创建后，发送给会参与计算的节点。对那些需要让各工作节点高效地访问相同数据的应用场景，比如分布式系统，这非常有用。Spark 下创建广播变量只需在 `SparkContext` 上调用一个方法即可：

```
val broadcastAList = sc.broadcast(List("a", "b", "c", "d", "e"))
```

广播变量也可以被非驱动程序所在的节点（即工作节点）访问，访问的方法是调用该变量的 `value` 方法：

```
sc.parallelize(List("1", "2", "3")).map(x => broadcastAList.value ++ x).collect
```

这段代码会从{"1", "2", "3"}这个集合（一个 Scala `List`）里，新建一个带有 3 条记录的 RDD。`map` 函数里的代码会返回一个新的 `List` 对象。这个对象里的记录由之前创建的那个 `broadcastAList` 里的记录与新建的 RDD 里的 3 条记录分别拼接而成。

```
...
res1: Array[List[Any]] = Array(List(a, b, c, d, e, 1), List(a, b,
c, d, e, 2), List(a, b, c, d, e, 3))
```

注意，上述代码使用了 `collect` 函数。这是一个 Spark 执行函数，它将整个 RDD 以 Scala（或 Python 或 Java）集合的形式返回驱动程序。

通常只在需将结果返回到驱动程序所在节点以供本地处理时，才调用 `collect` 函数。

 注意，一般仅在的确需要将整个结果集返回驱动程序并进行后续处理时，才有必要调用 `collect` 函数。如果在一个非常大的数据集上调用该函数，可能耗尽驱动程序的可用内存，进而导致程序崩溃。

高负荷的处理应尽可能地在整个集群上进行，从而避免驱动程序成为系统瓶颈。然而在不少情况下，将结果收集到驱动程序的确是有必要的。很多机器学习算法的迭代过程便属于这类情况。

从上述结果可以看出，新生成的 RDD 里包含 3 条记录，其中每一条记录包含一个由原来被广播的 `List` 变量附加一个新的元素所构成的新记录（也就是说，新记录分别以 1、2、3 结尾）。

累加器（accumulator）也是一种被广播到工作节点的变量。累加器与广播变量的关键不同是后者只能读取而前者却可累加。但支持的累加操作有一定的限制。具体来说，这种累加必须是一种有关联的操作，即它得能保证在全局范围内累加起来的值能被正确地并行计算并返回驱动程序。每一个工作节点只能访问和操作其自己本地的累加器，全局累加器则只允许驱动程序访问。累加器同样可以在 Spark 代码中通过 `value` 访问。

关于广播变量和累加器的更多信息，可参见 Spark 编程指南：http://spark.apache.org/docs/latest/rdd-programming-guide.html#shared-variables。

1.4 SchemaRDD

SchemaRDD 结合了 RDD 和结构（schema）信息。它提供了丰富且易于使用的 API 接口，即 `DataSet` API。2.0 版本中并没采用 SchemaRDD，但 `DataFrame` 和 `Dataset` 的 API 内部都用到了它。

结构用来描述数据在逻辑上是如何组织的。在获取该信息后，SQL 引擎便可支持对相应的数据进行结构化查询。`Dataset` API 替代了原 Spark SQL Parser 的功能。它保存了原始程序逻辑树。后续的处理则重用了 Spark SQL 的核心逻辑。可以说，`Dataset` API 实现了和相应 SQL 查询完全等同的处理功能。

SchemaRDD 是 RDD 的一个子类。当程序调用 `Dataset` API 时，一个新的 SchemaRDD 对象便会被创建。同时，通过在原始逻辑布局树上增加新的逻辑操作节点，该对象也生成了自己的逻辑布局属性。和 RDD 一样，`Dataset` API 也支持两种操作：**转换**和**执行**。

与关系操作相关的 API 属于转换类。

那些会生成输出数据的操作属于执行类。另外，仅当调用了一个执行类操作时，一个 Spark 任务才会被触发并分发到集群上执行，这和 RDD 一样。

1.5 Spark data frame

在 Apache Spark 中，每个 `Dataset` 对象对应一个分布式数据集。`Dataset` 是自 Spark 1.6 版起添加的新接口，它提供了和 Spark SQL 执行引擎同等的功能。该类对象可从 JVM 对象创建，然后便可通过功能式转换（如 `map`、`flatMap`、`filter` 等）进行各种操作。`Dataset` API 仅支持 Scala 和 Java 语言，不支持 Python 和 R。

一个 `DataFrame` 对象对应一个带列名的数据集。它等同于关系型数据库中的表或 R/Python 中的 data frame 对象，但优化更多。`DataFrame` 可从结构型数据文件、Hive 的表格、外部数据库或现有的 RDD 创建。其 API 支持覆盖 Scala、Python、Java 和 R。

要生成 DataFrame 类对象，需要首先初始化 SparkSession：

```
import org.apache.spark.sql.SparkSession
val spark = SparkSession.builder()
  .appName("Spark SQL").config("spark.some.config.option", "")
  .getOrCreate() import spark.implicits._
```

之后，借助 spark.read.json 函数从一个 JSON 文件来创建该类对象：

```
scala> val df = spark.read.json("/home/ubuntu/work/ml-resources
  /spark-ml/Chapter_01/data/example_one.json")
```

注意，需要使用 Spark Implicits 类来隐式地将 RDD 转换为 DataFrame 类型：

```
org.apache.spark.sql
Class SparkSession.implicits$
Object org.apache.spark.sql.SQLImplicits
Enclosing class: SparkSession
```

Scala 提供了这些隐式函数来将常见的 Scala 对象转换为 DataFrame 类对象。

上述命令的输出应与如下类似：

```
df: org.apache.spark.sql.DataFrame = [address: struct<city:
string, state: string>, name: string]
```

现在，可通过 df.show 命令来显示其在 DataFrame 中的详细信息：

```
scala> df.show
+----------------+-------+
|         address|   name|
+----------------+-------+
|  [Columbus,Ohio]|    Yin|
|[null,California]|Michael|
+----------------+-------+
```

1.6 Spark Scala 编程入门

下面我们用上一节所提到的内容来编写一个简单的 Spark 数据处理程序。该程序将依次用 Scala、Java 和 Python 这 3 种语言来编写。所用数据是用户在在线商店的商品购买记录。该数据存在一个逗号分隔值（CSV，comma-separated-value）文件中，名为 UserPurchaseHistory.csv，该文件存在随书代码包的 data 目录下。

其部分内容如下所示。文件的每一行对应一条购买记录，从左到右的各列值依次为用户名、商品名称以及商品价格。

```
John,iPhone Cover,9.99
John,Headphones,5.49
Jack,iPhone Cover,9.99
```

```
Jill,Samsung Galaxy Cover,8.95
Bob,iPad Cover,5.49
```

对于 Scala 程序而言，需要创建两个文件：Scala 代码文件以及项目的构建配置文件。项目将使用 Scala 构建工具（SBT，Scala build tool）来构建。为便于理解，建议读者下载示例代码 scala-spark-app。该资源里的 data 目录下包含了上述 CSV 文件。运行这个示例项目需要系统中已经安装好 SBT（编写本书时所使用的版本为 0.13.8）。

 配置 SBT 并不在本书讨论范围内，但读者可以从 https://www.scala-sbt.org/release/docs/Setup.html 找到更多信息。

我们的 SBT 配置文件是 build.sbt，其内容如下面所示（注意，各行代码之间的空行是必需的）：

```
name := "scala-spark-app"
version := "1.0"
scalaVersion := "2.11.7"
libraryDependencies += "org.apache.spark" %% "spark-core" % "2.0.0"
```

最后一行代码将 Spark 添加到本项目的依赖库。

相应的 Scala 程序在 ScalaApp.scala 这个文件里。接下来我们会逐一讲解代码的各个部分。首先，导入所需要的 Spark 类：

```
import org.apache.spark.SparkContext
import org.apache.spark.SparkContext._

/**
 * 用 Scala 编写的一个简单的 Spark 应用
 */
object ScalaApp {
```

在主函数里，我们要初始化所需的 SparkContext 对象，并且用它通过 textFile 函数来访问 CSV 数据文件。之后以逗号为分隔符分割每一行原始字符串，提取出相应的用户名、产品和价格信息，从而完成对原始文本的映射：

```
def main(args: Array[String]) {
  val sc = new SparkContext("local[2]", "First Spark App")
  // 将CSV格式的原始数据转化为(user,product,price)格式的记录集
  val data = sc.textFile("data/UserPurchaseHistory.csv")
    .map(line => line.split(","))
    .map(purchaseRecord => (purchaseRecord(0), purchaseRecord(1),
      purchaseRecord(2)))
```

现在，我们有了一个 RDD，其每条记录都由 (user, product, price) 三个字段构成。我们可以对商店计算如下指标：

- 购买总次数
- 有购买行为的用户总数

- 总收入
- 最畅销的产品

计算方法如下：

```
// 求购买总次数
val numPurchases = data.count()
// 求有多少个不同用户购买过商品
val uniqueUsers = data.map{ case (user, product, price) => user
  }.distinct().count()
// 求和得出总收入
val totalRevenue = data.map{ case (user, product, price) =>
  price.toDouble }.sum()
// 求最畅销的产品是什么
val productsByPopularity = data
  .map{ case (user, product, price) => (product, 1) }
  .reduceByKey(_ + _)
  .collect()
  .sortBy(-_._2)
val mostPopular = productsByPopularity(0)
```

最后那段计算最畅销产品的代码演示了如何进行 Map/Reduce 模式的计算，该模式随 Hadoop 而流行。首先，我们将 (user, product, price) 格式的记录映射为 (product, 1) 格式。然后，执行一个 reduceByKey 操作，它会对各个产品的 1 值进行求和。

转换后的 RDD 包含各个商品的购买次数。有了这个 RDD 后，我们可以调用 collect 函数，它会将其计算结果以本地 Scala 集合的形式返回驱动程序。之后，在驱动程序的本地对这些记录按照购买次数进行排序。（注意，在实际处理大量数据时，我们通常通过 sortByKey 这类操作来进行并行排序。）

最后，可在终端上打印出计算结果：

```
    println("Total purchases: " + numPurchases)
    println("Unique users: " + uniqueUsers)
    println("Total revenue: " + totalRevenue)
    println("Most popular product: %s with %d purchases"
      .format(mostPopular._1, mostPopular._2))
  }
}
```

可以在项目的主目录下执行 sbt run 命令来运行这个程序。如果你使用了 IDE 的话，也可以从 Scala IDE 直接运行。最终的输出应该与下面的内容相似：

```
...
[info] Compiling 1 Scala source to ...
[info] Running ScalaApp
...
Total purchases: 5
Unique users: 4
```

```
Total revenue: 39.91
Most popular product: iPhone Cover with 2 purchases
```

可以看到，商店总共有 4 个用户的 5 次交易，总收入为 39.91。最畅销的商品是 iPhone Cover，共购买 2 次。

1.7　Spark Java 编程入门

Java API 与 Scala API 本质上很相似。Scala 代码可以很方便地调用 Java 代码，但某些 Scala 代码却无法在 Java 里调用，特别是那些使用了隐式类型转换、默认参数和某些 Scala 反射机制的代码。

一般来说，这些特性在 Scala 程序中会被广泛使用。这就有必要另外为那些常见的类编写相应的 Java 版本。由此，`SparkContext` 有了对应的 Java 版本 `JavaSparkContext`，而 RDD 则对应 `JavaRDD`。

Java 8 及之前版本的 Java 并不支持匿名函数，在函数式编程上也没有严格的语法规范。于是，套用到 Spark 的 Java API 上的函数必须要实现一个带有 `call` 函数签名的 `WrappedFunction` 接口。这会使得代码冗长，所以我们经常会创建临时匿名类来传递给 Spark 操作。这些类会实现操作所需的接口以及 `call` 函数，以取得和用 Scala 编写时相同的效果。

Spark 提供对 Java 8 匿名函数（或 lambda）语法的支持。使用该语法能让 Java 8 书写的代码看上去很像等效的 Scala 版。

用 Scala 编写时，键值对记录的 RDD 能支持一些特别的操作（比如 `reduceByKey` 和 `saveAsSequenceFile`）。这些操作可以通过隐式类型转换而自动被调用。用 Java 编写时，则需要特殊类型的 `JavaRDD` 类来支持这些操作。这包括用于键值对的 `JavaPairRDD`，以及用于数值记录的 `JavaDoubleRDD`。

本节只涉及标准的 Java API 语法。关于 Java 下支持的 RDD 以及 Java 8 lambda 表达式支持的更多信息，可参见 Spark 编程指南：http://spark.apache.org/docs/latest/programming-guide.html#rdd-operations。

在后面的 Java 程序中，我们可以看到大部分差异。这些示例代码包含在本章示例代码的 java-spark-app 目录下。该目录的 data 子文件夹下也包含上述 CSV 数据。

这里会使用 Maven 构建工具来编译和运行这个项目。我们假设读者已经在其系统上安装好了该工具。

Maven 的安装和配置并不在本书讨论范围内。通常它可通过 Linux 系统中的包管理器或 Mac OS X 中的 HomeBrew 或 MacPorts 方便地安装。

详细的安装指南参见：http://maven.apache.org/download.cgi。

项目中包含一个名为 JavaApp.java 的 Java 源文件:

```java
import org.apache.spark.api.java.JavaRDD;
import org.apache.spark.api.java.JavaSparkContext;
import scala.Tuple2;
import java.util.*;
import java.util.steam.Collectors;

/**
 * 用 Java 编写的一个简单的 Spark 应用
 */
public class JavaApp {
  public static void main(String[] args) {
```

正如在 Scala 项目中一样,我们首先需要初始化一个上下文对象。值得注意的是,这里所使用的是 JavaSparkContext 类而不是之前的 SparkContext。类似地,我们调用 JavaSparkContext 对象,利用 textFile 函数来访问数据,然后将各行输入分割成多个字段。请注意下面代码的加粗部分是如何使用匿名类来定义一个分割函数的。该函数确定了如何对各行字符串进行分割。

```java
JavaSparkContext sc = new JavaSparkContext("local[2]",
  "First Spark App");
// 以 CSV 格式读取原始数据,并将其转化为(user,produce,price)格式的记录集
JavaRDD<String[]> data =
sc.textFile("data/UserPurchaseHistory.csv").map(s -> s.split(","));
```

现在可以算一下用 Scala 时计算过的指标。这里有两点值得注意:一是下面 Java API 中有些函数(比如 distinct 和 count)实际上和在 Scala API 中一样,二是我们定义了一个匿名类并将其传给 map 函数。匿名类的定义方式可参见代码的加粗部分。

```java
// 求购买总次数
long numPurchases = data.count();
// 求有多少个不同用户购买过商品
long uniqueUsers = data.map(strings ->strings[0]).distinct().count();
// 求和得出总收入
Double totalRevenue = data.map(
  strings -> Double.parseDouble(strings[2]))
    .reduce((Double v1, Double v2) ->
      new Double(v1.doubleValue() + v2.doubleValue()));
```

下面的代码展现了如何求出最畅销的产品,其步骤与 Scala 示例的相同。多出的那些代码看似复杂,但它们大多与 Java 中创建匿名函数有关,实际功能与用 Scala 时一样。

```java
// 求最畅销的产品是什么
List < Tuple2 < String, Integer >> pairs = data.mapToPair(strings - >
    new Tuple2 < String, Integer > (strings[1], 1))
    .reduceByKey((Integer i1, Integer i2) - > i1 + i2)
    .collect();

Map < String, Integer > sortedData = new HashMap < > ();
Iterator it = pairs.iterator();
```

```
while (it.hasNext()) {
    Tuple2 < String, Integer > o = (Tuple2 < String, Integer > ) it.next();
    sortedData.put(o._1, o._2);
}
List < String > sorted = sortedData.entrySet()
  .stream()
  .sorted(
    Comparator.comparing(
      (Map.Entry < String, Integer > entry) - >
entry.getValue()).reversed())
  .map(Map.Entry::getKey)
  .collect(Collectors.toList());
String mostPopular = sorted.get(0);
int purchases = sortedData.get(mostPopular);
System.out.println("Total purchases: " + numPurchases);
System.out.println("Unique users: " + uniqueUsers);
System.out.println("Total revenue: " + totalRevenue);
System.out.println(String.format(
  "Most popular product: % s with % d purchases ",
  mostPopular, purchases));
    }
}
```

从前面的代码可以看出，Java 代码和 Scala 代码相比虽然多了通过匿名内部类来声明变量和函数的样板代码，但两者的基本结构类似。读者不妨分别练习这两种版本的代码，并比较一下计算同一个指标时两种语言在表达上的异同。

该程序可以通过在项目主目录下执行如下命令运行：

```
$ mvn exec:java -Dexec.mainClass="JavaApp"
```

可以看到其输出和 Scala 版的很类似，而且计算结果完全一样：

```
...
14/01/30 17:02:43 INFO spark.SparkContext: Job finished: collect at
JavaApp.java:46, took 0.039167 s
Total purchases: 5
Unique users: 4
Total revenue: 39.91
Most popular product: iPhone Cover with 2 purchases
```

1.8 Spark Python 编程入门

Spark 的 Python API 几乎覆盖了 Scala API 所能提供的全部功能，但有些特性暂不支持，比如 GraphX 的图处理和其他组件中的某些功能。具体可参见 Spark 编程指南的 Python 部分：http://spark.apache.org/docs/latest/rdd-programming-guide.html。

PySpark 基于 Spark 的 Java API 来构建。数据通过原生 Python 来处理并在 JVM 上实现缓存（cache）和移动（shuffle）。Python 驱动程序的 SparkContext 通过 Py4J 来启动一个 JVM 并创

建一个 `JavaSparkContext` 对象。该程序通过 Py4J 来实现 Python 和 Java `SparkContext` 对象之间的本地通信。用 Python 所编写的 RDD 转换操作会被映射为相应 Java 版的 `PythonRDD` 对象的转换操作。`PythonRDD` 对象启用远程工作节点上的 Python 子进程，并通过管道（pipe）与其通信。这些子进程则负责发送用户代码和数据的处理。

与上两节类似，这里将编写一个相同功能的 Python 版程序。我们假设读者系统中已安装 2.6 或更高版本的 Python（多数 Linux 系统和 Mac OS X 已预装 Python）。

如下示例代码可以在本章代码的 python-spark-app 目录下找到。相应的 CSV 数据文件也在该目录的 data 子目录中。项目代码在一个名为 pythonapp.py 的脚本里，其内容如下：

```python
"""用 Python 编写的一个简单 Spark 应用"""
from pyspark import SparkContext

sc = SparkContext("local[2]", "First Spark App")
# 将CSV格式的原始数据转化为(user,product,price)格式的记录集
data = sc.textFile("data/UserPurchaseHistory.csv").map(lambda line:
  line.split(",")).map(lambda record: (record[0], record[1], record[2]))
# 求购买总次数
numPurchases = data.count()
# 求有多少不同用户购买过商品
uniqueUsers = data.map(lambda record: record[0]).distinct().count()
# 求和得出总收入
totalRevenue = data.map(lambda record: float(record[2])).sum()
# 求最畅销的产品是什么
products = data.map(lambda record: (record[1], 1.0)).\
    reduceByKey(lambda a, b: a + b).collect()
mostPopular = sorted(products, key=lambda x: x[1], reverse=True)[0]

print "Total purchases: %d" % numPurchases
print "Unique users: %d" % uniqueUsers
print "Total revenue: %2.2f" % totalRevenue
print "Most popular product: %s with %d purchases" % (mostPopular[0], mostPopular[1])
```

对比 Scala 版和 Python 版代码，不难发现 Java 版语法大致相同。主要不同在于匿名函数的表达方式上，匿名函数在 Python 语言中亦称 lambda 函数，lambda 也是语法表达上的关键字。用 Scala 编写时，一个将输入 x 映射为输出 y 的匿名函数表示为 x => y，在 Python 中则是 `lambda x : y`。在上面代码的加粗部分，我们定义了一个将两个输入 a 和 b 映射为一个输出的匿名函数。这两个输入的类型一般相同，这里调用的是相加函数，故写成 `lambda a, b : a + b`。

运行该脚本的最好方法是在脚本目录下运行如下命令：

```
$ SPARK_HOME/bin/spark-submit pythonapp.py
```

上述代码中的 `SPARK_HOME` 变量应该替换为读者实际的 Spark 的主目录，也就是在本章开始 Spark 预编译包解压生成的那个目录。

脚本运行完的输出应该和运行 Scala 和 Java 版时的类似，其结果同样也是：

```
...
14/01/30 11:43:47 INFO SparkContext: Job finished: collect at
    pythonapp.py:14, took 0.050251 s
Total purchases: 5
Unique users: 4
Total revenue: 39.91
Most popular product: iPhone Cover with 2 purchases
```

1.9　Spark R 编程入门

SparkR 是一个 R 包，它提供从 R 代码中调用 Apache Spark 的入口。在 Spark 1.6.0 版中，SparkR 提供了针对大数据集的分布式数据框架。SparkR 还能通过 MLlib 来支持分布式机器学习，建议读者在后续机器学习章节中动手实践一下。

SparkR `DataFrame`

`DataFrame` 指按已命名的列来存储的分布式数据的集合。这个概念十分类似于关系型数据库或是 R 中的数据框，但它经过更多优化。数据框的数据源可以是 CSV、TSV、Hive 表格或是本地 R 的数据框等。

Spark 对应的交互环境可由如下命令启用：`./bin/sparkR shell`。

同样，我们用 R 来实现上述指标示例。这里假设读者系统中已安装 R 和 R Studio，对应版本为 3.0.2 (2013-09-25)-Frisbee Sailing 或以上。

示例代码可以在本章代码的 r-spark-app 目录下找到，对应的 CSV 数据文件则在 data 子目录中。示例代码还包括一个名为 r-script-01.R 的脚本文件，其内容如下。读者需将下面代码中的 PATH 变量改为自己开发环境里对应的值。

```
Sys.setenv(SPARK_HOME = "/PATH/spark-2.0.0-bin-hadoop2.7")
    .libPaths(c(file.path(Sys.getenv("SPARK_HOME"), "R", "lib"),
    .libPaths()))
# 载入 SparkR 库
library(SparkR)
sc <- sparkR.init(master = "local",
    sparkPackages="com.databricks:sparkcsv_2.10:1.3.0")
sqlContext <- sparkRSQL.init(sc)

user.purchase.history <-
    "/PATH/ml-resources/spark-ml/Chapter_01/r-sparkapp/data/UserPurchaseHistory.csv"
data <- read.df(sqlContext, user.purchase.history,
    "com.databricks.spark.csv", header="false")
head(data)
count(data)

parseFields <- function(record) {
Sys.setlocale("LC_ALL", "C") # necessary for strsplit() to work correctly
```

```
  parts <- strsplit(as.character(record), ",")
  list(name=parts[1], product=parts[2], price=parts[3])
}

parsedRDD <- SparkR:::lapply(data, parseFields)
cache(parsedRDD)
numPurchases <- count(parsedRDD)

sprintf("Number of Purchases : %d", numPurchases)
getName <- function(record){
  record[1]
}

getPrice <- function(record){
  record[3]
}

nameRDD <- SparkR:::lapply(parsedRDD, getName)
nameRDD <- collect(nameRDD)
head(nameRDD)

uniqueUsers <- unique(nameRDD)
head(uniqueUsers)

priceRDD <- SparkR:::lapply(parsedRDD, function(x) {
  as.numeric(x$price[1])})
take(priceRDD,3)

totalRevenue <- SparkR:::reduce(priceRDD, "+")
sprintf("Total Revenue : %.2f", s)

products <- SparkR:::lapply(parsedRDD, function(x) { list(
  toString(x$product[1]), 1) })
take(products, 5)
productCount <- SparkR:::reduceByKey(products, "+", 2L)
productsCountAsKey <- SparkR:::lapply(productCount, function(x) { list(
  as.integer(x[2][1]), x[1][1])})
productCount <- count(productsCountAsKey)
mostPopular <- toString(collect(productsCountAsKey)[[productCount]][[2]])
sprintf("Most Popular Product : %s", mostPopular)
```

在 Bash 终端中执行如下命令便可运行该脚本：

```
$ Rscript r-script-01.R
```

相应的输入应如下：

```
> sprintf("Number of Purchases : %d", numPurchases)
 [1] "Number of Purchases : 5"

> uniqueUsers <- unique(nameRDD)
> head(uniqueUsers)
  [[1]]
  [[1]]$name
```

```
[[1]]$name[[1]]
[1] "John"
[[2]]
[[2]]$name
[[2]]$name[[1]]
[1] "Jack"
[[3]]
[[3]]$name
[[3]]$name[[1]]
[1] "Jill"
[[4]]
[[4]]$name
[[4]]$name[[1]]
[1] "Bob"
```

```
> sprintf("Total Revenue : %.2f", totalRevenueNum)
  [1] "Total Revenue : 39.91"

> sprintf("Most Popular Product : %s", mostPopular)
  [1] "Most Popular Product : iPad Cover"
```

1.10 在 Amazon EC2 上运行 Spark

Spark 项目提供了在 Amazon EC2 上构建一个 Spark 集群所需的脚本，位于 ec2 文件夹下。输入如下命令便可调用该文件夹下的 spark-ec2 脚本：

```
> ./ec2/spark-ec2
```

当不带参数直接运行上述代码时，终端会显示该命令的用法信息：

```
Usage: spark-ec2 [options] <actiom> <clusber_name>
<action> can be: launch, destroy, login, stop, start, get-master

Options:
...
```

在创建一个 Spark EC2 集群前，我们需要一个 Amazon 账号。

> 如果没有 Amazon Web Services 账号，可以在 https://aws.amazon.com/cn/ 注册。
> AWS 的管理控制台地址是 https://aws.amazon.com/cn/console/。

另外，我们还需要创建一个 Amazon EC2 密钥对和相关的安全凭证。Spark 文档提到了在 EC2 上部署时的需求：

> 你要先自己创建一个 Amazon EC2 密钥对。通过管理控制台登入你的 Amazon Web Services 账号后，单击左边导航栏中的 Key Pairs 按钮，然后创建并下载相应的私钥文件。通过 ssh 远程访问 EC2 时，会需要提交该密钥。该密钥的系统访问权限必须设定为 600（即只有你可以读写该文件），否则会访问失败。

当需要使用 spark-ec2 脚本时，需要设置 AWS_ACCESS_KEY_ID 和 AWS_SECRET_ACCESS_KEY 两个环境变量。它们分别为你的 Amazon EC2 访问**密钥标识**（Key ID）和对应的**密钥密码**（secret access key）。这些信息可以从 AWS 主页上依次点击 Account | Security Credentials | Access Credentials 获得。

创建一个密钥对时，最好选取一个好记的名字来命名。这里假设密钥对名为 spark，对应的密钥文件的名称为 spark.pem。如上面提到的，我们需要确认密钥的访问权限并设定好所需的环境变量：

```
> chmod 600 spark.pem
> export AWS_ACCESS_KEY_ID="..."
> export AWS_SECRET_ACCESS_KEY="..."
```

上述下载所得的密钥文件只能下载一次（即在刚创建后），故对其既要安全保存又要避免丢失。

注意，下一节中会启用一个 Amazon EC2 集群，这会在你的 AWS 账号下产生相应的费用。

启动一个 EC2 Spark 集群

现在我们可以启动一个小型 Spark 集群了。启动它只需进入 ec2 目录，然后输入：

```
$ cd ec2
$ ./spark-ec2 --key-pair=rd_spark-user1 --identity-file=spark.pem
  --region=us-east-1 --zone=us-east-1a launch my-spark-cluster
```

这将启动一个名为 test-cluster 的新集群，其包含 m3.medium 级别的主节点和从节点各一个。该集群所用的 Spark 版本适配于 Hadoop 2。我们使用的密钥名和密钥文件分别是 spark 和 spark.pem。（如果你给密钥文件取了不同的名字，或者有既存的 AWS 密钥对，就使用该名称。）

集群的完全启动和初始化需要一些时间。在运行启动代码后，应该会立即看到如下所示的内容：

```
Setting up security groups...
Creating security group my-spark-cluster-master
Creating security group my-spark-cluster-slaves
Searching for existing cluster my-spark-cluster in region
  us-east-1...
Spark AMI: ami-5bb18832
Launching instances...
Launched 1 slave in us-east-1a, regid = r-5a893af2
Launched master in us-east-1a, regid = r-39883b91
Waiting for AWS to propagate instance metadata...
Waiting for cluster to enter 'ssh-ready' state..........
Warning: SSH connection error. (This could be temporary.)
Host: ec2-52-90-110-128.compute-1.amazonaws.com
```

```
SSH return code: 255
SSH output: ssh: connect to host ec2-52-90-110-128.compute-
  1.amazonaws.com port 22: Connection refused
Warning: SSH connection error. (This could be temporary.)
Host: ec2-52-90-110-128.compute-1.amazonaws.com
SSH return code: 255
SSH output: ssh: connect to host ec2-52-90-110-128.compute-
  1.amazonaws.com port 22: Connection refused
Warnig: SSH connection error. (This could be temporary.)
Host: ec2-52-90-110-128.compute-1.amazonaws.com
SSH return code: 255
SSH output: ssh: connect to host ec2-52-90-110-128.compute-
  1.amazonaws.com port 22: Connection refused
Cluster is now in 'ssh-ready' state. Waited 510 seconds.
```

如果集群启动成功,最终应可在终端中看到如下的输出:

```
./tachyon/setup.sh: line 5: /root/tachyon/bin/tachyon:
  No such file or directory
./tachyon/setup.sh: line 9: /root/tachyon/bin/tachyon-start.sh:
  No such file or directory
[timing] tachyon setup: 00h 00m 01s
Setting up rstudio
spark-ec2/setup.sh: line 110: ./rstudio/setup.sh:
  No such file or directory
[timing] rstudio setup: 00h 00m 00s
Setting up ganglia
RSYNC'ing /etc/ganglia to slaves...
ec2-52-91-214-206.compute-1.amazonaws.com
Shutting down GANGLIA gmond:                               [FAILED]
Starting GANGLIA gmond:                                    [  OK  ]
Shutting down GANGLIA gmond:                               [FAILED]
Starting GANGLIA gmond:                                    [  OK  ]
Connection to ec2-52-91-214-206.compute-1.amazonaws.com closed.
Shutting down GANGLIA gmetad:                              [FAILED]
Starting GANGLIA gmetad:                                   [  OK  ]
Stopping httpd:                                            [FAILED]
Starting httpd: httpd: Syntax error on line 154 of /etc/httpd
  /conf/httpd.conf: Cannot load /etc/httpd/modules/mod_authz_core.so
  into server: /etc/httpd/modules/mod_authz_core.so: cannot open
  shared object file: No such file or directory         [FAILED]
[timing] ganglia setup: 00h 00m 03s
Connection to ec2-52-90-110-128.compute-1.amazonaws.com closed.
Spark standalone cluster started at
  http://ec2-52-90-110-128.compute-1.amazonaws.com:8080
Ganglia started at http://ec2-52-90-110-128.compute-
  1.amazonaws.com:5080/ganglia
Done!
ubuntu@ubuntu:~/work/spark-1.6.0-bin-hadoop2.6/ec2$
```

这将创建两个虚拟机来分别充当 Spark 主节点和工作节点,类型均为 m1.large,如以下截图所示。

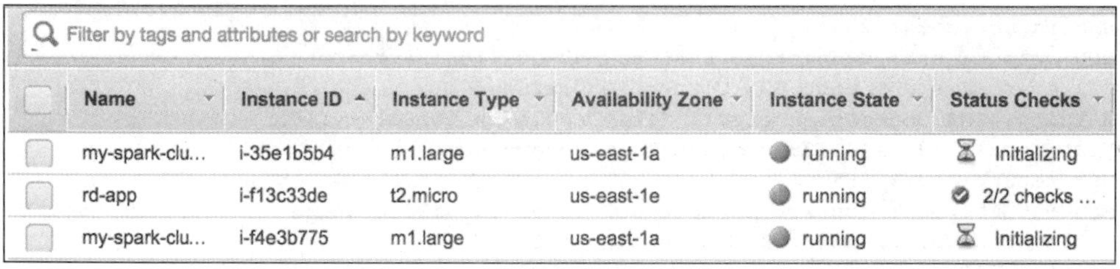

Name	Instance ID	Instance Type	Availability Zone	Instance State	Status Checks
my-spark-clu...	i-35e1b5b4	m1.large	us-east-1a	running	Initializing
rd-app	i-f13c33de	t2.micro	us-east-1e	running	2/2 checks ...
my-spark-clu...	i-f4e3b775	m1.large	us-east-1a	running	Initializing

要测试是否能连接到新集群，可以输入如下命令：

```
$ ssh -i spark.pem root@ec2-52-90-110-128.compute-1.amazonaws.com
```

注意，该命令中 `root@` 后面的 IP 地址需要替换为你自己的 Amazon EC2 的公开域名。该域名可在启动集群时的终端输出中找到。

另外，也可以通过如下命令得到集群的公开域名：

```
> ./spark-ec2 -i spark.pem get-master test-cluster
```

上述 `ssh` 命令执行成功后，你会连接到 EC2 上 Spark 集群的主节点，同时终端的输入应与下图类似：

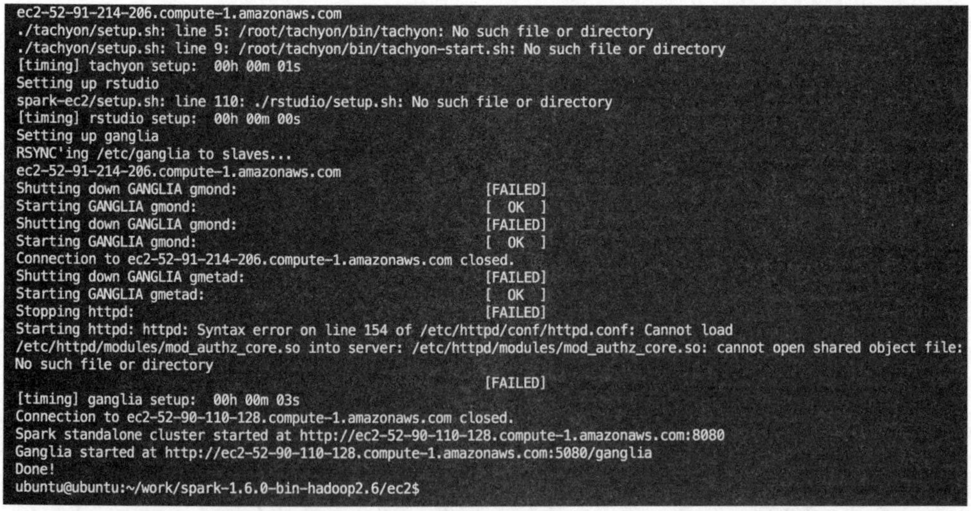

如果要测试集群是否已正确配置 Spark 环境，可以切换到 Spark 目录，然后以本地模式运行一个示例程序：

```
> cd spark
> MASTER=local[2] ./bin/run-example SparkPi
```

其输出应该与在你自己计算机上的输出类似：

```
...
14/01/30 20:20:21 INFO SparkContext: Job finished: reduce at SparkPi.
  scala:35, took 0.864044012 s
Pi is roughly 3.14032
...
```

这样就有了包含多个节点的真实集群,可以测试集群模式下的 Spark 了。我们会在一个从节点的集群上运行相同的示例。运行命令和上面相同,但用主节点的 URL 作为 MASTER 的值:

```
> MASTER=spark:// ec2-52-90-110-128.compute-
  1.amazonaws.com:7077 ./bin/run-example SparkPi
```

 注意,你需要将上面代码中的公开域名替换为你自己的。

同样,命令的输出应该和本地运行时的类似。不同的是,这里会有日志消息提示你的驱动程序已连接到 Spark 集群的主节点。

```
...
14/01/30 20:26:17 INFO client.Client$ClientActor: Connecting to master
  spark://ec2-54-220-189-136.eu-west-1.compute.amazonaws.com:7077
14/01/30 20:26:17 INFO cluster.SparkDeploySchedulerBackend: Connected to
  Spark cluster with app ID app-20140130202617-0001
14/01/30 20:26:17 INFO client.Client$ClientActor: Executor added:
  app- 20140130202617-0001/0 on worker-20140130201049-
  ip-10-34-137-45.eu-west-1.compute. internal-57119
  (ip-10-34-137-45.eu-west-1.compute.internal:57119) with 1 cores
14/01/30 20:26:17 INFO cluster.SparkDeploySchedulerBackend:
  Granted executor ID app-20140130202617-0001/0 on hostPort ip-10-34-137-45.
  eu- west-1.compute.internal:57119 with 1 cores, 2.4 GB RAM
14/01/30 20:26:17 INFO client.Client$ClientActor:
  Executor updated: app- 20140130202617-0001/0 is now RUNNING
14/01/30 20:26:18 INFO spark.SparkContext: Starting job: reduce at
  SparkPi.scala:39
...
```

读者不妨在集群上自由练习,熟悉一下 Scala 的交互式终端:

```
$ ./bin/spark-shell --master spark:// ec2-52-90-110-128.compute-1.amazonaws.com:7077
```

练习完后,输入 exit 便可退出终端。另外也可以通过如下命令来体验 PySpark 终端:

```
$ ./bin/pyspark --master spark:// ec2-52-90-110-128.compute-1.amazonaws.com:7077
```

通过 Spark 主节点网页界面,可以看到主节点下注册了哪些应用。该界面位于 ec2-52-90-110-128.compute-1.amazonaws.com:8080(同样,需要将公开域名替换为你自己的)。

值得注意的是,Amazon 会根据集群的使用情况收取费用。所以在使用完毕后,记得停止或终止这个测试集群。要终止该集群,可以先在你本地系统的 ssh 会话里输入 exit,然后再输入如下命令:

```
$ ./ec2/spark-ec2 -k spark -i spark.pem destroy test-cluster
```

应该可以看到这样的输出:

```
Are you sure you want to destroy the cluster test-cluster?
The following instances will be terminated:
Searching for existing cluster test-cluster...
Found 1 master(s), 1 slaves
> ec2-54-227-127-14.compute-1.amazonaws.com
> ec2-54-91-61-225.compute-1.amazonaws.com
ALL DATA ON ALL NODES WILL BE LOST!!
Destroy cluster test-cluster (y/N): y
Terminating master...
Terminating slaves...
```

输入 y 然后回车,便可终止该集群。

恭喜!现在你已经做到了在云端设置 Spark 集群,并在它上面运行了一个完全并行的示例程序,最后也终止了这个集群。如果在学习后续章节时,你想在集群上运行示例或你自己的程序,可以再次使用这些脚本并指定想要的集群规模和配置。(留意一下费用,并记得使用完毕后关闭它们就行。)

1.11 在 Amazon Elastic Map Reduce 上配置并运行 Spark

这里将介绍如何借助 EMR(Amazon Elastic Map Reduce)来启用一个包含 Spark 的 Hadoop 集群。这可通过如下步骤来实现。

(1) 启动一个 Amazon EMR Cluster。
(2) 在如下地址打开 Amazon EMR UI 终端:https://console.aws.amazon.com/elasticmapreduce/home。
(3) 如以下截图所示,选择 Create cluster(创建集群)。

(4) 如以下截图所示,选择 Amazon AMI 3.9.0 或更新版本。

1.11 在 Amazon Elastic Map Reduce 上配置并运行 Spark

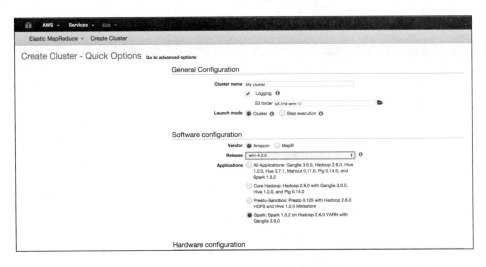

（5）User Interface 中提供了 Application 预安装选项，从中选择 Spark 1.5.2 或更新版本，并点击 Add 按钮。

（6）根据需要选择其他硬件选项。

- Instance type：主机类型
- Key pair：用于 SSH 的密钥对
- Permissions：权限
- IAM roles：IAM 角色，Default（默认）或 Custom（自定义）

见如下截图。

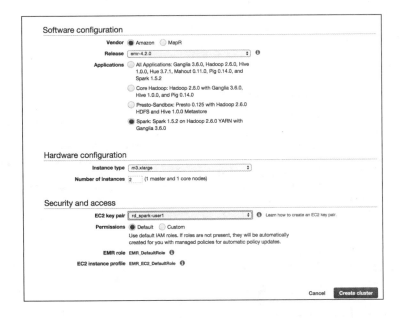

(7) 点击 Create cluster 按钮。集群将会开始初始化，如下图所示。

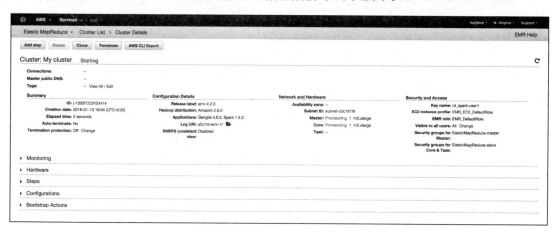

(8) 登录主节点。当 EMR 集群就绪后，便可通过 SSH 来登录主节点。

```
$ ssh -i rd_spark-user1.pem hadoop@ec2-52-3-242-138.compute-1.amazonaws.com
```

其输出如下：

```
Last login: Wed Jan 13 10:46:26 2016

       __|  __|_  )
       _|  (     /   Amazon Linux AMI
      ___|\___|___|

https://aws.amazon.com/amazon-linux-ami/2015.09-release-notes/
  23 package(s) needed for security, out of 49 available
Run "sudo yum update" to apply all updates.
[hadoop@ip-172-31-2-31 ~]$
```

(9) 启动 Spark Shell。

```
[hadoop@ip-172-31-2-31 ~]$ spark-shell
16/01/13 10:49:36 INFO SecurityManager: Changing view acls to: hadoop
16/01/13 10:49:36 INFO SecurityManager: Changing modify acls to: hadoop
16/01/13 10:49:36 INFO SecurityManager: SecurityManager:
   authentication disabled; ui acls disabled; users with view
   permissions: Set(hadoop); users with modify permissions: Set(hadoop)
   16/01/13 10:49:36 INFO HttpServer: Starting HTTP Server
   16/01/13 10:49:36 INFO Utils: Successfully started service 'HTTP
     class server' on port 60523.
Welcome to
```

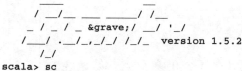

```
scala> sc
```

(10) 运行 EMR 上的 Spark 基本示例。

```
scala> val textFile = sc.textFile("s3://elasticmapreduce/samples
  /hive-ads/tables/impressions/dt=2009-04-13-08-05
  /ec2-0-51-75-39.amazon.com-2009-04-13-08-05.log")
scala> val linesWithCartoonNetwork = textFile.filter(line =>
  line.contains("cartoonnetwork.com")).count()
```

其输出应如下：

```
linesWithCartoonNetwork: Long = 9
```

1.12 Spark 用户界面

Spark 提供了一个 Web 界面，它可用于监控任务进度和运行环境，以及运行 SQL 命令。

`SparkContext` 通过 4040 端口发布一个 Web 界面来显示与当前应用有关的信息。这些信息包括：

- 各个调度阶段和任务的列表
- RDD 大小和内存使用情况的概要
- 环境信息
- 正在运行的执行器的相关信息

该界面可通过 https://<driver-node>:4040 在浏览器中访问。若同一主机上有多个 `SparkContext` 在运行，则会从 4040 开始依次分配不同的端口，如 4041、4042，以此类推。

如下截图显示了 Web 界面所提供的部分信息：

Spark 运行环境展示界面

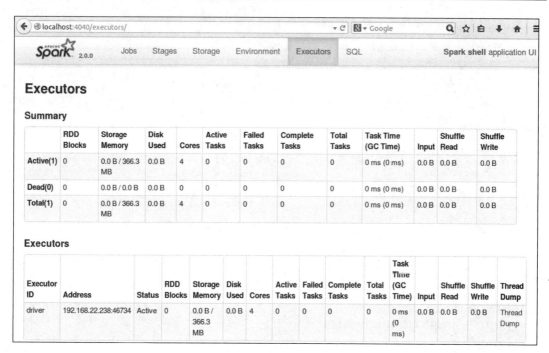

Spark Executors 状态汇总界面

1.13　Spark 所支持的机器学习算法

Spark ML 支持如下算法。

- 协同过滤

  - 交替最小二乘法（ALS，alternating least squares）。协同过滤常用于推荐系统。这些技术旨在计算用户–物品关联矩阵中缺失的关联关系。spark.mllib 目前支持基于模型的协同过滤。在其实现中，用户和物品通过一个由若干隐藏因子（latent factor）组成的集合来表示，进而预测缺失的关联关系。spark.mllib 使用 ALS 算法来学习这些隐藏因子。

- 聚类。聚类旨在处理一种无监督学习问题，即通过某种相似性的度量将不同的对象分组（或分类）。聚类常用于探索性分析或作为分层监督学习流程的一个部分。第二种情况会对不同的类别训练出相应的特征分类器或回归模型。Spark 中实现了如下聚类算法。

  - K-均值（K-means）。这是常见的聚类算法之一，它将各个数据点归类到多个类别中，但此时类别的数目已预先定义好，即由用户指定。spark.mllib 的对应实现包含了其并行化版本的衍化算法 K-means++。

- **高斯混合**。高斯混合模型（GMM，Gaussian mixture model）指一种组合分布，其中各数据点是从 k 个子高斯分布之一中取出的。各个子分布都有自己的概率分布。`spark.mllib` 的对应实现使用了期望最大化（expectation-maximization）算法来求解给定样本的最大似然（maximum-likelihood）。

- **幂迭代聚类**（PIC，power iteration clustering）是用于对边加权图中的顶点进行聚类的一种可扩展算法。该类图中的边的权值对应两端顶点的相似性。该算法通过幂迭代来计算图（所对应的归一化后的相似矩阵，affinity matrix）的伪特征向量（pseudo eigenvector）。

  幂迭代是一种特征值求解算法。给定一个矩阵 X，该算法将求出一个数值 λ（特征值）和一个非零向量 v（特征向量），使得 $Xv=\lambda v$。

  矩阵的伪特征向量可视为近邻矩阵（nearby matrix）的特征向量。伪特征向量的详细定义如下。

  设 A 为 m 行 n 列的矩阵，E 为任何满足 $\|E\|=\epsilon$ 的矩阵，那么 A 的伪特征向量为 $A+E$ 的特征向量。该特征向量利用它来图的顶点进行聚类。

  `spark.mllib` 包含了 PIC 的一种实现，该实现基于 GraphX。它以元组（tuple）的 RDD 为输入，输出带有分类结果（标签）的模型。相似性的表示必须为非负值。PIC 假设相似度为对称的。

  （在统计学中，相似性度量或相似性函数是一种量化两个对象之间相似度的实数函数。该度量与距离函数相反。一种常见的相似性函数是余弦相似性。）

  若用 `srcId` 和 `dstId` 分别表示图中的两个顶点，则 (`srcId`, `dstId`) 在输入数据中最多只能出现一次，因为它与 (`dstId`, `srcId`) 等效。

- **隐含狄利克雷分布**（LDA，latent Dirichlet allocation）是从一系列文本文档中推断若干主题（topic）的一种模型，是聚类模型的一种。主题解释如下。

  主题为聚类的中心，而各文本对应从相应主题中抽取的样本。主题和文本都存在于一个特征空间中，这里的特征对应表示不同单词出现次数的向量（即词袋模型，bag of words）。

  LDA 通过对文本是如何生成的建模，进而聚类，而非使用传统的距离表示。

- **二分 K-均值**（bisecting K-means）是一种典型的层次聚类算法。**层次聚类分析**（HCA，hierarchial cluster analysis）会自顶向下分层构建出不同层次的类（的划分）。在这类算法中，所有的数据点从同一个类别开始，并递归式地向下分层细分。

  层次聚类常用于聚类分析中需要构建类的层次结构的场景。

- 流式 *K*-均值聚类（steaming *K*-means）。当处理的数据为数据流时，需要根据新的数据来动态评估并更新现有的聚类。`spark.mllib` 支持流式 *K*-均值聚类分析，并提供相关的参数来控制更新期限。该算法使用一种泛化的小批量 *K*-均值更新规则。

❑ **分类**

- **决策树**（decision trees）。决策树及其集成算法（ensemble）是用于分类和回归的一种模型。决策树具有可解释性高、能处理类别属性以及可扩展到多类别场景的特点，因而使用广泛。它们并不需要特征缩放（feature scaling），而且能捕获非线性特征和特征之间的关联。树集成算法、随机森林和 Boosting 是分类和回归类应用中表现最优的几种。

  `spark.mllib` 中的决策树模型支持二分类、多类别和回归三种场景，支持连续型和离散型（如类别）特征。该实现按行对数据进行分区，从而支持数百万实例上的分布式训练。

- **朴素贝叶斯**（naive Bayes）是一类应用贝叶斯理论的概率分类模型。该模型有一个强（朴素）假设，即各个特征之间相互独立。

  朴素贝叶斯是一种多分类算法，它假设特征之间两两独立。对给定的一组训练数据，它计算给定标签时每个特征的条件概率分布，然后利用贝叶斯理论来计算给定数据点的标签的条件概率分布，并用该分布来进行预测。`spark.mllib` 支持多项式朴素贝叶斯（multinomial naive Bayes）和伯努利朴素贝叶斯（Bernoulli naive Bayes）。这些模型常用于文本分类。

- **概率分类器**（probability classifier）。在机器学习中，概率分类器用于预测给定的输入数据在一组类别上的概率分布，而非输出该数据最可能的类别。它提供分类归属上的可能性。该可能性本身具有某些意义，也能和其他分类器集成。

- logistic 回归用于二元（是否）判断。它通过一个 logistic 函数估算的概率来度量与标签有关变量和无关变量的关联性。该函数是一个累积 logistic 分布（cumulative logistic distribution）函数。

  它预测输出的概率，是**广义线性模型**（GLM，generalized linear models）的一种特例。相关背景知识和实现的细节可见 `spark.mllib` 中与 logistic 回归相关的文档。

  GLM 对变量的误差分布而非正态分布建模，因而被视为线性回归的一种泛化。

- **随机森林**（random forest）算法通过集成多个决策树来确定决策边界。随机森林结合许多决策树，从而降低了结果过拟合（overfitting）的风险。

  Spark ML 的决策树算法支持二元和多类别分类与拟合，可用于连续性或标签属性类数值。

- **降维**（dimensionality reduction）是减少数据维度（特征数目）的过程，其输出供后续机器学习。它能用于从原始特征中提取隐藏特征，或在保证整体结构的前提下对数据进行压缩。MLlib 在 `RowMatrix` 类的基础上提供了降维支持。

    - **奇异值分解**（SVD，singular value decomposition）的定义如下：给定一个行列数为 (m, n) 且元素值为实数或复数的矩阵 M，其奇异值分解形如 $U\Sigma V^*$，其中 U、Σ 和 V 的行列数分别为 (m, R)、(R, R) 和 (n, R)，且 Σ 的对角线元素为非负实数，V 为单位矩阵，R 等于矩阵 M 的秩（Rank）。V^* 表示 V 的共轭转置。

    - **主成分分析**（PCA，principal component analysis）是一种统计学方法，旨在找到使得各数据点在第一维度上的差异最大化的旋转。这也使得在后续各个维度上的差异能最大化。旋转矩阵的列被称为主成分。PCA 是一种常用的降维方法。

    MLlib 提供对多行少列矩阵的 PCA 支持。该支持以 `RowMatrix` 类为基础，且矩阵以行优先方式存储。Spark 同样支持特征提取和转换，具体如 TF-IDF、ChiSquare、Selector、Normalizer 和 Word2Vector。

- **频繁模式挖掘**

    - **FP-growth**。FP 为 frequent pattern（频繁模式）的缩写。该算法首先计算数据中物品的出现次数（属性–属性值对）并将其保存到头表中（header table）。

        第二轮时，它通过插入实例（由物品，即 items 构成）来构建 FP-Tree 结构。每个实例对应的多个物品，参照各自在数据集中出现的频率来降序排列。这使得树能快速处理。各实例中，低于特定最小频率阈值的物品会被排除。对于多数实例中高频率出现的物品有所重复的情况，FP-Tree 在接近树根的分支进行了高度压缩。

    - **关联规则**（association rule）。关联规则学习旨在发现海量数据的各个特征之间的某些关系。

        它实现了一个并行的规则生成算法来构建最终想要的规则，该规则以单个物品为输出。

- **PrefixSpan**。这是一种序列模式挖掘算法。

- **评估指标**（evaluation metrics）。`spark.mllib` 提供了一套指标，用于评估算法。

- **PMML 模型输出**。PMML（predictive model markup language，预测模型标记语言）是一种基于 XML 的预测模型交换格式。它使得各个分析类应用能够描述并相互交换由机器学习算法生成的预测模型。

    `spark.mllib` 支持以 PMML 或等效的格式来输出其机器学习模型。

- **参数优化算法**

- 随机梯度下降法（SGD，stochastic gradient descent）。SGD 通过优化梯度下降来最小化一个目标函数。该函数为若干可微函数的和。

  各类梯度下降法和随机次梯度下降法均为 MLlib 的底层原语，是其他各种机器学习算法的基础。

- Limited-Memory BFGS（L-BFGS）。这是一种优化算法，且属于准牛顿算法家族（Quasi-Newton methods）的一种。该类算法是对 BFGS（Broyden-Fletcher-Goldfarb-Shanno）算法的近似计算。它所需内存空间不大，用于机器学习中的参数估计。

  BFGS 模型是牛顿模型的近似，是爬山法（hill-climbing optimization techniques）的一种。爬山法的特点是求解给定函数的平稳点（stationary point）。对这类问题而言，最优化的一个必要条件就是梯度为零。

1.14 Spark ML 的优势

加州大学伯克利分校 AMQ 实验室在 Amazon EC2 平台上借助一系列实验以及用户应用的基准测试，对 Spark 和 RDD 进行了评估。

- 使用的算法：logistic 回归和 K-均值。
- 用例：首次迭代和多次迭代。

所有的测试使用 `m1.xlarge` EC2 节点。该类节点包含 4 个核心以及 15GB 内存。存储基于 HDFS，块大小为 256MB。与其他库的比较可见下图。下图对比了 Hadoop 和 Spark 的 **logistic 回归**算法在首次迭代和后续迭代中的性能。

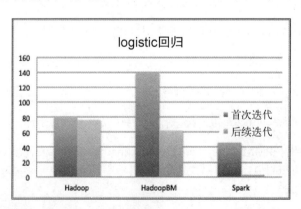

下图则用 K-均值聚类算法进行了相同的比较。

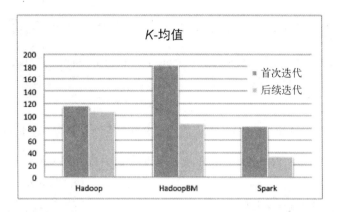

总体结果表明如下几点。

- 对迭代式机器学习和图应用而言，Spark 的性能比 Hadoop 高，最多能高出 20 倍。加速来自于避免 I/O 操作，以及将数据以 Java 对象形式保存在内存中，从而减少了反序列。
- 用 Spark 编写的应用有良好的性能和可扩展性。对比 Hadoop，Spark 能为分析报告加速 40 倍。
- 当节点失效时，Spark 仅需重建丢失的 RDD 分区，从而可以迅速恢复。
- Spark 能在 5~7 秒延迟内完成对 1TB 数据的交互式查询。

 更多信息参见 http://people.csail.mit.edu/matei/papers/2012/nsdi_spark.pdf。

Spark 和 Hadoop 在排序上的基准测评比较——2014 年，Databricks 团队参加了一项 SORT 基准测试（http://sortbenchmark.org/）。该测试使用的数据集大小为 100TB。Hadoop 运行于一个专属数据中心上，而 Spark 则对应 EC2 上的 200 多个节点并用 HDFS 做分布式存储。

测试表明 Spark 的速度比 Hadoop 快 3 倍，而占用的机器数仅为其 1/10，如下图所示。

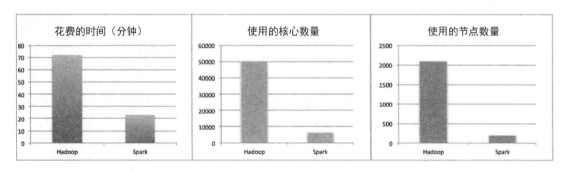

1.15 在 Google Compute Engine 上用 Dataproc 构建 Spark 集群

Cloud Dataproc 是一种运行于 Google Compute Engine 上的 Spark 和 Hadoop 服务。它是一种受管理的服务。Cloud Dataproc 自动化有助于快速创建集群，方便对集群进行管理，并在空闲时自动关闭集群来节省费用。

本节将学习如何使用 Dataproc 服务来创建一个 Spark 集群，并在其上运行示例。

请读者事先创建好一个 Google Compute Engine 账号，并安装 Google Cloud SDK。

1.15.1 Hadoop 和 Spark 版本

Dataproc 支持如下 Hadoop 和 Spark 版本，但会随新版本的发布而有所改变：

- Spark 1.5.2
- Hadoop 2.7.1
- Pig 0.15.0
- Hive 1.2.1
- GCS connector 1.4.3-hadoop2
- BigQuery connector 0.7.3-hadoop2

 更多信息请参见 https://cloud.google.com/dataproc/docs/concepts/versioning/dataproc-versions。

下面的步骤将在 Google Cloud Console 中进行，该用户界面用于 Spark 集群的创建和任务的提交。

1.15.2 创建集群

可在 Cloud Platform Console 中创建一个 Spark 集群。选择相应项目，并点击 Continue 按钮以打开 Clusters 页面。这时便可看到归属于该项目的 Cloud Dataproc 集群，如果你已经创建了的话。

点击 Create a cluster 按钮以打开 Create a Cloud Dataproc 集群页面，如下图所示。

1.15 在 Google Compute Engine 上用 Dataproc 构建 Spark 集群

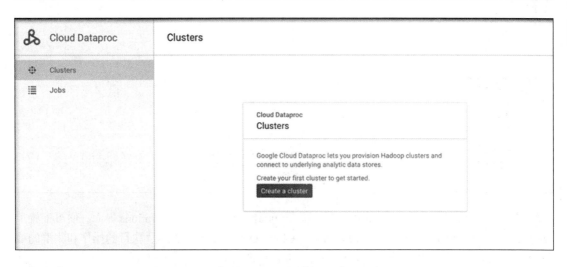

点击 Create a cluster 按钮之后，便会显示一个详细的表格，如下图所示。

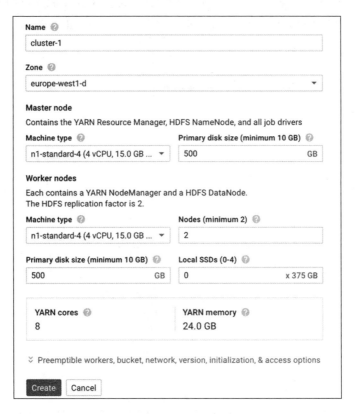

上图展示了 Create a Cloud Dataproc 集群页面，且已自动填写了一个名为 cluster-1 的新集群。来看一下下面的屏幕截图。

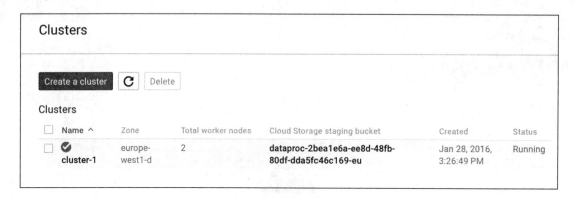

展开 Workers、Bucket、Network、Version、Initialization 和 Access Options 界面，便可配置工作节点、Staging bucket、网络、初始化策略、Cloud Dataproc 镜像版本、执行的操作和集群的项目级访问策略。可根据需求重新制定这些值，或默认即可。

默认情况下，集群不包含工作节点，但包含默认的 Staging bucket 和网络设定。同时也会采用最新发布的 Cloud Dataproc 镜像版本。这些默认配置均可更改，如下图所示。

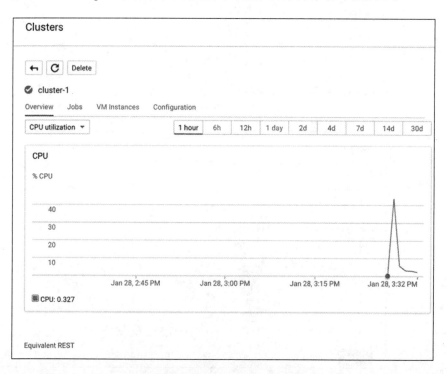

配置完成后，点击 Create 按钮来创建集群。集群的名称会显示在 Cluster 页面上。当集群创建完毕后，其状态会更新为 Running。

点击之前创建的集群的名称，便可打开集群详情页面。该页面同时有个 Overview 标签页和 CPU utilization 图。

从其他的标签页可以查看任务和实例等信息。

1.15.3 提交任务

通过 Cloud Platform UI，便可从 Cloud Platform Console 提交一个任务到集群。在该页面选择相应的项目并点击 Continue 按钮。若是第一次提交，会显示如下对话框：

点击 Submit 按钮来提交任务，如下图所示：

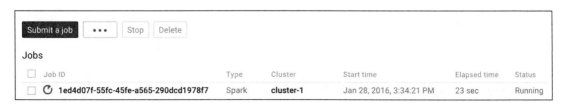

要运行样例任务，参照如下步骤填写 Submit 页面。

(1) 从集群列表中选择一个集群名。
(2) 设置 Spark 的 Job type。
(3) 在 Jar files 中加入 file:///usr/lib/spark/lib/spark-examples.jar。这里，file:/// 为 Hadoop `LocalFileSystem` 语法；Cloud Dataproc 在创建集群时会将/usr/lib/spark/lib/spark-examples.jar 安装到集群主节点上。如有需要，用户也可指定所需 jar 文件的 Cloud Storage 路径（gs://my-bucket/my-jarfile.jar）或一个 HDFS 路径（hdfs://examples/myexample.jar）到自定义路径中。
(4) 设置 jar 的 `Main class` 为 `org.apache.spark.examples.SparkPi`。
(5) 设置 Argument 为单个参数 1000。

点击 Submit 按钮来开始任务。

任务开始后便会添加到 Job 列表中，见如下截图。

任务结束后，其状态会发生改变，如下图所示：

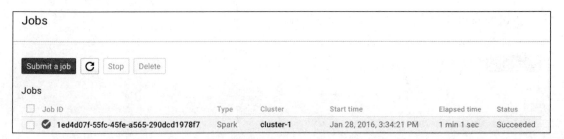

不妨看下此时 `job` 的输出。

用相应的 Job ID 在终端中执行命令。

在作者这里，Job ID 为 `1ed4d07f-55fc-45fe-a565-290dcd1978f7`，Project ID 为 `rd-spark-1`。故相应的命令为：

```
$ gcloud beta dataproc --project=rd-spark-1 jobs wait 1ed4d07f-
  55fc-45fe-a565-290dcd1978f7
```

其输出（省略后）为：

```
Waiting for job output...
16/01/28 10:04:29 INFO akka.event.slf4j.Slf4jLogger: Slf4jLogger
  started
16/01/28 10:04:29 INFO Remoting: Starting remoting
...
Submitted application application_1453975062220_0001
Pi is roughly 3.14157732
```

也可通过 SSH 登录 Spark 实例，并以交互模式启动 spark-shell。

1.16 小结

本章讲述了如何在本地计算机以及 Amazon EC2 的云端上配置 Spark 环境，还介绍了如何在 Amazon Elastic Map Reduce（EMR）上运行 Spark，以及如何通过 Google Compute Engine 的 Spark 服务来创建一个集群并运行示例程序。此外还通过 Scala 交互式终端讨论了 Spark 编程模型的基础知识和 API，并分别用 Scala、Java、R 和 Python 语言编写了一个简单的 Spark 程序。最后还对比了 Hadoop 和 Spark 在不同机器学习算法以及 SORT 基准测试上的性能指标。

下一章将介绍机器学习相关的基础数学。

第 2 章 机器学习的数学基础

机器学习用户需要对相关概念和算法有一定的理解。数学是机器学习的重要方面之一。我们通过熟悉编程语言的基本概念和结构来学习编程。类似地，我们需要借助数学来理解机器学习的相关概念和算法，从而解决复杂的计算问题，以及理解众多计算机科学概念。对于掌握理论概念和选择正确的算法，数学起着根本性作用。本章会介绍机器学习相关的**线性代数**和**微积分**的基础知识。

本章覆盖的内容如下：

- 线性代数
- 环境配置
    - 配置 IntelliJ Scala 环境
    - 配置命令行 Scala 环境
- 域
- 向量
    - 向量空间
    - 向量类型
        - 密集向量
        - 稀疏向量
        - Spark 中的向量
    - 向量操作
    - 超平面
    - 机器学习中的向量
- 矩阵
    - 简介
    - 矩阵类型
        - 密集矩阵
        - CSC 矩阵（列压缩矩阵）

- Spark 中的矩阵
  ■ 矩阵操作
  ■ 行列式
  ■ 特征值和特征向量
  ■ 奇异值分解
  ■ 机器学习中的矩阵
- 函数
  ■ 定义
  ■ 函数类型
    - 线性函数
    - 多项式函数
    - 恒等函数
    - 常数函数
    - 概率分布函数
    - 高斯函数
  ■ 函数组合
  ■ 假设
  ■ 梯度下降
  ■ 先验概率、似然和后验概率
- 微积分
  ■ 可微微分
  ■ 积分
  ■ 拉格朗日乘子
- 可视化

2.1 线性代数

线性代数研究对由线性方程和变换组成的系统求解。其基本工具为向量、矩阵和行列式。下面会借助 Breeze 来分别学习它们。Breeze 是一个用于数值计算的线性代数库。相应的 Spark 对象实际是对 Breeze 的封装，并以公开接口方式供调用。这使得即便 Breeze 内部有更改，仍然能保证 Spark ML 库的一致性。

2.1.1 配置 IntelliJ Scala 环境

编写 Scala 代码时，最好能借助如 IntelliJ 这样的 IDE，它们提供了更快的开发工具和代码协助。代码自动完成和检查能加快和简化编码和调试过程，从而让你专注在学习机器学习相关的数学这一最终目标上。

IntelliJ 2016.3 以 Scala 插件的形式对 Akka、Scala.meta、内存检视、Scala.js 和 Migrators 提供了支持。让我们按如下步骤来配置 IntelliJ Scala 的开发环境。

(1) 点选 Preferences | Plugins，确认 Scala 插件已安装。SBT 是一种 Scala 构建工具，采用默认配置，如下图所示。

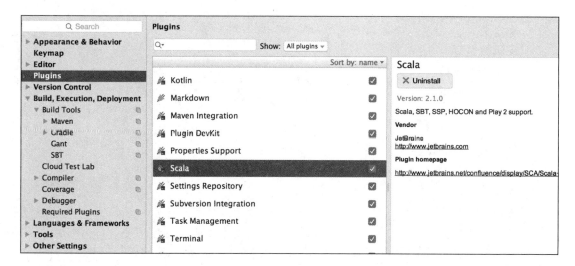

(2) 点选 File | New | Project from Existing resources | $GIT_REPO/Chapter_02/breeze or $GIT_REPO/Chapter_02/spark。其中，$GIT_REPO 是读者克隆本书代码的代码库路径。

(3) 选择 SBT 来导入项目，如下图所示。

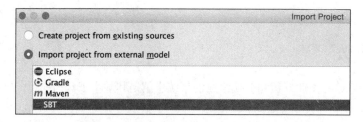

(4) 保留 SBT 默认配置，并点击 Finish。

(5) 等待 SBT 从 build.sbt 导入相关引用，如下图所示。

```
name := "maths-for-ml"

version := "1.0"

val sparkVersion = "2.0.0"

libraryDependencies ++= Seq(
  // other dependencies here
  "org.scalanlp" %% "breeze" % "0.12",
  // native libraries are not included by default. add this if you want them (as of 0.7)
  // native libraries greatly improve performance, but increase jar sizes.
  // It also packages various blas implementations, which have licenses that may or may not
  // be compatible with the Apache License. No GPL code, as best I know.
  "org.scalanlp" %% "breeze-natives" % "0.12",
  // the visualization library is distributed separately as well.
  // It depends on LGPL code.
  "org.scalanlp" %% "breeze-viz" % "0.12",
  "org.apache.spark" %% "spark-core" % sparkVersion,
  "org.apache.spark" %% "spark-mllib" % sparkVersion
)

resolvers ++= Seq(
  // other resolvers here
  // if you want to use snapshot builds (currently 0.12-SNAPSHOT), use this.
  "Sonatype Snapshots" at "https://oss.sonatype.org/content/repositories/snapshots/",
  "Sonatype Releases" at "https://oss.sonatype.org/content/repositories/releases/"
)

scalaVersion := "2.11.7"
```

(6) 最后，点击鼠标右键选择源文件，然后点击 Run 'Vector'，如下图所示。

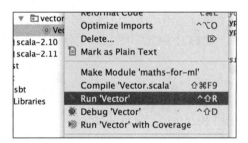

2.1.2 配置命令行 Scala 环境

可通过如下步骤来配置一个本地开发环境。

(1) 进入 Chapter 2 的根目录，然后选择相应的文件夹。

```
$ cd /PATH/spark-ml/Chapter_02/breeze
```

另外，也可选择：

```
$ cd /PATH/spark-ml/Chapter_02/spark
```

(2) 编译代码：

```
$ sbt compile
```

(3) 运行编译后的代码，并选择相应的程序来运行（根据 `sbt run` 是在 breeze 还是 spark 目录下执行，输出的类名会不同）。

```
$ sbt run

Multiple main classes detected, select one to run:
...

Enter number:
```

2.1.3 域

域是数学中以不同形式定义的基本结构。下面会介绍一些常见的基本类型。

1. 实数

实数包含我们所能想到的任意数字。它包括整数（0、1、2、3）、有理数（2/6、0.768、0.222...、3.4）和无理数（π、3的平方根）。实数可以是正数、负数或 0。虚数则是另一种数，比如−1 的平方根。注意，极数（无穷大或无穷小）不是实数。

2. 复数

我们通常的理解是，一个数的平方不可能为负数。那如何求解 $x^2 = -9$？不难想到数学中有 i 这个概念能够求解，即 $x = 3i$。诸如 i、−i、3i 和 2.27i 这样的数称为虚数。一个实数加一个虚数构成了一个复数。

$$复数 = 实数部 + 虚数部 i$$

下面的例子展示了如何使用 Breeze 进行复数的数学表示：

```
import breeze.linalg.DenseVector
import breeze.math.Complex
val i = Complex.i
// 加法
println((1 + 2 * i) + (2 + 3 * i))
// 减法
println((1 + 2 * i) - (2 + 3 * i))
// 除法
println((5 + 10 * i) / (3 - 4 * i))
// 乘法
println((1 + 2 * i) * (-3 + 6 * i))
println((1 + 5 * i) * (-3 + 2 * i))
// 取反
println(-(1 + 2 * i))
// 多项加法
val x = List((5 + 7 * i), (1 + 3 * i), (13 + 17 * i))
println(x.sum)
// 多项乘法
```

```
val x1 = List((5 + 7 * i), (1 + 3 * i), (13 + 17 * i))
println(x1.product)
// 多项排序
val x2 = List((5 + 7 * i), (1 + 3 * i), (13 + 17 * i))
println(x2.sorted)
```

对应的结果如下：

```
3.0 + 5.0i
-1.0 + -1.0i
-1.0 + 2.0i
-15.0 + 0.0i
-13.0 + -13.0i
-1.0 + -2.0i
19.0 + 27.0i
-582.0 + 14.0i
List(1.0 + 3.0i, 5.0 + 7.0i, 13.0 + 17.0i)
```

3. 向量

向量是一组有序数字的数学表示。它与集合类似，但是各数是有序的。其中的数均为实数。n 维向量在几何上表示为 n 维空间中的一个点。向量的起点（原点）从零开始。

比如：

[2, 4, 5, 9, 10]
[3.14159, 2.718281828, -1.0, 2.0]
[1.0, 1.1, 2.0]

4. 向量空间

线性代数是向量空间的代数表示。实数域或复数域中的各向量可相加，或通过与标量 α 相乘而成倍变化。

向量空间是若干可相加和相乘的向量构成的集合。在向量空间中，两个向量可结合生成第三个向量或其他对象。向量空间的公理具有诸多有用的性质。向量空间中的空间定义有助于物理空间属性的学习，比如，确认一个物体的远近。三维欧几里得（Euclidean）空间中的向量集合便是向量空间的一个例子。向量空间 V 在域 F 上具有如下性质。

- 向量加法：表示为 $v+w$，其中 v 和 w 是空间 V 中的元素。
- 标量乘法：表示为 $\alpha * v$，其中 α 是 F 中的元素。
- 结合律：表示为 $u+(v+w)=(u+v)+w$，其中 u、v 和 w 均为空间 V 中的元素。
- 交换律：表示为 $v+w=w+v$。
- 分配律：表示为 $\alpha *(v+w)=\alpha * v+\alpha * w$。

在机器学习中，特征对应向量空间的维度。

5. 向量类型

在 Scala 编程中，我们使用 Breeze 库来表示向量。向量可表示为密集向量和稀疏向量。

6. Breeze 中的向量

Breeze 使用两种基本的向量类型来表示上述两种向量，即 `breeze.linalg.DenseVector` 和 `breeze.linalg.SparseVector`。

`DenseVector` 是对支持数值运算的数组的一种封装。下面先看下密集向量的计算。首先借助 Breeze 创建一个密集向量对象，然后更新索引为 3 的元素的值。

```
import breeze.linalg.DenseVector

val v = DenseVector(2f, 0f, 3f, 2f, -1f)
v.update(3, 6f)
println(v)
```

其结果为：`DenseVector(2.0, 0.0, 3.0, 6.0, -1.0)`。

`SparseVector` 表示多数元素为 0 且支持数值运算的向量，即稀疏向量。下面的代码先借助 Breeze 创建了一个稀疏向量，然后对其中的各值加 1：

```
import breeze.linalg.SparseVectorval
sv:SparseVector[Double] = SparseVector(5)()
sv(0) = 1
sv(2) = 3
sv(4) = 5
val m:SparseVector[Double] = sv.mapActivePairs((i,x) => x+1)
println(m)
```

其结果为：`SparseVector((0,2.0), (2,4.0), (4,6.0))`。

7. Spark 中的向量

Spark MLlib 使用 Breeze 和 jblas 来处理底层线性代数运算。它自定义了 `org.apache.spark.mllib.linalg.Vector` 经工厂模式来创建和表示向量。本地向量的索引为从 0 开始递增的整数。其中各值以双精度表示。本地向量存储在单个节点中，且不能分发到其他节点。Spark MLlib 支持密集型和稀疏型两种本地向量，它们通过工厂模式创建。

如下代码片段展现了如何在 Spark 中创建上述两种向量：

```
val dVectorOne: Vector = Vectors.dense(1.0, 0.0, 2.0)
println("dVectorOne:" + dVectorOne)
// 稀疏向量(1.0, 0.0, 2.0, 3.0)对应非零条目
val sVectorOne: Vector = Vectors.sparse(4, Array(0, 2,3),
    Array(1.0, 2.0, 3.0))
// 创建一个稀疏向量(1.0, 0.0, 2.0, 2.0) 并指定其非零条目
val sVectorTwo: Vector = Vectors.sparse(4, Seq((0, 1.0), (2, 2.0), (3, 3.0)))
```

对应的结果如下:

```
dVectorOne:[1.0,0.0,2.0]
sVectorOne:(4,[0,2,3],[1.0,2.0,3.0])
sVectorTwo:(4,[0,2,3],[1.0,2.0,3.0])
```

Spark 提供了多种方式来访问和查看向量数值,比如:

```
val sVectorOneMax = sVectorOne.argmax
val sVectorOneNumNonZeros = sVectorOne.numNonzeros
val sVectorOneSize = sVectorOne.size
val sVectorOneArray = sVectorOne.toArray
val sVectorOneJson = sVectorOne.toJson
println("sVectorOneMax:" + sVectorOneMax)
println("sVectorOneNumNonZeros:" + sVectorOneNumNonZeros)
println("sVectorOneSize:" + sVectorOneSize)
println("sVectorOneArray:" + sVectorOneArray)
println("sVectorOneJson:" + sVectorOneJson)
val dVectorOneToSparse = dVectorOne.toSparse
```

其输出如下:

```
sVectorOneMax:3
sVectorOneNumNonZeros:3
sVectorOneSize:4
sVectorOneArray:[D@38684d54
sVectorOneJson:{"type":0,"size":4,"indices":[0,2,3],"values": [1.0,2.0,3.0]}
dVectorOneToSparse:(3,[0,2],[1.0,2.0])
```

8. 向量操作

向量可两两相加、相减或与标量相乘。其他操作包括求平均值、正则化、比较和几何表示。

❑ **加法**:下面的代码展示了两个向量进行逐元素相加。

```
// 向量元素相加
val v1 = DenseVector(3, 7, 8.1, 4, 5)
val v2 = DenseVector(1, 9, 3, 2.3, 8)
def add(): Unit = {
  println(v1 + v2)
}
```

该代码的结果为:`DenseVector(4.0, 16.0, 11.1, 6.3, 13.0)`。

❑ **乘法和点乘**:这种代数运算以等长度的两个数组为输入,输出一个数值。代数上,它是两个数组的乘积之和。其数学表示如下。

$a \cdot b = |a| \times |b| \times \cos(\theta)$ 或 $a \cdot b = ax \times bx + ay \times by$

```
import breeze.linalg.{DenseVector, SparseVector}
val a = DenseVector(0.56390, 0.36231, 0.14601, 0.60294, 0.14535)
val b = DenseVector(0.15951, 0.83671, 0.56002, 0.57797, 0.54450)
println(a.t * b)
println(a dot b)
```

对应的结果为:

0.9024889161, 0.9024889161

又如:

```
import breeze.linalg.{DenseVector, SparseVector}
val sva = SparseVector(0.56390,0.36231,0.14601,0.60294,0.14535)
val svb = SparseVector(0.15951,0.83671,0.56002,0.57797,0.54450)
println(sva.t * svb)
println(sva dot svb)
```

对应的结果为:

0.9024889161, 0.9024889161

- **求平均值**:该操作返回第一个元素个数不为 1 的维度对应的各个元素的平均值。其数学表示为:

```
import breeze.linalg.{DenseVector, SparseVector}
import breeze.stats.mean
val mean = mean(DenseVector(0.0,1.0,2.0))
println(mean)
```

对应的输出为:

1.0

又如:

```
import breeze.linalg.{DenseVector, SparseVector}
import breeze.stats.mean
val svm = mean(SparseVector(0.0,1.0,2.0))
val svm1 = mean(SparseVector(0.0,3.0))
println(svm, svm1)
```

对应的输出为:

(1.0,1.5)

- **正则化**:每个向量都有大小,它通过毕达哥拉斯定理定义为$|v| = \text{sqrt}(x^2 + y^2 + z^2)$。该大小是从原点到向量对应点的距离。正则向量的大小为 1。向量正则化表示对向量进行改变,以使得其长度为 1,但保持其从原点出发所指向的方向不变。因而,正则向量是方向与原向量相同,但范数(norm,即长度)为 1 的向量。它表示为 $\hat{x}$ 并定义如下:

$$\hat{X} = \frac{X}{|X|}$$

其中，$|X|$ 表示 X 的范数。该向量也称为单位向量。

```
import breeze.linalg.{norm, DenseVector, SparseVector}
import breeze.stats.mean
val v = DenseVector(-0.4326, -1.6656, 0.1253, 0.2877, -1.1465)
val nm = norm(v, 1)

// 正则化向量，使其范数为1.0
val nmlize = normalize(v)

// 最后检查下正则向量的范数是否为1.0
println(norm(nmlize))
```

对应的输出如下：

```
Norm(of dense vector) = 3.6577

Normalized vector is = DenseVector(-0.2068389122442966,
 -0.7963728438143791, 0.05990965257561341, 0.1375579173663526,
 -0.5481757117154094)

Norm(of normalized vector) = 0.9999999999999999
```

- 输出向量中的最大和最小元素：

```
import breeze.linalg._
val v1 = DenseVector(2, 0, 3, 2, -1)
println(argmin(v1))
println(argmax(v1))
println(min(v1))
println(max(v1))
```

对应的结果为：

```
4, 2, -1, 3
```

- 比较：比较两个向量的大小。

```
import breeze.linalg._
val a1 = DenseVector(1, 2, 3)
val b1 = DenseVector(1, 4, 1)
println((a1 :== b1))
println((a1 :<= b1))
println((a1 :>= b1))
println((a1 :< b1))
println((a1 :> b1))
```

对应的结果为：①

```
BitVector(0)
BitVector(0, 1)
BitVector(0, 2)
BitVector(1)
BitVector(2)
```

❑ 向量的几何表示（见下图）。

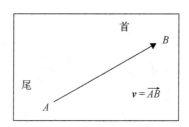

9. 超平面

当 n 大于 3 时，实数向量难以可视化。可以用常见的概念，如线和面，来（组合）表示任意 n 维空间。从向量 v 开始，经过向量 u 代表的点 P 所对应的线条 L 可表示为：

$$L = \{ u + tv \mid t \in R \}$$

已知两个非零向量 u 和 v，若它们不在一条线上，且其中一个向量不为另一向量的标量倍数，则它们确定一个平面。两个向量的加法通过将向量某一端首尾相连构成的三角形来实现。如果 u 和 v 在一个平面内，则其和也在同一平面内。由两个向量 u 和 v 表示的平面可定义为：

$$\{P + su + tv \mid s, t \in R\}$$

进而，一个 n 维平面可由一个由向量 x_i 构成的集合 X 和 P 表示，其中 $i \leq n$：

$$(P + X, X = \sum_{1}^{n} \lambda_i v_i \mid \lambda_i \in R)$$

10. 机器学习中的向量

在机器学习中，特征用 n 维向量表示。在机器学习中，数据对象需要以数值形式表示，以便进行处理和统计分析，比如用像素向量来表示图像。

2.1.4 矩阵

F 域中的矩阵是指由 F 域中的元素构成的二维数组。比如实数域中的一个矩阵可为：

---

① 其结果为符合比较条件的各对应元素的索引。——译者注

$$\begin{matrix} 1 & 2 & 3 \\ 10 & 20 & 30 \end{matrix}$$

上述矩阵有 2 行 3 列，被称为 2×3 矩阵。人们通常用数字来指代行和列。行 1 是 (1 2 3)，行 2 是 (10 20 30)；列 1 是 (1 10)，列 2 是 (2 20)，列 3 是 (3 30)。通常，一个 m 行 n 列的矩阵称为 $m \times n$ 矩阵。对于给定矩阵 A，其元素 (i, j) 定义为第 i 行第 j 列的元素，并通过 $A_{i,j}$ 或 A_{ij} 来表示。后续内容将会经常采用 Python 风格，即 $A[i, j]$。行 i 是向量 $(A[i, 0], A[i, 1], A[i, 2], \cdots, A[i, m-1])$，列 j 则是向量 $(A[0, j], A[1, j], A[2, j], \cdots, A[n-1, j])$。

1. 矩阵类型

后续 Scala 代码将使用 Breeze 库来表示矩阵。矩阵可表示为密集矩阵或 CSC（列压缩稀疏）矩阵。

- **密集矩阵**：密集矩阵通过调用构造函数来创建。其元素可被访问或更新。其以列优先（column major）模式存储，且能转为行优先模式。

```
val a = DenseMatrix((1,2),(3,4))
println("a : n" + a)
val m = DenseMatrix.zeros[Int](5,5)

// 各列可以 Dense Vector 方式访问，而行则可作为 Dense Matrix 来访问

println( "m.rows :" + m.rows + " m.cols : " + m.cols)
m(::,1)
println("m : n" + m)
```

- **矩阵转置**：矩阵转置（transposition）是指将矩阵的行和列进行调换。对于一个 $P \times Q$ 矩阵，其转置 MT 是一个 $Q \times P$ 矩阵，其中 $MT_{i,j} = M_{j,i}$，对于任意 $i \in P, j \in Q$。向量的转置则生成一个行矩阵。

```
m(4,::) := DenseVector(5,5,5,5,5).t
println(m)
```

上述代码的输出为：

```
a :
1 2
3 4
Created a 5x5 matrix
0  0  0  0  0
0  0  0  0  0
0  0  0  0  0
0  0  0  0  0
0  0  0  0  0
m.rows :5 m.cols : 5
First Column of m :
  DenseVector(0, 0, 0, 0, 0)
  Assigned 5,5,5,5,5 to last row of m.
```

```
0 0 0 0 0
0 0 0 0 0
0 0 0 0 0
0 0 0 0 0
5 5 5 5 5
```

- **CSC 矩阵**：即列压缩稀疏（compressed sparse columns）矩阵。其每一列对应一个稀疏向量。CSC 矩阵支持所有矩阵运算，并通过 `Builder` 来创建。

```
val builder = new CSCMatrix.Builder[Double](rows=10, cols=10)
builder.add(3,4, 1.0)
// 等等
val myMatrix = builder.result()
```

2. Spark 中的矩阵

Spark 中的本地矩阵的行列索引为整数，而元素值为双精度（double）型。所有值均存储在单个节点上。MLlib 支持如下矩阵类型。

- **密集矩阵**：其各元素以列优先顺序存储在单个双精度数组中。
- **稀疏矩阵**：其各非零元素以列优先顺序存储为 CSC 格式。比如，如下大小为(3,2)的密集矩阵存储在一维数组[2.0, 3.0, 4.0, 1.0, 4.0, 5.0]中：

```
2.0 3.0
4.0 1.0
4.0 5.0
```

以下例子说明了这两种矩阵的创建：

```
val dMatrix: Matrix = Matrices.dense(2, 2, Array(1.0, 2.0, 3.0, 4.0))
println("dMatrix: \n" + dMatrix)

val sMatrixOne: Matrix = Matrices.sparse(3, 2, Array(0, 1, 3),
  Array(0, 2, 1), Array(5, 6, 7))
println("sMatrixOne: \n" + sMatrixOne)

val sMatrixTwo: Matrix = Matrices.sparse(3, 2, Array(0, 1, 3),
  Array(0, 1, 2), Array(5, 6, 7))
println("sMatrixTwo: \n" + sMatrixTwo)
```

其输出如下：

```
[info] Running linalg.matrix.SparkMatrix
dMatrix:
1.0  3.0
2.0  4.0
sMatrixOne:
3 x 2 CSCMatrix
(0,0) 5.0
```

```
(2,1)  6.0
(1,1)  7.0
sMatrixTwo:
3 x 2 CSCMatrix
(0,0)  5.0
(1,1)  6.0
(2,1)  7.0
```

3. Spark 中的分布式矩阵

分布式矩阵的行列索引为长整数（long）型，元素值为双精度型，且分布式地存储在一个或多个 RDD 上。Spark 中包含了四类分布式矩阵，它们均为 `DistributedMatrix` 的子类，如下图所示。

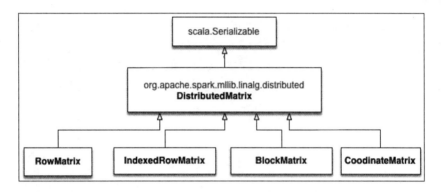

- `RowMatrix`：该类矩阵是以行优先模式存储的分布式矩阵，但没有有意义的行索引。（在行优先的矩阵里，每一行的相邻元素在内存中也是相邻存储的。）RowMatrix 实现为其各行的一个 RDD。每一行是一个本地向量。其列的数目必须小于等于 2^{31}，以便单个本地向量可同驱动程序通信，也使其能在单个节点上保存或进行操作。

如下代码演示了如何从 `Vector` 类创建一个行矩阵（密集型和稀疏型）：

```
val spConfig = (new SparkConf).setMaster("local")
  .setAppName("SparkApp")
val sc = new SparkContext(spConfig)
val denseData = Seq(
    Vectors.dense(0.0, 1.0, 2.1),
    Vectors.dense(3.0, 2.0, 4.0),
    Vectors.dense(5.0, 7.0, 8.0),
    Vectors.dense(9.0, 0.0, 1.1)
  )
val sparseData = Seq(
    Vectors.sparse(3, Seq((1, 1.0), (2, 2.1))),
    Vectors.sparse(3, Seq((0, 3.0), (1, 2.0), (2, 4.0))),
    Vectors.sparse(3, Seq((0, 5.0), (1, 7.0), (2, 8.0))),
    Vectors.sparse(3, Seq((0, 9.0), (2, 1.0)))
  )
```

```
val denseMat = new RowMatrix(sc.parallelize(denseData, 2))
val sparseMat = new RowMatrix(sc.parallelize(sparseData, 2))

println("Dense Matrix - Num of Rows :" + denseMat.numRows())
println("Dense Matrix - Num of Cols:" + denseMat.numCols())
println("Sparse Matrix - Num of Rows : " + sparseMat.numRows())
println("Sparse Matrix - Num of Cols:" + sparseMat.numCols())
sc.stop()
```

其输出如下:

```
Using Spark's default log4j profile: org/apache/spark/log4j defaults.properties
16/01/27 04:51:59 INFO SparkContext: Running Spark version 1.6.0
Dense Matrix - Num of Rows :4
Dense Matrix - Num of Cols:3
...
Sparse Matrix - Num of Rows :4
Sparse Matrix - Num of Cols :3
```

- IndexedRowMatrix: 与 RowMatrix 类似, 但以行而非列为索引。该索引可用于检索行以及执行连接(join)操作。如下代码演示了创建一个带相应行索引的 4×3 的 IndexedMatrix 方法。

```
val data = Seq(
  (0L, Vectors.dense(0.0, 1.0, 2.0)),
  (1L, Vectors.dense(3.0, 4.0, 5.0)),
  (3L, Vectors.dense(9.0, 0.0, 1.0))
).map(x => IndexedRow(x._1, x._2))
val indexedRows: RDD[IndexedRow] = sc.parallelize(data, 2)
val indexedRowsMat = new IndexedRowMatrix(indexedRows)
println("Indexed Row Matrix - No of Rows: " + indexedRowsMat.numRows())
println("Indexed Row Matrix - No of Cols: " + indexedRowsMat.numCols()
```

上述代码的输出如下:

```
Indexed Row Matrix - No of Rows: 4
Indexed Row Matrix - No of Cols: 3
```

- CoordinateMatrix: 该类矩阵以坐标表(COO, coordinated list)格式将各元素分布式地存储在一个 RDD 中。

COO 保存了一个(row, column, value)三元组的列表。各元素依次按行索引和列索引排序过,以提升随机访问性能。当需要增量式增删来构建一个矩阵时,这种格式很有优势。

```
val entries = sc.parallelize(Seq(
     (0, 0, 1.0),
     (0, 1, 2.0),
     (1, 1, 3.0),
     (1, 2, 4.0),
     (2, 2, 5.0),
     (2, 3, 6.0),
```

```
            (3, 0, 7.0),
            (3, 3, 8.0),
            (4, 1, 9.0)), 3).map { case (i, j, value) =>
            MatrixEntry(i, j, value)
    }
val coordinateMat = new CoordinateMatrix(entries)
println("Coordinate Matrix - No of Rows: " + coordinateMat.numRows())
println("Coordinate Matrix - No of Cols: " + coordinateMat.numCols())
```

其输出如下：

```
Coordinate Matrix - No of Rows: 5
Coordinate - No of Cols: 4
```

4. 矩阵操作

矩阵支持的操作有多种。

- **按元素加法**。已知两个矩阵 *a* 和 *b*，将它们相加，(*a* + *b*)，意味着将两个矩阵相同位置上的元素相加。

  在 Breeze 中代码为：

  ```
  val a = DenseMatrix((1,2),(3,4))
  val b = DenseMatrix((2,2),(2,2))
  val c = a + b
  println("a: \n" + a)
  println("b: \n" + b)
  println("a + b : \n" + c)
  ```

  其输出为：

  ```
  a:
  1  2
  3  4
  b:
  2  2
  2  2
  a + b :
  3  4
  5  6
  ```

- **按元素乘法**。即将两个矩阵各相同位置上的元素相乘。

  在 Breeze 中代码为：

  ```
  a :* b
  val d = a*b
  println("Dot product a*b : \n" + d)
  ```

  其输出为：

```
Dot product a*b :
6    6
14   14
```

- **按元素比较**。比较两个矩阵相同位置上的元素。

    在 Breeze 中代码为：

    ```
    val d = a :< b
        println("a :< b \n" + d)
    ```

    其输出为：

    ```
    a :< b
    false  false
    false  false
    ```

- **原位加法**。这意味着给矩阵的各个元素增加某个数值（比如 1）。

    在 Breeze 中代码为：

    ```
    val e = a :+= 1
    println("Inplace Addition : a :+= 1 \n" + e)
    ```

    其输出为：

    ```
    Inplace Addition : a :+= 1
    2   3
    4   5
    ```

- **求元素和**。这意味着将矩阵的各个元素相加。

    在 Breeze 中代码为：

    ```
    val sumA = sum(a)
    println("sum(a): \n" + sumA)
    ```

    其输出为：

    ```
    sum(a):
    14
    ```

- **求元素最大值**。寻找矩阵中值最大的元素：

    在 Breeze 中代码为：

    ```
    a.max
    println("a.max: \n" + a.max)
    ```

    其输出为：

    ```
    a.max:
    5
    ```

- 寻找上述最大值元素的位置。

  在 Breeze 中代码为：

  ```
  println("argmax(a):\n" + argmax(a))
  ```

  其输出为：

  ```
  argmax(a):
  (1,1)
  ```

- **向上取整**（ceiling）。找寻比元素大的最小整数。

  在 Breeze 中代码为：

  ```
  val g = DenseMatrix((1.1, 1.2), (3.9, 3.5))
  println("g: \n" + g)
  val gCeil = ceil(g)
  println("ceil(g) \n " + gCeil)
  ```

  其输出为：

  ```
  g:
      1.1  1.2
      3.9  3.5

  ceil(g)
      2.0  2.0
      4.0  4.0
  ```

- **向下取整**（floor）。找寻比元素小的最大整数。

  在 Breeze 中代码为：

  ```
  val gFloor =floor(g)
  println("floor(g) \n" + gFloor)
  ```

  其输出为：

  ```
  floor(g)
  1.0  1.0
  3.0  3.0
  ```

5. 行列式

tr(***M***)表示矩阵 ***M*** 的迹（trace）。它是主对角线上各元素的和。迹通常用来衡量矩阵的大小。行列式 det(***M***)则为对角线上各元素的乘积，如下所示。

$$\det \begin{bmatrix} a & b \\ c & d \end{bmatrix} = ad - bc$$

行列式主要用于线性方程系统中；它能表示各列是否线性相关，并有助于找出矩阵的逆（inverse）。对于大矩阵而言，其行列式由拉普拉斯展开式（Laplace expansion）求出。

```
val detm: Matrix = Matrices.dense(3, 3, Array(1.0, 3.0, 5.0, 2.0, 4.0, 6.0, 2.0,
    4.0, 5.0))
print(det(detm))
```

6. 特征值和特征向量

$Ax = b$ 是源于静态问题的一个线性方程。特征值（eigenvalue）则用于求解动态问题。假设 A 是一个矩阵且 x 为一个向量，下面考虑如何求解线性代数中的新方程，$Ax = \lambda x$。

当 A 乘以 x 时，向量 x 改变了它的方向。但存在若干与 Ax 同方向的向量，即**特征向量**（eigenvector），它们满足如下等式：

$$Ax = \lambda x$$

在上述等式中，向量 Ax 等于 λ 乘以向量 x，λ 被称为特征值。特征值 λ 表明向量的方向是反转还是保持不变。

$Ax = \lambda x$ 还表明 $\det(A - \lambda I) = 0$，其中 I 为单位矩阵（identity matrix）。这确定了特征值的个数 n。

特征值问题定义如下：

$$Ax = \lambda x$$
$$Ax - \lambda x = 0$$
$$Ax - \lambda I x = 0$$
$$(A - \lambda I) x = 0$$

如果 x 非零，上述方程仅当 $|A - \lambda I| = 0$ 时有一个解。通过该方程，我们可找到各特征值：

```
val A = DenseMatrix((9.0,0.0,0.0),(0.0,82.0,0.0),(0.0,0.0,25.0))
val es = eigSym(A)
val lambda = es.eigenvalues
val evs = es.eigenvectors
println("lambda is : " + lambda)
println("evs is : " + evs)
```

上述代码的结果如下：

```
lambda is : DenseVector(9.0, 25.0, 82.0)
evs is : 1.0 0.0 0.0
0.0  0.0  1.0
0.0  1.0  -0.0
```

7. 奇异值分解

矩阵 M 的奇异值分解（SVD, singular value decomposition）定义为：$m \times n$（实数或复数）是形如 $U \Sigma V^*$ 的因式分解，其中 U 为一个 $m \times R$ 矩阵，Σ 是一个 $R \times R$ 的矩形对角矩阵（rectangular diagonal matrix）且对角线上无负实数，*V* 是一个 *n* × *r* 酉矩阵（unitary matrix），*r* 等于矩阵 *M* 的秩。

Σ 的各对角元素 $\Sigma_{i,i}$ 被称为 *M* 的奇异值。*U* 和 *V* 的列则分别称为 *M* 的左奇异向量和右奇异向量。

如下是 Apache Spark 中 SVD 的一个例子：

```
package linalg.svd

import org.apache.spark.{SparkConf, SparkContext}
import org.apache.spark.mllib.linalg.distributed.RowMatrix
import org.apache.spark.mllib.linalg.{
  Matrix, SingularValueDecomposition, Vector, Vectors
}

object SparkSVDExampleOne {
  def main(args: Array[String]) {
    val denseData = Seq(
      Vectors.dense(0.0, 1.0, 2.0, 1.0, 5.0, 3.3, 2.1),
      Vectors.dense(3.0, 4.0, 5.0, 3.1, 4.5, 5.1, 3.3),
      Vectors.dense(6.0, 7.0, 8.0, 2.1, 6.0, 6.7, 6.8),
      Vectors.dense(9.0, 0.0, 1.0, 3.4, 4.3, 1.0, 1.0)
    )
    val spConfig = (new SparkConf).setMaster("local").setAppName("SparkSVDDemo")
    val sc = new SparkContext(spConfig)
    val mat: RowMatrix = new RowMatrix(sc.parallelize(denseData, 2))
    // 计算前 20 个奇异值和对应的奇异向量
    val svd: SingularValueDecomposition[RowMatrix, Matrix] =
      mat.computeSVD(7, computeU = true)
    val U: RowMatrix = svd.U // U 因子为一个 RowMatrix
    val s: Vector = svd.s // 各奇异值保存在一个本地密集向量中
    val V: Matrix = svd.V // V 因子为一个本地密集矩阵
    println("U: \n" + U)
    println("s: \n" + s)
    println("V: \n" + V)
    sc.stop()
  }
}
```

8. 机器学习中的矩阵

在实际的机器学习任务中，如人脸或文字识别、医学成像、主成分分析和数值精度等，矩阵作为数学对象来表示图像和数据集。

这里以特征分解为例。通过分解为构成部件或找寻其一般属性，能更好地理解许多数学对象。

如同整数可分解为质因数，矩阵分解称为特征分解。后者将一个矩阵分解为若干特征向量和特征值。

矩阵 *A* 的特征向量 *v* 满足与 *A* 的乘仅仅改变 *v* 的倍数，即：

$$Av = \lambda v$$

标量 λ 被称为该特征向量的特征值。A 的特征分解表示为：

$$A = V \text{diag}(\lambda) V^{-1}$$

矩阵的特征分解和与矩阵本身的许多特质对应。当且仅当某个矩阵的任意特征值都为 0 时，该矩阵是奇异的。实数对称矩阵的特征分解可用于二次表达式的优化和其他问题。特征向量和特征值也用于**主成分分析**中。

如下例子展示了如何使用一个 `DenseMatrix` 来求特征值和特征向量：

```
// 数据
val msData = DenseMatrix(
    (2.5,2.4), (0.5,0.7), (2.2,2.9), (1.9,2.2), (3.1,3.0),
    (2.3,2.7), (2.0,1.6), (1.0,1.1), (1.5,1.6), (1.1,0.9))
def main(args: Array[String]): Unit = {
    val pca = breeze.linalg.princomp(msData)
    print("Center" , msData(*,::) - pca.center)
    // 数据的协方差矩阵
    print("covariance matrix", pca.covmat)
    // 该协方差矩阵排好序的特征值
    print("eigen values",pca.eigenvalues)
    // 特征向量
    print("eigen vectors",pca.loadings)
      print(pca.scores)
}
```

其结果如下：

```
eigen values = DenseVector(1.2840277121727839, 0.04908339893832732)
eigen vectors = -0.6778733985280118  -0.735178655544408
```

2.1.5 函数

要定义一个如函数这样的数学对象，需要先明白什么是集合（set）。

集合是若干无序对象的集，比如 $S = \{-4, 4, -3, 3, -2, 2, -1, 1, 0\}$。如果集合 S 并非无限，则用 $|S|$ 来表示其元素的个数，即集合的势（cardinality）。如果 A 和 B 都是有限集合，则有 $|A \rightarrow B| = |A| \rightarrow |B|$，即笛卡儿积（Cartesian product）。

对于 A 中的每一个输入元素，一个函数会将其对应到另一集合 B 中的某一个输出元素。A 称为函数的定义域（domain），B 则称为值域（codomain）。函数是若干 (x, y) 对的集合，其中 x 各不相同。

比如，定义域为 $\{1, 2, 3, \cdots\}$ 的函数，其两倍输入操作对应的集合为 $\{(1, 2), (2, 4), (3, 6), \cdots\}$

又如，输入变量数为 2 且定义域均为 $\{1, 2, 3, \cdots\}$ 的函数，其对应的集合为 $\{((1,1),1),((1,2),2), \cdots,$

$((2,1),2),((2,2),4),((2,3),6),\cdots,((3,1),3),((3,2),6),((3,3),9),\cdots\}$。

给定输入对应的输出称为该输入的映射。q 在函数 f 上的映射表示为 $f(q)$。如果 $f(q) = s$，则称 q 经 f 映射为 s，写作 $q \to s$。包含所有输出的集合称为值域。

可用 $f: D \to F$ 来表示函数 f 是一个定义域和值域分别为 D 和 F 的函数。

1. 函数类型

❏ 过程与函数

过程是对计算的描述，给定一个输入，生成一个输出。

函数或计算问题并不表明如何从给定输入计算相应输出。

对于同样的输入输出，可能有多种计算方法。

在一个计算问题里，同一个输入可能对应多个输出。

我们借助 Breeze 库来编写各种过程；通常它们被称为函数，但这里用该词表示特定的数学对象。

❏ 单射函数（one to one function）

$f: D \to F$ 是单射，如果 $f(x) = f(y)$ 意味着 $x = y$，也就是说 x 和 y 都位于 D 中。

❏ 满射函数（onto function）

$f: D \to F$ 是满射，如果对于 F 的每一个元素 z，在 D 中存在一个元素 a 使得 $f(a) = z$ 成立。

若一个函数同时单射且满射，则该函数为可逆函数。

❏ 线性函数：线性函数的图形表示是一条直线（见下图），其定义形如 $z = f(x) = a + bx$。线性函数只有一个自变量和一个因变量。自变量为 x，因变量为 z。

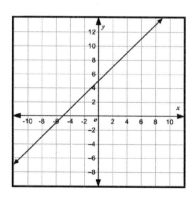

- **多项式函数**：该类函数仅涉及 x 的非负整数指数，比如平方、三次方、四次方等。我们可给出多项式函数的一般定义和它的阶。一个 n 阶多项式可定义为 $f(x) = a_n x^n + a_{n-1} x^{n-1} + \cdots + a_2 x^2 + a_1 x + a_0$，其中 a 的值均为实数，也称为多项式的系数。

  比如，$f(x) = 4x^3 - 3x^2 + 2$（见下图）：

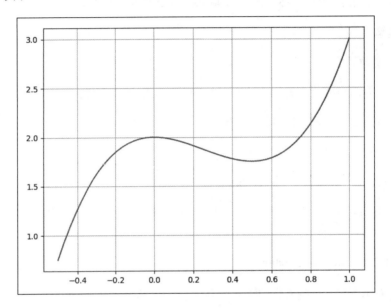

- **恒等函数**：对于任意定义域 D，$idD: D \to D$ 总是将每个定义域元素 d 映射为 d 本身（见下图）。

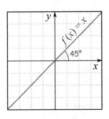

- **常数函数**：一类特殊的函数，其图形表示为一条水平线（见下图）。

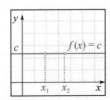

- **概率分布函数**：用于定义某次实验中得到不同结果的相对可能性。它为每个可能的结果都分配一个概率。所有可能结果的概率之和必为 1。通常来说，概率分布是均匀分布，即各个可能结果的概率都相同。当掷骰子时，可能的结果为 1、2、3、4、5、6，它们的概率为 $Pr(1) = Pr(2) = Pr(3) = Pr(4) = Pr(5) = Pr(6) = 1/6$。

- **高斯函数**：当实验次数很多时，可用高斯函数来描述该类实验。高斯分布是连续函数，也称正态分布。正态分布的平均值等于中位值，概率分布关于中心对称。

2. 函数组合

已知函数 $f: A \to B$ 和 $g: B \to C$，函数 f 和 g 的组合为 $(g \circ f): A \to C$，记作 $(g \circ f)(x) = g(f(x))$。比如，如果 $f:\{1, 2, 3\} \to \{A, B, C, D\}$，$g:\{A, B, C, D\} \to \{4, 5\}$，则 $g(y) = 2y$ 和 $f(x) = x + 1$ 的组合为 $(g \circ f) = 2(x + 1)$。

函数的组合是将一个函数的结果作为另一个函数的输入。因此，在 $(g \circ f)(x) = g(f(x))$ 中，先计算 $f()$，再计算 $g()$。有些函数可被分解为两个或多个更简单的函数。

3. 假设

令 X 为输入变量，也称输入特征，y 为要预测的输出或目标变量。(x,y) 对称为训练样本，用于学习的数据集为由 m 个训练样本构成的列表，$\{(x,y)\}$ 表示训练集。X 也用来表示输入变量的值的空间，Y 则表示输出变量的值的空间。给定一个训练集，用它来学习一个函数 h，使得 $h: X \to Y$，其中 $h(x)$ 是 y 值的预测函数。这样的函数 h 称为**假设**（hypothesis）。

当要预测的目标变量是连续的时，该学习问题称为回归问题。当 y 的取值为少数离散变量时，则称为分类问题。

假设我们用 x 的线性函数来近似求解 y。

该假设函数可定义为：

$$h_\theta(x) = \theta_0 + \theta_1 x_1 + \theta_2 x_2$$

在上述假设函数中，各 θ 称为参数，即权重。它们确定了从 X 映射到 Y 的线性函数所在的空间。为简化书写，可引入变量 $x_0 = 1$（称为截距），并将上述等式表示为：

$$h(x) = \sum_{i=0}^{n} \theta_i x_i = \theta^T x$$

表达式右边的 θ 和 x 可视为向量，而 n 则是输入变量的个数。

在继续学习之前，需要注意我们将从数学基础过渡到学习算法上。优化代价函数和学习 θ 是理解各种机器学习算法的基础。

给定一个训练数据集，如何学习参数集 θ？一种可能的方法是使得 $h(x)$ 足够近似给定训练集中的 y。这就需要定义一个函数来量化对于某个 θ，$h(x(i))$ 与相应的 y 有多接近。这样的函数被定义为一个代价函数：

$$J(\theta) = \frac{1}{2} \sum_{i=1}^{m} (h_\theta(x^{(i)}) - y^{(i)})^2$$

2.2 梯度下降

梯度下降法中的随机梯度下降法会对数据样本进行简单的分布式抽样。损失是优化问题的一部分，因此是一个二级梯度。

$$\frac{1}{n} \sum_{i=1}^{n} L(w; x_i, y_i)$$

这需要访问整个数据集，而这不是最优的。

$$\frac{1}{n} \sum_{i=1}^{n} L'_{w,i}$$

参数 `miniBatchFraction` 指定了整个数据集中用于训练的数据的百分比。这部分子集对应的平均梯度为：

$$\frac{1}{|S|} \sum_{i \in S} L'_{w,i}$$

它是一个随机梯度。其中 S 是抽样子集，大小为 $|S|$ = miniBatchFraction。

如下代码展示了如何在一个小批量数据上使用随机梯度下降法来计算权重和损失。该程序的输出为一个权重向量和损失值。

```
object SparkSGD {

  def main(args: Array[String]): Unit = {
    val m = 4
    val n = 200000
    val sc = new SparkContext("local[2]", "")
    val points = sc.parallelize(0 until m, 2)
      .mapPartitionsWithIndex { (idx, iter) =>
        val random = new Random(idx)
        iter.map(i => (1.0, Vectors.dense(Array.fill(n)(random.nextDouble()))))
      }.cache()
    val (weights, loss) = GradientDescent.runMiniBatchSGD(
      points,
      new LogisticGradient,
```

```
    new SquaredL2Updater,
    0.1,
    2,
    1.0,
    1.0,
    Vectors.dense(new Array[Double](n)))
  println("w:" + weights(0))
  println("loss:" + loss(0))
  sc.stop()
}
```

2.3 先验概率、似然和后验概率

贝叶斯定理可表述为：

$$后验概率 = 先验概率 * 似然$$

它可表示为 $P(A|B) = (P(B|A) * P(A)) / P(B)$，其中 $P(A|B)$ 为给定 B 时 A 的概率，即后验概率。

- **先验概率**：其概率分布表示在观察到某个数据对象之前，对该数据对象的了解或不确定性。
- **后验概率**：其概率分布表示在观察到某个数据对象之后，可能参数的条件概率分布情况。
- **似然**：事件归为某一类别的概率。

这可表示如下：

$$p(\theta \mid y) = \frac{p(y \mid \theta)p(\theta)}{p(y)} = \frac{p(y \mid \theta)p(\theta)}{\int p(y \mid \theta')p(\theta')\mathrm{d}\theta'}$$

2.4 微积分

微积分是一种可用来研究事情如何变化的数学工具。它提供了对内部有变动的系统进行建模的框架，并能推断出该模型的预测。

2.4.1 可微微分

导数是微积分的核心。它定义为给定函数的函数值随其某个变量的变化而改变的瞬时变化率。找寻导数的方法称为微分。几何上，如果函数的导数存在且在给定点上有定义，则该点上的导数为函数在该点上正切线的斜率。

微分是积分的逆向过程，有着广泛的应用。比如在物理上，位移对时间的导数为速度，而速度对时间的导数则是加速度。导数常用于求解函数的极大值或极小值。

机器学习所涉及的函数，其变量或特征的维度成百上千。我们会分别计算函数在每个变量维度上的导数，然后将这些偏导数合并到一个向量中。这样的向量就构成了一个梯度。类似地，一个梯度的二阶导数是一个矩阵，称为黑塞（Hessian）矩阵。

理解梯度和黑塞矩阵有助于定义下降的方向和速率，从而获知如何在函数空间中变动，以移动到最底端那个点，进而最小化该函数的值。

下面列出了一个简单的线性回归的目标函数，其中 W 和 b 为待定系数。

$$J(W,b) = \frac{1}{2}\|Wx-b\|^2$$

拉格朗日乘子法是微积分中用于在有条件约束时求函数最大化或最小化值的一种标准方法。

2.4.2 积分

积分（integral calculus）将小片段合并到一起来求总数，也称为反微分（anti-differential），而微分（differential）表示划分成小的片段并研究其如何改变。

2.4.3 拉格朗日乘子

在数学的优化问题中，拉格朗日乘子（Lagrange multiplier）是一种在给定等式约束下求解函数局部极大值或极小值的方法。在给定约束下，求解最大熵分布便是一个例子。

最好用例子来辅助说明。假设我们要最大化 $K(x,y)=-x^2-y^2$，但 $y=x+1$。

约束函数为 $g(x,y)=x-y+1=0$，则 L 乘子变为：

$$L(x,y,\lambda) = -x^2 - y^2 + \lambda(x-y+1)$$

对 x、y 和 λ 分别做微分并设为 0 可得：

$$\frac{\partial L}{\partial x}(x,y,\lambda) = -2x + \lambda x = 0$$

$$\frac{\partial L}{\partial y}(x,y,\lambda) = -2y + \lambda x = 0$$

$$\frac{\partial L}{\partial x}(x,y,\lambda) = x - y + 1 = 0$$

解上述方程便可得到 $x=-0.5$、$y=0.5$ 以及 $\lambda=-1$。

2.5 可视化

本节介绍如何使用 Breeze 从 `DenseVector` 创建简单的线图。

Breeze 借用了 Scala 绘图工具的大部分功能，但 API 有所不同。下面的例子中会创建两个带某些值的向量 `x1` 和 `y`，然后绘制一条线，并将其保存到一个 PNG 文件里：

```
package linalg.plot

import breeze.linalg._
import breeze.plot._

object BreezePlotSampleOne {
  def main(args: Array[String]): Unit = {
    val f = Figure()
    val p = f.subplot(0)
    val x = DenseVector(0.0, 0.1, 0.2, 0.3, 0.4, 0.5, 0.6, 0.7, 0.8)
    val y = DenseVector(1.1, 2.1, 0.5, 1.0, 3.0, 1.1, 0.0, 0.5, 2.5)
    p += plot(x, y)
    p.xlabel = "x axis"
    p.ylabel = "y axis"
    f.saveas("lines-graph.png")
  }
}
```

上述代码会生成如下线图：

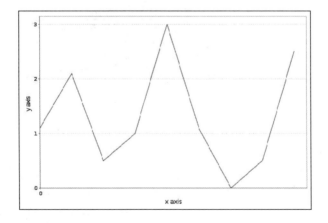

Breeze 也支持直方图。下面的代码生成了 100 000 个样本，然后将这些正态分布的随机数划分到 100 个区间里（见下图）。

```
package linalg.plot

import breeze.linalg._
import breeze.plot._
```

```
object BreezePlotGaussian {
  def main(args: Array[String]): Unit = {
    val f = Figure()
    val p = f.subplot(2, 1, 1)
    val g = breeze.stats.distributions.Gaussian(0, 1)
    p += hist(g.sample(100000), 100)
    p.title = "A normal distribution"
    f.saveas("plot-gaussian-100000.png")
  }
}
```

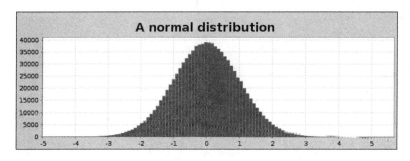

100 个元素对应的高斯分布如下图所示：

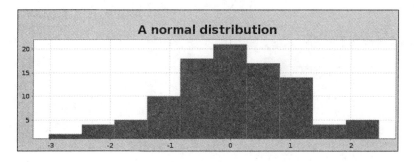

2.6 小结

本章讲解了线性代数的基础知识，它对于机器学习很有用，还讲解了向量和矩阵等基本结构。也介绍了如何使用 Spark 和 Breeze 在这些结构上执行基本操作。我们提到了一些技巧，如用 SVD 来变换数据。另外还分析了线性代数中函数类型的重要性。最后学习了如何使用 Breeze 绘制基本的图表。下一章将概述机器学习系统、组件和架构。

第 3 章　机器学习系统设计

本章将为一个智能分布式机器学习系统设计高层架构，该系统将 Spark 作为其核心计算引擎。我们将会关注如何对现有的基于网页的业务进行重新设计，以令其能利用自动化机器学习系统来增强业务中的关键部分。

在讲述该业务场景前，我们会先花点时间来理解机器学习是什么。

之后，将会：

- 介绍假想的业务场景
- 概述现有架构
- 探寻用机器学习系统来增强或替代某些业务功能的可能途径
- 根据上述内容，提出新的架构

现代的大数据场景包含如下需求。

- 必须能与系统的其他组件整合，尤其是数据的收集和存储系统、分析和报告，以及前端应用。
- 易于扩展且与其他组件相对独立。理想情况下，同时具备良好的水平和垂直可扩展性。
- 支持高效完成所需类型的计算，即机器学习和迭代式分析应用。
- 最好能同时支持批处理和实时处理。

作为一个框架，Spark 本身能满足上述需求。然而我们还需确保基于它设计的机器学习系统也能满足这些需求。若算法的实现存在能引发系统故障的瓶颈，比如不再能满足上述某些需求，那该实现就没多大意义。

3.1　机器学习是什么

数据挖掘有着 50 多年的发展史。机器学习是其子领域之一，特点是利用大型计算机集群来从海量数据中分析和提取知识。

机器学习与计算统计学密切相关。它与数学优化紧密关联，为其提供方法、理论和应用领域。机器学习在各种传统设计和编程不能胜任的计算任务中有广泛应用。典型的应用如垃圾邮件过滤、光学字符识别（OCR）、搜索引擎和计算机视觉。机器学习有时和数据挖掘联用，但更偏向探索性数据分析，亦称无监督学习。

随学习系统可用的输入的自然属性不同，机器学习系统可分为3种。学习算法发现输入数据的内在结构。它可以有目标（隐含模式），也可以是发现特征的一种途经。

- **无监督学习**：学习系统的输入数据中并不包含对应的标签（或期望的输出），它需自行从输入中找出输入数据的内在结构。
- **监督学习**：系统已知各输入对应的期望输出，系统的目标是学习如何将输入映射到输出。
- **强化学习**：系统与环境进行交互，它有已定义的目标，但没有人类显式地告知其是否正在接近该目标。

后续会有多个章节分别涉及监督学习和无监督学习。

3.2 MovieStream 介绍

为便于说明我们的架构设计，这里假设存在一个贴近现实的情景。假设我们受命领导 MovieStream 数据科学团队。MovieStream 是一家假想的互联网公司，为用户提供在线电影和电视节目的内容服务。

MovieStream 的现有系统可概括为下图。

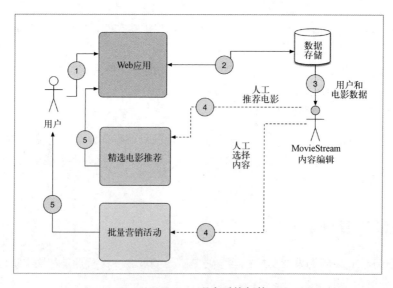

MovieStream 现有系统架构

如图所示，向用户推荐哪些电影和节目以及在站点的何处显示，目前都由 MovieStream 内容编辑团队负责。该团队还负责为 MovieStream 的批量营销活动创建内容，包括电子邮件和其他直销渠道。现阶段，MovieStream 以汇总的方式来收集用户的电影浏览记录，并能访问一些用户注册时所填写的资料。此外，他们还能访问其所收录的电影的一些基本元数据。

MovieStream 能自动处理当前由内容团队负责的许多方面。

3.3 机器学习系统商业用例

第一个该问的问题或许是：为什么要使用机器学习？

为何不直接仍以人工方式来支持 MovieStream？使用机器学习的理由有很多（不使用的理由同样也有很多），其中最为重要的几点有：

- 涉及的数据规模意味着完全依靠人工处理会很快跟不上 MovieStream 的发展；
- 机器学习和统计模型等基于模型的方式能发现人类（因数据集量级和复杂度过高）难以发现的模式；
- 基于模型的方式能避免个人或是情感上的偏见（只要应用时足够细心且正确）。

然而，没有任何理由说基于模型和基于人工的处理和决策不能并存。比如，许多机器学习系统依赖已标记的数据来训练模型。通常来说，标记数据代价高昂、耗时且需人工参与。文本数据分类和文本的情感标识便是很好的例子。许多现实中的系统会采取某种人工机制来为数据（至少是部分数据）生成标签，并用于训练模型。之后，这些模型则部署到在线系统中，用于大规模环境下的预测。

在 MovieStream 的案例中，我们并不需要担心机器学习的引入会使得内容团队多余。事实上，我们的目标是让机器学习来负担那些耗时且机器擅长的任务，并向内容团队提供工具以帮助他们更好地理解用户和内容，比如帮助他们确定向电影库中新增哪些电影（新增电影代价高昂，因而对业务至关重要）。

3.3.1 个性化

对 MovieStream 的业务来说，个性化或许是机器学习最为重要的潜在应用之一。一般来说，个性化是根据各种因素来改变用户体验和呈现给用户的内容。这些因素可能包括用户的行为数据和外部因素。

推荐（recommendation）从根本上说是个性化的一种，常指向用户呈现一个他们可能感兴趣的物品列表。推荐可用于网页（比如推荐相关产品）、电子邮件、其他直销渠道或移动应用等。

个性化和推荐十分相似，但推荐通常专指向用户**显式**地呈现某些产品或内容，而个性化有时也偏向隐式。比如说，对 MovieStream 的搜索功能个性化，以根据给定用户的数据来改变搜索结果。这些数据可能包括基于推荐的数据（在搜索产品或内容时），也可能包括地理位置和搜索历史等其他因素。用户可能不会明显感觉到搜索结果的变化，这就是个性化更偏向隐式的原因。

3.3.2　目标营销和客户细分

目标营销用与推荐类似的方法从用户群中找出要营销的对象。一般来说，推荐和个性化的应用场景都是一对一，而客户细分则试图将用户分成不同的组。其分组根据用户的特征进行，并可能参考行为数据。这种方法可能比较简单，也可能使用了某种机器学习模型，比如聚类。但无论如何，其结果都是对市场的若干细分。这些细分或许有助于理解各组用户的共性、同组用户之间的相似性，以及不同组之间的差异。

这些将能帮助 MovieStream 理解用户行为背后的动机。相比个性化时的一对一营销，它们甚至还有助于制定针对用户群的更为广泛的营销策略。

当没有已标记数据（用户的或某些内容属性的数据）时，这些方法能帮助制定营销策略，而非采取一刀切的方法。

3.3.3　预测建模与分析

机器学习的第三个应用领域是预测性分析。这个词的范围很宽泛，甚至从某种意义上说还覆盖推荐、个性化和目标营销。考虑到推荐和市场细分有所区别，这里用**预测建模**（predictive modeling）来表示其他做预测的模型。一个例子是对于一部新电影，在有任何实际的流行度相关数据前，预测其潜在的观看次数和票房。借助活动记录、收入数据以及内容属性，MovieStream 可以创建一个**回归模型**（regression model）来预测新电影的市场表现。

另外，也可使用**分类模型**（classification model）来对只有部分数据的新电影自动分配标签、关键字或分类。

3.4　机器学习模型的种类

以上 MovieSteam 的例子列出了机器学习的一些应用场景，但这些并非全部。后面几章在介绍不同机器学习任务时还会提到一些相关例子。

以上用例和方法大致可分为如下两种机器学习。

- **监督学习**（supervised learning）：这种方法使用**已标记数据**来学习。推荐引擎、回归和分类便是例子。它们所使用的标记数据可以是用户对电影的评级（对推荐来说）、电影标签

（对上述分类例子来说）或是收入数字（对回归预测来说）。我们将在第 5 章、第 6 章和第 7 章讨论监督学习。

- **无监督学习**（unsupervised learning）：一些模型的学习过程不需要标记数据，我们称其为无监督学习。这类模型试图学习或提取数据背后的结构，或从中抽取最为重要的特征。聚类、降维和文本处理的某些特征提取都是无监督学习。我们将在第 8 章、第 9 章和第 10 章分别介绍它们。

3.5 数据驱动的机器学习系统的组成

从高层设计来看，我们的机器学习系统的组成如下图所示，其中展示了机器学习的流程。该流程始于获取与存储数据，之后将数据转换为可用于机器学习模型的形式。随后的环节有训练、测试和完善模型，以及将最终的模型部署到生产系统中。有新数据产生时则重复该流程。

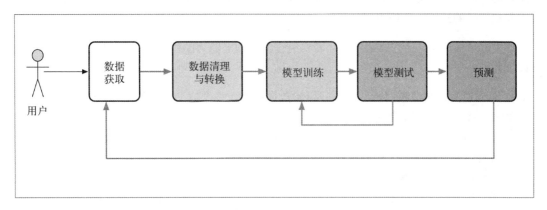

常见的机器学习流程

3.5.1 数据获取与存储

机器学习流程的第一步是获取训练模型所需的数据。与其他公司类似，MovieStream 的数据通常来自用户活动、其他系统（通常称作机器生成的数据）和外部数据源（比如某个用户访问站点的时间和当时的天气）。

获取这些数据的途径很多，比如收集浏览器里用户的活动记录、移动应用的事件日志或通过外部网络 API 来获取地理或天气信息。

获取数据后通常需将其存储起来。要存储的数据包括：原始数据、经过中间处理的数据，以及可用于生产系统的最终建模结果。

数据存储并不简单，可能涉及多种系统。文件系统，如 HDFS、Amazon S3 等；SQL 数据库，如 MySQL 或 PostgreSQL；分布式 NoSQL 数据存储，如 HBase、Cassandra 和 DynamoDB；搜索引擎，如 Solr 和 Elasticsearch；流数据系统，如 Kafka、Flume 和 Amazon Kinesis。

本书假设已获取相关数据，这样我们就能专注在流程后续的处理和建模环节。

3.5.2 数据清理与转换

大部分机器学习模型所处理的都是特征（feature）。特征通常是输入变量所对应的可用于模型的数值表示。

虽然我们希望能将大部分时间用于机器学习模型探索，但通常用上述途径获取到的数据都是原始形式，需要进一步处理。例如，我们可能记录了一些用户事件的细节，比如用户查看某部电影页面的时间、观看某部电影的时间或给出反馈的时间等。我们还可能收集了一些外部信息，比如用户的位置（诵讨他们的 IP 查到）。这些事件日志通常由一些文字或数值信息组合而成（还可能是其他形式的数据，比如图像和音频）。

绝大部分情况下，这些原始数据都需要经过预处理才能为模型所使用。预处理的情况可能包括以下几种。

- **数据过滤**：假设我们想从一部分原始数据中创建一个模型，比如仅仅是最近几个月的活动数据或满足特定条件的事件数据。
- **处理数据缺失、不完整或有缺陷**：许多现实中的数据集都存在某种程度上的不完整。这可能包括数据缺失（比如用户没有输入），数据存在错误或缺陷（比如数据收集或存储时的错误，技术问题或漏洞，以及软硬件故障）。可能要过滤掉非规整数据，或通过某种方式来填充缺失的数据点（比如将数据集的平均值作为缺失点的值）。
- **处理可能的异常、错误和异常值**：错误或异常的数据可能不利于模型的训练，所以需要过滤掉，或是通过某些方法来处理。
- **合并多个数据源**：比如可能需要将各个用户的事件数据与不同的内部数据（如用户属性）或外部数据（如地理位置、天气和经济数据）合并。
- **数据汇总**：某些模型需要输入的数据进行过某种汇总，比如统计各用户经历过的事件类型的总数目。

对数据进行初步预处理后，往往需要将其转换为一种适合机器学习模型的表示形式。对许多模型类型来说，这种表示就是包含数值数据的向量或矩阵。进行数据转换和特征提取时常见的挑战包括以下这些情况。

- 将类别数据（比如地理位置所在的国家或是电影的类别）编码为对应的数值表示。
- 从文本数据中提取有用信息。
- 处理图像或音频数据。

- 将数值数据转换为类别数据，以减少某个变量的可能值的数目。例如将年龄分为几个段（比如25~35、45~55等）。
- 对数值特征进行转换。比如对数值变量应用对数转换，这有助于处理值域很大的变量。
- 对数值特征进行正则化、标准化，以保证同一模型的不同输入变量的值域相同。许多机器学习模式都需要标准化的输入。
- 特征工程。这是对现有变量进行组合或转换以生成新特征的过程。例如从其他数据求平均数，像求某个用户看电影的平均时间。

这些方法都会在本书的例子中讲到。

这些数据清理、探索、聚合和转换步骤，都能通过 Spark 核心 API、SparkSQL 引擎和其他外部 Scala、Java 或 Python 包做到。借助 Spark 的 Hadoop 功能还能实现上述多种存储系统上的读写。

当输入为数据流时，还能借助 Spark Streaming 来处理。

3.5.3 模型训练与测试循环

当数据已转换为可用于模型的形式，便可开始模型的训练和测试。在这一阶段，我们主要关注**模型选择**问题。这可以归结为对特定任务最优建模方法的选择，或是对特定模型最佳参数的选择问题。在许多情况下，我们会想尝试多种模型并选出表现最好的那个（各模型都采用了最佳的参数时）。因此，"模型选择"这个词在现实中经常同时指代上述两个过程。在这个阶段，探索多个模型组合（也称**集成学习法**，ensemble method）的效果也很常见。

在训练数据集上运行模型并在测试数据集（即为评估模型而预留的数据，在训练阶段模型没接触过该数据）上测试其效果，这个过程一般相对直接，被称作**交叉验证**（cross-validation）。

随数据集类型和迭代次数的不同，模型可能会趋向过拟合或不能收敛。

机器学习和 Spark 中会通过集成方法（如梯度提升决策树和随机森林）来避免过拟合。

然而，我们所处理的通常是大型数据集，所以先在具有代表性的小样本数据集上进行初步的训练–测试循环，或是尽可能并行地选择模型，都会有所帮助。

Spark 内置的机器学习库 MLlib 完全能胜任这个阶段的需求。本书将主要关注如何借助 MLlib 和 Spark 核心功能来实现对各种机器学习方法的模型训练、评估以及交叉验证。

3.5.4 模型部署与整合

经训练–测试循环找出最佳模型后，要让它得出可付诸实践的预测，还需将其部署到生产系统中。

这个过程一般要将已训练的模型导入特定的数据存储中。该位置也是生产系统获取新版本的地方。通过这种方式，实时服务系统能在训练新模型时进行周期性的**更新**。

3.5.5 模型监控与反馈

监控机器学习系统在生产环境下的表现十分重要。在部署了最优训练的模型后，我们会想知道其在实际中的表现如何：它在新的未知数据上的表现是否符合预期？其准确度怎么样？毕竟不管之前的模型选择和优化做得如何，检验其实际表现的唯一方法是观察其在生产环境下的表现。

除通常的批次创建的模型外，还需考虑借助 Spark Streaming 构建的模型，后者具有实时的本性。

同样值得注意的是，模型准确度和预测效果只是现实中系统表现的一部分。通常还应该关注其他业务效果（比如收入和利润率）或用户体验（比如站点使用时间和用户总体活跃度）的相关指标。多数情况下很难将它们与模型预测能力直接关联。推荐系统或目标营销系统的准确度可能很重要，但它只与我们真正关心的那些指标（如用户体验度、活跃度以及最终收入）间接相关。

所以，现实中应该同时监控模型准确度相关指标和业务指标。我们应该尽可能在生产系统中部署不同的模型，通过调整它们来优化业务指标。实践中，这通常通过在线分割测试（live split test）进行。然而，做好这类测试并不容易。在线测试和实验可能引发错误，也可能效果不好，或者会使用基准模型（它们可作为部署后模型的参考对照），这些都会给用户体验和收入带来负面影响，故其代价高昂。

本阶段另一个重要的方面是**模型反馈**（model feedback），指通过用户的行为来对模型的预测进行反馈的过程。在现实系统中，模型的应用将影响用户的决策和潜在行为，从而反过来将从根本上改变模型自己将来的训练数据。

举例来说，假设我们部署了一个推荐系统。推荐实际上限制了用户的可选项，从而影响了用户的选择。我们希望用户的选择不会受模型的影响，然而这种反馈回路会反过来影响模型的训练数据，再反过来影响其现实世界的表现。这可能使得每次反馈所能提供的可选项越来越少，并最终对模型准确度和重要的业务指标产生不利影响。

好在可以借助一些机制来降低反馈回路的这种负面影响，比如提供一些无偏见的训练数据。这类数据来自那些没有被推荐的用户，又或者在一开始就考虑到这种平衡需求而划分出来的用户。这些机制有助于对数据的理解、探索以及利用已有的经验来提升系统的表现。

第 11 章将会简要介绍实时监控和模型更新的部分内容。

3.5.6 批处理或实时方案的选择

前几节简要概括了常见的批处理方法。在这类方法下，模型用所有数据或一部分数据进行周期性的重新训练。由于上述流程会花费一定的时间，这就使得批处理方法难以在新数据到达时立即完成模型的更新。

虽然本书将主要讨论批处理机器学习方法，但的确存在一类名为**在线学习**（online learning）的机器学习方法。它们在新数据到达时便能立即更新模型，从而使实时系统成为可能。一个常见的例子是对线性模型的在线优化算法，如随机梯度下降法。我们可以通过例子来学习该算法。这类方法的优势在于，其系统将能对新的信息和底层行为的变化（即输入数据的特征或分布会随时间变化，现实中的绝大部分情况下都会如此）做出快速的反应和调整。

但在实际生产环境中，在线学习模型也会面对特有的挑战。比如，对数据的获取和转换难以做到实时。在一个纯在线环境下选择适当的模型也不简单。在线训练和模型选择及部署阶段的延时可能难以满足实时性的需求（比如在线广告对延时的需求是以毫秒计）。最后，批处理框架不适合对本质为流的数据进行实时处理。

幸好 Spark 提供了实时流处理组件 Spark Streaming，对实时机器学习任务来说是个不错的选择。第 11 章将探讨 Spark Streaming 和在线学习问题。

现实中的实时机器学习系统具有天生的复杂性，故实践中大部分的系统都以近实时性操作为设计目标。这是一种混合方法，它并不要求模型一定在数据到达时立即更新。相反，新的数据会被收集为小批量的训练数据，再输入给在线学习算法。大部分情况下，该方法会周期性地进行某种批处理，比如在整个数据集上重新计算模型，或是更为复杂的数据处理以及模型的选择。这些能保证实时模型的表现不会随时间推移而变差。

另一种类似的方法是，在周期性批处理中进行重新计算时，若有新的数据到来则只对更复杂的模型进行近似更新。这样模型可从新的数据中学习，但有短暂延迟（通常以毫秒计，也可能以分钟计）。因为是近似更新，所以模型的准确度会随着时间推移而下降。但周期性地在所有数据上重新计算模型能弥补这一点。

3.5.7 Spark 数据管道

如上述 MovieLens 案例中所见，要运行一系列机器学习算法来对数据进行处理和从中学习是很常见的。文本处理流程也是一种典型，它包括几个阶段：

- 将文本划分为单词；
- 将这些单词转换为数值表示的特征向量；
- 从特征向量和标签中学习一个预测模型。

Spark MLlib 将这种工作流程称为管道（Pipeline）。它由若干的管道阶段构成，各阶段由转换器（transformer）或估计器（estimator）作用，并按一定的顺序运行。

一个管道由一系列阶段所确定。每个阶段是一个转换器或评估器。转换器会将一个 DataFrame（数据帧）转换为另一个 DataFrame。估计器则是一种学习算法。各管道阶段有序启用，输入的 DataFrame 则在阶段之间被转换。

在转换器阶段，会对 DataFrame 调用 transform() 函数。到估计器阶段，则调用 fit() 函数来生成一个转换器（它会成为 PipelineModel 或已调 Pipeline 的一部分）。转换器会对该 DataFrame 调用 transfomer() 函数。

3.6 机器学习系统架构

现在我们已经了解了如何在 MovieStream 的情景中应用机器学习系统，其可能的架构如下图所示。

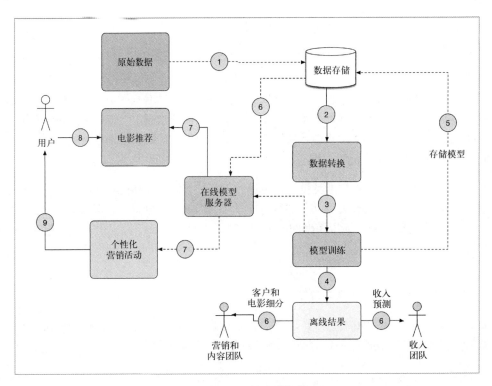

MovieStream 的未来架构

如图所示，该系统包含了早先机器学习流程示意图的内容，此外还包括：

- 收集与用户、用户行为和电影标题有关的数据；
- 将这些数据转换为特征；

- 模型训练，包括训练–测试和模型选择阶段；
- 将训练好的模型部署到在线模型服务系统，并用于离线处理；
- 通过推荐和目标页面将模型结果反馈到 MovieStream 站点；
- 将模型结果返回到 MovieStream 的个性化营销渠道；
- 使用离线模型来为 MovieSteam 的各个团队提供工具，以帮助其理解用户的行为、内容目录的特点和业务收入的驱动因素。

下一节将会开始接触 MovieStream 并概要介绍 Spark 中的机器学习模块 MLlib。

3.7　Spark MLlib

Apache Spark 是一个用于海量数据处理的开源框架。驻内存式数据结构，如 RDD，使得它适用于迭代式机器学习任务。MLlib 是 Spark 机器学习库。它提供了多种监督和无监督学习算法，以及多种统计和线性代数优化。它随 Spark 一起发布，因而不像某些库那样需另外安装。MLlib 支持多种高阶编程语言，如 Scala、Java、Python 和 R。此外它还提供了一个高层 API 结构以支持机器学习流程的构建。

MLlib 与 Spark 的整合十分有益处。Spark 为迭代式计算循环而设计，而大规模机器学习算法也有迭代的特性，因此前者能为后者提供高效的实现平台。

Spark 任何数据结构的优化都将使 MLlib 直接受益。Spark 强大的社区贡献者也在不断地提出新的算法来加速 MLlib。

除此之外，Spark 还提供了 Pipeline、GraphX 等 API。它们有助于与 MLlib 的衔接，从而简化 MLlib 上的开发。

3.8　Spark ML 的性能提升

Spark 2.0 使用 TE（Tungsten engine）。TE 借助现代编译器和 MPP 数据库理念构建。它在运行时输出优化后的字节码（bytecode），从而将查询转化为单个函数，避免了虚拟函数的调用。TE 还使用 CPU 寄存器来存储中间数据。

这种技术称为全阶段代码生成（whole stage code generation）。下图展示了 Spark 1.6 和 Spark 2.0 的 TPC-DS 性能测试结果。

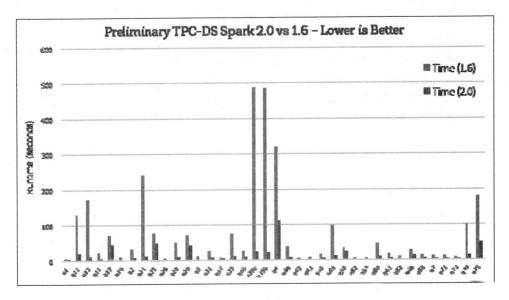

图片来源：https://databricks.com/blog/2016/05/11/apache-spark-2-0-technical-preview-easier-faster-and-smarter.html

下图及下表展示了从 Spark 1.6 升级到 Spark 2.0 时，单个函数的优化情况。

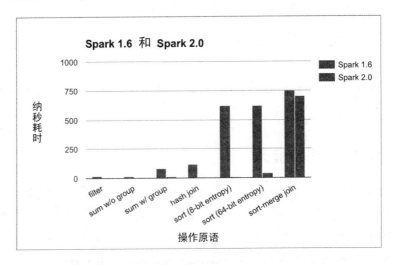

操作原语	Spark 1.6	Spark 2.0
filter	15	1.1
sum w/o group	14	0.9
sum w/ group	79	10.7
hash join	115	4
sort (8-bit entropy)	620	5.3
sort (64-bit entropy)	620	40
sort-merge join	750	700

3.9 MLlib 支持算法的比较

本节来看下 MLlib 不同版本所支持的算法。

3.9.1 分类

升级到 1.6 版时，Spark 支持 10 多种分类算法，而在 Spark ML 1.0 版发布时，仅支持 3 种算法（见下表）。

算法类型	序号	名称	Spark 版本							
			1.0.0	1.1.0	1.2.0	1.3.0	1.4.0	1.5.0	1.6.0	2.0.0
分类	1	Binary Classification	y	y	y	y	y	y	y	y
	2	Naive Bayes	y	y	y	y	y	y	y	y
	3	Linear Regression	n	y	y	y	y	y	y	y
	4	Logistical Regression	y	y	y	y	y	y	y	y
	5	RandomForrest Classifier	n	n	n	y	y	y	y	y
	6	Probabilistic Classifier	n	n	n	n	n	y	y	y
	7	GBT Classifier	n	n	n	n	y	y	y	y
	8	SVMwithSGD	y	y	y	y	y	y	y	y
	9	Decision Tree Classifier	n	n	n	n	y	y	y	y
	10	Multi Layer Perceptron Classifier	n	n	n	n	y	y	y	y

3.9.2 聚类

Spark 在聚类算法上的投入较多，1.0.0 版时，Spark 仅支持 1 种聚类算法，到 1.6.0 版时已支持 6 种（见下表）。

算法类型	序号	名称	Spark 版本							
			1.0.0	1.1.0	1.2.0	1.3.0	1.4.0	1.5.0	1.6.0	2.0.0
聚类	1	K Means	y	y	y	y	y	y	y	y
	2	Bisecting K Means	n	n	n	n	n	n	y	y
	3	LDA	n	n	n	y	y	y	y	y
	4	Poweriteration Clusting	n	n	n	y	y	y	y	y
	5	Streaming K Means	n	y	y	y	y	y	y	y
	6	Gaussian Mixture	n	n	n	y	y	y	y	y

3.9.3 回归

传统上来说，回归并非重点关注的领域，但从 Spark 1.2.0 到 Spark 1.3.0，增加了对 3~4 种新算法的支持（见下表）。

算法类型	序号	名称	Spark 版本							
			1.0.0	1.1.0	1.2.0	1.3.0	1.4.0	1.5.0	1.6.0	2.0.0
回归	1	GeneralizedLinearAlgorithm	y	y	y	y	y	y	y	y
	2	Isotonic Regression	n	n	n	y	y	y	y	y
	3	LassowithSGD	y	y	y	y	y	y	y	y
	4	Linear Regression	y	y	y	y	y	y	y	y
	5	Ridge Regression	y	y	y	y	y	y	y	y
	6	Ridge Regression with SGD	y	y	y	y	y	y	y	y
	7	Streaming Linear Algorithm	n	y	y	y	y	y	y	y

3.10 MLlib 支持的函数和开发者 API

MLlib 提供了多种学习算法的高效分布式实现，包括针对分类和回归等的多种线性模型、朴素贝叶斯、SVM、随机森林。

最小二乘法（least squares，显式和隐式反馈）用于协同过滤，也支持用于聚类和降维的 K-均值和主成分分析（PCA）。

该库提供了一些底层原语和基本函数用于凸优化、分布式线性代数（支持向量和矩阵）、统计分析（通过 Breeze 和其他朴素函数）、特征提取，并支持多种 I/O 格式，包括 LIBSVM 格式。

它还支持通过 Spark SQL 和 PMML（Guazzelli et al., 2009）来做数据整合。有关 PMML 支持情况的更多信息，可参见 https://spark.apache.org/docs/1.6.0/mllib-pmml-model-export.html。

优化算法。MLlib 提供了多种优化算法来实现高效的分布式学习和预测。

推荐所用的 ALS 算法使用划区（blocking）来降低 JVM 垃圾回收的开销，并利用高层次线性代数操作。决策树则借用了 PLANET 项目的理念，包括对数据依赖的特征离散化，从而降低网络通信开销，还有同时在树内以及树之间并行进行集成学习。

泛化的线性模型通过优化算法来学习。这类算法将梯度计算并行化，并在工作节点上使用高速的 C++ 线性代数库。

计算。各算法均从高效的通信原语中受益。举例来说，基于树的聚合使得驱动节点不会成为瓶颈。

模型的更新在少部分工作节点上部分性地汇总，之后再发给驱动节点。这种实现减少了驱动节点的工作量。测试表明，这些函数将聚合时间降低了一个数量级，特别对于那些有大量分区的数据集。

（参考如下连接：https://databricks.com/blog/2014/09/22/spark-1-1-mllib-performance-improvements.html。）

Pipeline API。它封装了实际机器学习流程中涉及的环节，比如数据的预处理、特征提取、模型拟合和验证等阶段。

很少有机器学习库会对流程中所涉及功能提供原生支持。当处理大型数据集时，编写一个端到端的流程会需要相当大的工作量和网络通信。

利用 Spark 生态系统。MLlib 提供了一个代码包，旨在解决这些问题。

`spark.ml` 简化了衔接多个学习阶段的工作。它提供了一套统一的高层次 API（https://arxiv.org/pdf/1505.06807.pdf）。它内含能让用户用自定义的算法替换标准算法的 API。

Spark 整合

MLlib 能利用 Spark 生态系统中的其他组件。Spark core 所带的执行引擎支持 80 多种操作。这些操作可用于数据的转化（数据清理和特征化）。

MLlib 可使用 Spark 随带的其他高层次库，如 Spark SQL。Spark SQL 提供了数据整合功能、SQL 和结构化数据处理能力，从而简化了数据清理和预处理。它支持 `DataFrame` 抽象，这对 `spark.ml` 包来说是基础。

GraphX 支持大规模图处理，并为实现那些可看作大规模稀疏图问题的学习算法（如 LDA）提供了功能强大的 API。

Spark Steaming 提供了实时数据流处理能力，并使得开发在线学习算法成为可能。这类算法如 Freeman（2015）。后续的章节中将会讲到该内容。

3.11 MLlib 愿景

MLlib 的愿景是提供一个可扩展的机器学习平台，以支持海量数据处理，同时具有比 Hadoop 之类的现有系统更快的处理效率。

它还致力于提供尽可能多的监督和无监督学习算法，涉及分类、聚类和回归问题。

3.12 MLlib 版本的变迁

本节比较 MLlib 不同版本的差异，并介绍新增功能。

Spark 1.6 到 Spark 2.0

基于 `DataFrame` 的 API 将会成为主要的 API。

基于 RDD 的 API 开始进入以维护为主的模式。MLlib 指南提供了更多信息：http://spark.apache.org/docs/2.0.0/ml-guide.html。

Spark 2.0 引入了如下特性。

- **ML 持久化**：基于 `DataFrame` 的 API 对 ML 模型的存储和载入，以及 Scala、Java、Python 和 R 语言下的 Pipeline 操作提供了支持。
- **MLlib 的 R 语言支持**：SparkR 支持 MLlib 中泛化线性模型、朴素贝叶斯、K-均值聚类和生存回归（survival regression）的 API。
- **Python**：PySpark 2.0 支持新的 MLlib 算法，如 LDA、泛化线性回归、高斯混合模型等。

基于 DataFrame 的 API 新增了高斯混合模型、二分 K-均值聚类和 MaxAbsScalar 特征提取算法。

3.13 小结

本章介绍了数据驱动的自动化机器学习系统由哪些部分构成，还描述了一个真实系统的可能架构。此外还比较了 Spark 的机器学习库 MLlib 和其他框架的性能。最后概述了从 Spark 1.6 到 Spark 2.0 的功能变迁。

下一章将讨论如何获取公开数据集以用于常见的机器学习任务，还将了解数据处理、清理和转换环节的一些基本概念。经过这些环节后，数据便可以用于训练机器学习模型了。

第 4 章 Spark 上数据的获取、处理与准备

机器学习是一个极为广泛的领域,其应用范围已包括 Web 和移动应用、物联网、传感网络、金融服务、医疗健康和其他科研领域,而这些还只是其中一小部分。

由此,可用于机器学习的数据来源也极为广泛。本书将重点关注机器学习在商业领域的应用。该领域中可用的数据通常由组织的内部数据(比如金融公司的交易数据)以及外部数据(比如该金融公司下的金融资产价格数据)构成。

以第 3 章假想的互联网公司 MovieStream 为例,其主要的内部数据包括站点提供的电影数据、用户的服务信息数据以及行为数据。这些数据涉及电影和相关内容(比如标题、类别、描述、图片、演员和导演)、用户信息(比如用户属性、位置和其他信息)以及用户活动数据(比如网页的浏览量、预览的标题和次数、评级、评论,以及如赞、分享之类的社交数据,还有像 Facebook 和 Twitter 之类的社交网络属性)。

其外部数据来源则可能包括天气和地理定位服务,以及如 IMDB 和 Rotten Tomatoes 之类的第三方电影评级与评论网站等。

一般来说,获取实际的公司或机构的内部数据十分困难,因为这些信息很敏感(尤其是购买记录、用户或客户行为以及公司财务),也关系组织的潜在利益。这也是对这类数据应用机器学习建模的实用之处:一个预测精准的好模型有着极高的商业价值(Netflix Prize 和 Kaggle 上机器学习比赛的成功就是很好的见证)。

本书将使用可以公开访问的数据来讲解数据处理和机器学习模型训练的相关概念。

本章内容包括:

- 概述机器学习中经常用到的数据类型;
- 举例说明从何处获取感兴趣的数据集(通常可从互联网上获取),其中一些会用于阐述本书所涉及模型的应用;

- 了解数据的处理、清理、探索和可视化方法；
- 介绍将原始数据转换为特征以作为机器学习算法输入的各种技术；
- 学习如何使用外部库或 Spark 内置函数来正则化输入特征。

4.1 获取公开数据集

商业敏感数据虽然难以获取，但好在仍有相当多有用数据可公开访问。它们中的不少常用来作为特定机器学习问题的基准测试数据。常见的数据源有以下几个。

- UCL 机器学习知识库：包括近 300 个不同大小和类型的数据集，可用于分类、回归、聚类和推荐系统任务。数据集列表位于 http://archive.ics.uci.edu/ml/。
- Amazon AWS 公开数据集：包含的通常是大型数据集，可通过 Amazon S3 访问。这些数据集包括人类基因组项目、Common Crawl 网页语料库、维基百科数据和 Google Books Ngrams。这些数据集的相关信息可参见 https://registry.opendata.aws/。
- Kaggle：这里集合了 Kaggle 举行的各种机器学习竞赛所用的数据集。它们覆盖分类、回归、排名、推荐系统以及图像分析领域，可从 Competitions 区域下载：https://www.kaggle.com/competitions。
- KDnuggets：这里包含一个详细的公开数据集列表，其中一些是上面提到过的。该列表位于 https://www.kdnuggets.com/datasets/index.html。

 针对特定的应用领域与机器学习任务，仍有许多其他公开数据集。希望你自己也会接触到一些有趣的学术或是商业数据。

为说明 Spark 中数据处理、转换和特征提取相关的关键概念，我们需要下载一个电影推荐方面的常用数据集 MovieLens。它能应用于推荐系统和其他机器学习任务，适合作为示例数据集。

MovieLens 100k 数据集

MovieLens 100k 数据集包含多个用户对多部电影的 10 万条评级数据，也包含电影元数据和用户属性信息。该数据集不大，方便下载和用 Spark 程序快速处理，故适合做讲解用的示例。

可从 http://files.grouplens.org/datasets/movielens/ml-100k.zip 下载这个数据集。

下载后，可在终端将其解压：

```
> unzip ml-100k.zip
  inflating: ml-100k/allbut.pl
  inflating: ml-100k/mku.sh
  inflating: ml-100k/README
  ...
```

```
inflating: ml-100k/ub.base
inflating: ml-100k/ub.test
```

这会创建一个名为 ml-100k 的文件夹。把当前目录变更到该目录，然后查看其内容。其中重要的文件有 u.user（用户属性文件）、u.item（电影元数据）和 u.data（用户对电影的评级）。

```
> cd ml-100k
```

关于数据集的更多信息可查看 README 文件，包括每个数据文件里的变量定义。我们可以使用 `head` 命令来查看各个文件中的内容。

比如说，可以看到 u.user 文件包含 `user.id`、`age`、`gender`、`occupation` 和 `ZIP code` 这些属性，各属性之间用管道符（|）分隔。

```
> head -5 u.user
1|24|M|technician|85711
2|53|F|other|94043
3|23|M|writer|32067
4|24|M|technician|43537
5|33|F|other|15213
```

u.item 文件则包含 `movie id`、`title`、`release date` 以及若干与 IMDB link 和电影分类相关的属性。各个属性之间也用 | 符号分隔：

```
> head -5 u.item
1|Toy Story (1995)|01-Jan-1995||http://us.imdb.com/M/titleexact?
Toy%20Story%20(1995)|0|0|0|1|1|1|0|0|0|0|0|0|0|0|0|0|0|0|0
2|GoldenEye (1995)|01-Jan-1995||http://us.imdb.com/M/titleexact?
GoldenEye%20(1995)|0|1|1|0|0|0|0|0|0|0|0|0|0|0|0|1|0|0
3|Four Rooms (1995)|01-Jan-1995||http://us.imdb.com/M/titleexact?
Four%20Rooms%20(1995)|0|0|0|0|0|0|0|0|0|0|0|0|0|0|0|1|0|0
4|Get Shorty (1995)|01-Jan-1995||http://us.imdb.com/M/titleexact?
Get%20Shorty%20(1995)|0|1|0|0|0|1|0|0|1|0|0|0|0|0|0|0|0|0
5|Copycat (1995)|01-Jan-1995||http://us.imdb.com/M/titleexact?
Copycat%20(1995)|0|0|0|0|0|0|1|0|1|0|0|0|0|0|0|1|0|0
```

上述数据的格式如下：

movie id | movie title | release date | video release date | IMDb URL | unknown | Action | Adventure | Animation | Children's | Comedy | Crime | Documentary | Drama | Fantasy | Film-Noir | Horror | Musical | Mystery | Romance | Sci-Fi | Thriller | War | Western |

最后的 19 列表示流派，若该电影归属该流派，则对应的值为 1，反之为 0。一部电影可同时归属多个流派。

电影的 ID 被用于 u.data 数据集。该数据集包含 943 位用户对 1682 部电影的 100 000 次评级。每位用户至少对 20 部电源评过级。用户和电影都从 1 开始连续编号，但评级条目随机排序。每条数据的各个列之间用 | 分隔：

```
user id | item id | rating | timestamp
```

数据中的时间戳为从 UTC 时间 1970 年 1 月 1 日起计算的 Unix 系统时间的总秒数。

下面列出了 u.data 中的部分数据:

```
> head -5 u.data
196 242 3 881250949
186 302 3 891717742
22 377 1 878887116
244 51 2 880606923
166 346 1 886397596
```

4.2 探索与可视化数据

本章对应的源代码可以在 PATH/spark-ml/Chapter04 下找到:

❑ 相应的 Python 位于/MYPATH/spark-ml/Chappter_04/python
❑ 相应的 Scala 代码位于/MYPATH/spark-ml/Chappter_04/scala

Python 示例代码同时提供了针对 1.6.2 和 2.0.0 的版本。在书中，我们会使用 2.0.0 版本:

```
├── 1.6.2
│   ├── com
│   │   ├── __init__.py
│   │   └── sparksamples
│   │       ├── __init__.py
│   │       ├── movie_data.py
│   │       ├── plot_user_ages.py
│   │       ├── plot_user_occupations.py
│   │       ├── rating_data.py
│   │       ├── user_data.py
│   │       └── util.py
│   └── __init__.py
├── 2.0.0
│   ├── com
│       ├── __init__.py
│       └── sparksamples
│           ├── __init__.py
│           ├── movie_data.py
│           ├── plot_user_ages.py
│           ├── plot_user_occupations.py
│           ├── rating_data.py
│           ├── spark-warehouse
│           ├── user_data.py
│           └── util.py
│
```

4.2 探索与可视化数据

Scala 示例代码的目录结构如下：

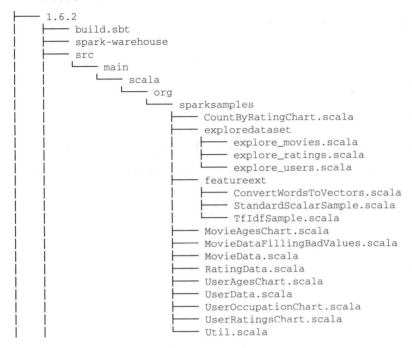

Scala 2.0.0 版本示例代码的结构如下：

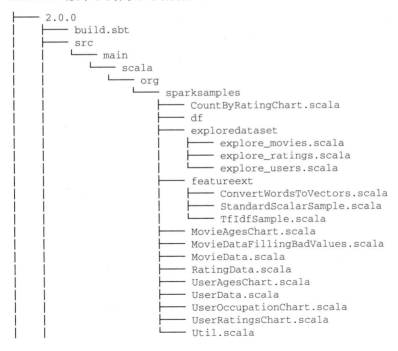

输入如下命令即可进入相应的目录并运行示例代码：

```
$ cd /MYPATH/spark-ml/Chapter_04/scala/2.0.0
$ sbt compile
$ sbt run
```

4.2.1 探索用户数据

首先来分析 MovieLens 用户的特征。

如上所述，数据的各列由|符号分隔，我们可定义一个 custom_schema 函数来将这些数据存入一个 DataFrame 中。相应的 Python 代码位于 com/sparksamples/Util.py 中。

```
def get_user_data():

custom_schema = StructType([
  StructField("no", StringType(), True),
  StructField("age", IntegerType(), True),
  StructField("gender", StringType(), True),
  StructField("occupation", StringType(), True),
  StructField("zipCode", StringType(), True)
] )
frompyspark.sql import SQLContext
frompyspark.sql.types import *

sql_context = SQLContext(sc)
user_df = sql_context.read
  .format('com.databricks.spark.csv ')
  .options(header = 'false ', delimiter = '|')
  .load("%s/ml-100k/u.user" % PATH, schema =
  custom_schema)
returnuser_df
```

之后，user_data.py 通过如下代码调用该函数：

```
user_data = get_user_data()
```

```
print(user_data.first)
```

相应的输出如下：

```
u'1|24|M|technician|85711'
```

代码列表如下：

❑ https://github.com/ml-resources/spark-ml/blob/branch-ed2/Chapter_04/python/2.0.0/com/sparksamples/user_data.py
❑ https://github.com/ml-resources/spark-ml/blob/branch-ed2/Chapter_04/python/2.0.0/com/sparksamples/util.py

上述步骤对应的 Scala 代码位于 Util.scala 中，如下：

```
val customSchema = StructType(Array(
StructField("no", IntegerType, true),
StructField("age", StringType, true),
StructField("gender", StringType, true),
StructField("occupation", StringType, true),
StructField("zipCode", StringType, true)));
val spConfig = (new
  SparkConf).setMaster("local").setAppName("SparkApp")
val spark = SparkSession
  .builder()
  .appName("SparkUserData").config(spConfig)
  .getOrCreate()

val user_df = spark.read.format("com.databricks.spark.csv")
  .option("delimiter", "|").schema(customSchema)
  .load("/home/ubuntu/work/ml-resources/spark-ml/data/ml-
    100k/u.user")
val first = user_df.first()
println("First Record : " + first)
```

其输出如下：

u'1|24|M|technician|85711'

对应的代码位于：

https://github.com/ml-resources/spark-ml/blob/branch-ed2/Chapter_04/scala/2.0.0/src/main/scala/org/sparksamples/UserData.scala。

该输出是我们用户数据的第一行，从中可以看出，该数据用|符号分隔。

first 函数与 collect 函数类似，但前者只向驱动程序返回 RDD 的首个元素。我们也可以使用 take(k) 函数只向驱动程序返回 RDD 的前 k 个元素。

下面我们使用之前创建的 DataFrame，依次通过 groupBy、count()和 collect()函数来计算用户、性别、邮编和职业的数目。这可通过如下代码实现。注意，要处理的数据集并不大，故这里没进行缓存操作。

```
num_users = user_data.count()
num_genders = len(user_data.groupBy("gender").count().collect())
num_occupation = len(user_data.groupBy("occupation").count().collect())
num_zipcodes = len(user_data.groupby("zipCode").count().collect())
print("Users: "+ str(num_users))
print("Genders: "+ str(num_genders))
print("Occupation: "+ str(num_occupation))
print("ZipCodes: "+ str(num_zipcodes))
```

对应的输出如下：

```
Users: 943
Genders: 2
Occupations: 21
ZIPCodes: 795
```

对应的代码位于：

https://github.com/ml-resources/spark-ml/blob/branch-ed2/Chapter_04/scala/2.0.0/src/main/scala/org/sparksamples/UserData.scala。

类似地，可用如下 Scala 代码来统计用户、性别、职业和邮编的数目：

```
val num_genders = user_df.groupBy("gender").count().count()
val num_occupations = user_df.groupBy("occupation").count().count()
val num_zipcodes = user_df.groupBy("zipCode").count().count()

println("num_users : "+ user_df.count())
println("num_genders : "+ num_genders)
println("num_occupations : "+ num_occupations)
println("num_zipcodes: "+ num_zipcodes)
println("Distribution by Occupation")
println(user_df.groupBy("occupation").count().show())
```

对应的输出如下：

```
num_users: 943
num_genders: 2
num_occupations: 21
num_zipcodes: 795
```

下面创建一个直方图来分析用户年龄的分布情况。

用 Python 实现时，先将 DataFrame 存入变量 user_data 中，之后调用 select('age') 函数并将结果存入行列表对象，然后通过迭代提取出年龄信息并存入到 user_ages_list 中。

具体作图会通过 Python matplotlib 库中的 hist 函数实现。

```
user_data = get_user_data()
user_ages = user_data.select('age').collect()
user_ages_list = []
user_ages_len = len(user_ages)
for i in range(0, (user_ages_len - 1)):
    user_ages_list.append(user_ages[i].age)
plt.hist(user_ages_list, bins=20, color='lightblue', normed=True)
fig = matplotlib.pyplot.gcf()
fig.set_size_inches(16, 10)
plt.show()
```

对应的代码位于：

https://github.com/ml-resources/spark-ml/blob/branch-ed2/Chapter_04/python/2.0.0/com/sparksamples/plot_user_ages.py。

这里 `hist` 函数的输入参数有 `ages` 数组、直方图的 bin 数目（即区间数，这里为 20）。同时还使用了 `normed=True` 参数来正则化直方图，即让每个方条表示年龄在该区间内的数据量在总数据量中的占比。

你将能看到如下所示的直方图。从中可以看出 MovieLens 的用户偏年轻。大量用户处于 15~35 岁。

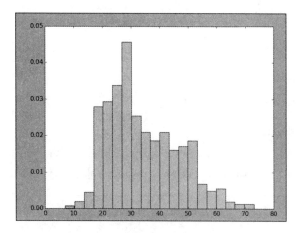

用户年龄的分布

相应的 Scala 版本可借助一个基于 JFreeChart 的库来实现。处理时将数据分为 16 个区间来显示其分布情况。

具体可借助 https://github.com/wookietreiber/scala-chart 库来从 Scala map 类型的 `m_sorted` 变量创建柱状图。

首先，用 `select("age")` 函数从 `userDataFrame` 中提取出 `ages_array`。

之后向 `mx` 变量填入输入，即用于显示的各个区间。对 `mx` 排序以创建一个 `ListMap` 对象，它被用来给 `DefaultCategoryDataset` 类型的变量 `ds` 赋值：

```
val userDataFrame = Util.getUserFieldDataFrame()
val ages_array = userDataFrame.select("age").collect()

val min = 0
val max = 80
val bins = 16
val step = (80/bins).toInt
var mx = Map(0 ->0)
for (i <- step until (max + step) by step) {
  mx += (i -> 0)
}
for( x <- 0 until ages_array.length) {
  val age = Integer.parseInt(
    ages_array(x)(0).toString)
```

```
    for(j <- 0 until (max + step) by step) {
      if(age >= j && age < (j + step)){
        mx = mx + (j -> (mx(j) + 1))
      }
    }
}
val mx_sorted = ListMap(mx.toSeq.sortBy(_._1):_*)
val ds = new org.jfree.data.category.DefaultCategoryDataset
mx_sorted.foreach{ case (k,v) => ds.addValue(v,"UserAges", k)}
val chart = ChartFactories.BarChart(ds)
chart.show()
Util.sc.stop()
```

完整的代码在 UserAgesChart.scala 文件中。

对应的代码位于：
https://github.com/ml-resources/spark-ml/blob/branch-ed2/Chapter_04/scala/2.0.0/src/main/scala/org/sparksamples/UserAgesChart.scala。你将能看到如下所示的直方图。

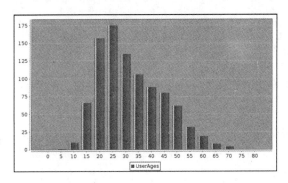

统计职业分布

下面计算用户的职业分布情况。

可通过如下步骤来获取职业分布对应的 DataFrame，然后为其赋值，之后用 Matplotlib 来显示。

(1) 获取 `user_data`。
(2) 使用 `groupby("occupation")` 根据职业做聚合，然后用 `count()` 进行计数，从而得出职业分布。
(3) 从行列表里提取 `tuple("occupation","count")` 列表。
(4) 创建一个与 `x_axis` 和 `y_axis` 值对应的 `numpy` 数组。
(5) 绘制柱状图。
(6) 显示该图。

完整代码如下：

```
user_data = get_user_data()

user_occ = user_data.groupby("occupation").count().collect()

user_occ_len = len(user_occ)
user_occ_list = []
for i in range(0, (user_occ_len - 1)):
    element = user_occ[i]
    count = element.__getattr__('count')
    tup = (element.occupation, count)
    user_occ_list.append(tup)
x_axis1 = np.array([c[0] for c in user_occ_list])
y_axis1 = np.array([c[1] for c in user_occ_list])
x_axis = x_axis1[np.argsort(y_axis1)]
y_axis = y_axis1[np.argsort(y_axis1)]

pos = np.arange(len(x_axis))
width = 1.0

ax = plt.axes()
ax.set_xticks(pos + (width / 2))
ax.set_xticklabels(x_axis)

plt.bar(pos, y_axis, width, color='lightblue')
plt.xticks(rotation=45, fontsize='9')
plt.gcf().subplots_adjust(bottom=0.15)
#fig = matplotlib.pyplot.gcf()

plt.show()
```

所生成的图应与下图类似。从图上看，最常见的职业为 student、other、educator、administrator、engineer 和 programmer。

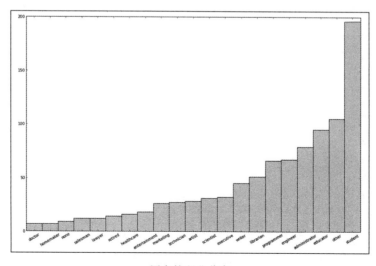

用户的职业分布

对应的代码位于：
https://github.com/ml-resources/spark-ml/blob/branch-ed2/Chapter_04/python/2.0.0/com/sparksamples/plot_user_occupations.py。

用 Scala 实现时，可遵循如下步骤。

(1) 获取 userDataFrame。
(2) 提取职业所在列：

```
userDataFrame.select("occupation")
```

(3) 对各行按职业分组：

```
val occupation_groups =userDataFrame.groupBy("occupation").count()
```

(4) 按 count 对各行排序：

```
val occupation_groups_sorted =occupation_groups.sort("count")
```

(5) 用 occupation_groups_collection 为 DefaultCategoryDataset 类变量 ds 赋值。
(6) 显示 JFreeChat 柱状图。

完整的代码如下：

```
val userDataFrame = Util.getUserFieldDataFrame()
val occupation = userDataFrame.select("occupation")
val occupation_groups = userDataFrame.groupBy("occupation").count()
// occupation_groups.show()
val occupation_groups_sorted = occupation_groups.sort("count")
occupation_groups_sorted.show()
val occupation_groups_collection = occupation_groups_sorted.collect()

val ds = new org.jfree.data.category.DefaultCategoryDataset
val mx = scala.collection.immutable.ListMap()

for( x <- 0 until occupation_groups_collection.length) {
  val occ = occupation_groups_collection(x)(0)
  val count = Integer.parseInt(occupation_groups_collection(x)(1).toString)
  ds.addValue(count,"UserAges", occ.toString)
}

val chart = ChartFactories.BarChart(ds)
val font = new Font("Dialog", Font.PLAIN,5);

chart.peer.getCategoryPlot.getDomainAxis().
  setCategoryLabelPositions(CategoryLabelPositions.UP_90);
chart.peer.getCategoryPlot.getDomainAxis.setLabelFont(font)
chart.show()
Util.sc.stop()
```

4.2 探索与可视化数据

代码的输出如下:

```
+------------+-----+
|  occupation|count|
+------------+-----+
|   homemaker|    7|
|      doctor|    7|
|        none|    9|
|    salesman|   12|
|      lawyer|   12|
|     retired|   14|
|  healthcare|   16|
|entertainment|  18|
|   marketing|   26|
|  technician|   27|
|      artist|   28|
|   scientist|   31|
|   executive|   32|
|      writer|   45|
|   librarian|   51|
|  programmer|   66|
|    engineer|   67|
|administrator|  79|
|     educator|  95|
|       other|  105|
+------------+-----+
only showing top 20 rows
```

下图为上述代码生成的 JFreeChat 图。

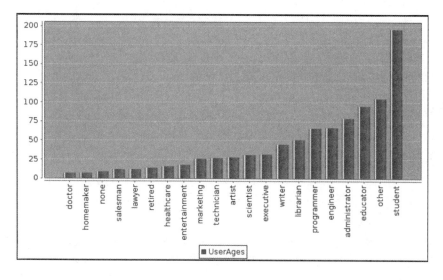

对应的代码位于:

https://github.com/ml-resources/spark-ml/blob/branch-ed2/Chapter_04/scala/2.0.0/src/main/scala/org/sparksamples/UserOccupationChart.scala。

4.2.2 探索电影数据

接下来，我们了解一下电影分类数据的特征。如之前那样，我们可以先简单看一下某行记录，然后再统计电影总数。

下面会先创建电影数据的 DataFrame 对象。这会通过调用 `com.databrick.spark.csv` 并给定分隔符|来实现。之后，我们使用 `CustomSchema` 来给该对象赋值，然后返回它：

```
def getMovieDataDF() : DataFrame = {
  val customSchema = StructType(Array(
  StructField("id", StringType, true),
  StructField("name", StringType, true),
  StructField("date", StringType, true),
  StructField("url", StringType, true)));
  val movieDf = spark.read.format(
    "com.databricks.spark.csv")
    .option("delimiter", "|").schema(customSchema)
    .load(PATH_MOVIES)
  return movieDf
}
```

上述方法会被 Scala 对象 `MovieData` 调用。

如下步骤则可将日期信息挑选出来并格式化为 `Year` 对象。

(1) 创建一个 `TempView`。

(2) 将 `Util.convertYear` 函数注册为 `SparkSession.Util.spark`（自定义类）下的一个 UDF。

(3) 参照如下代码，在该 `SparkSession` 上执行 `SQL` 语句。

(4) 将执行结果按 `Year` 分组并调用 `count()` 函数。

完整的代码如下：

```
def getMovieYearsCountSorted(): scala.Array[(Int, String)] = {
  val movie_data_df = Util.getMovieDataDF()
  movie_data_df.createOrReplaceTempView("movie_data")
  movie_data_df.printSchema()

  Util.spark.udf.register("convertYear", Util.convertYear _)
  movie_data_df.show(false)

  val movie_years = Util.spark.sql("select convertYear(date) as year from movie_data")
  val movie_years_count = movie_years.groupBy("year").count()
  movie_years_count.show(false)
  val movie_years_count_rdd =
    movie_years_count.rdd.map(row => (Integer.parseInt(row(0).toString),
      row(1).toString))
  val movie_years_count_collect = movie_years_count_rdd.collect()
  val movie_years_count_collect_sort = movie_years_count_collect.sortBy(_._1)
```

```
    return movie_years_count_collect_sort
}

def main(args: Array[String]) {
  val movie_years = MovieData.getMovieYearsCountSorted()
  for (a <- 0 to (movie_years.length - 1)) {
    println(movie_years(a))
  }
}
```

其输出如下：

```
(1900,1)
(1922,1)
...
(1998,65)
```

对应的代码位于：

https://github.com/ml-resources/spark-ml/blob/branch-ed2/Chapter_04/scala/
2.0.0/src/main/scala/org/sparksamples/MovieData.scala

接下来绘出上面计算出的电影年份分布。在用 Scala 实现时，会借助 JFreeChart，并从 MovieData.getMovieYearsCountSorted() 创建的集合来为 org.jfree.data.category.DefaultCategoryDataset 的对象赋值。

```
object MovieAgesChart {

  def main(args: Array[String]) {
    val movie_years_count_collect_sort = MovieData.getMovieYearsCountSorted()
    val ds = new org.jfree.data.category.DefaultCategoryDataset
    for (i <- movie_years_count_collect_sort) {
      ds.addValue(i._2.toDouble, "year", i._1)
    }
    val chart = ChartFactories.BarChart(ds)
    val font = new Font("Dialog", Font.PLAIN, 5);
      chart.peer.getCategoryPlot.getDomainAxis().
        setCategoryLabelPositions(CategoryLabelPositions.UP_90);
      chart.peer.getCategoryPlot.getDomainAxis.setLabelFont(font)
      chart.show()
      Util.sc.stop()
  }
}
```

注意，大部分电影来自 1996 年。输出的图如下所示。

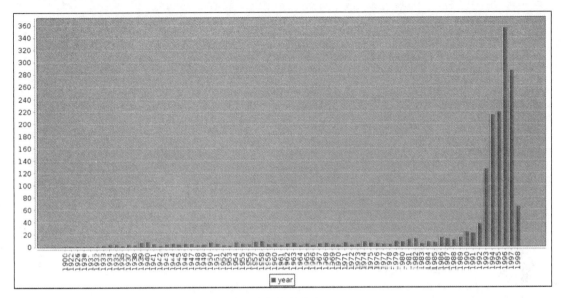

电影的年份分布

对应的代码位于:
https://github.com/ml-resources/spark-ml/blob/branch-ed2/Chapter_04/scala/2.0.0/src/main/scala/org/sparksamples/MovieAgesChart.scala。

4.2.3 探索评级数据

现在来看一下评级数据。对应的代码位于 RatingData 下:

```scala
object RatingData {

  def main(args: Array[String]) {
    val customSchema = StructType(Array(
      StructField("user_id", IntegerType, true),
      StructField("movie_id", IntegerType, true),
      StructField("rating", IntegerType, true),
      StructField("timestamp", IntegerType, true)))

    val spConfig = (new SparkConf).setMaster("local").setAppName("SparkApp")
    val spark = SparkSession
      .builder()
      .appName("SparkRatingData").config(spConfig)
      .getOrCreate()

    val rating_df = spark.read.format("com.databricks.spark.csv")
      .option("delimiter", "\t").schema(customSchema)
      .load("../../data/ml-100k/u.data")
    rating_df.createOrReplaceTempView("df")
```

```
        val num_ratings = rating_df.count()
        val num_movies = Util.getMovieDataDF().count()
        val first = rating_df.first()
        println("first:" + first)
        println("num_ratings:" + num_ratings)
    }
}
```

其输出为：

```
First: 196 242 3 881250949
num_ratings:100000
```

可以看到评级次数共有 100 000。另外，与用户数据和电影数据不同，评级记录用\t 分隔。你可能也已想到，我们会想做些基本的统计，并且绘制评级值分布的直方图。动手吧！

下面会求评级的最大值、最小值和平均值，以及各用户给出的平均评级和每部电影得到的平均评级。具体会通过 Spark SQL 来提取电影评级的最大值、最小值和平均值。

```
val max = Util.spark.sql("select max(rating)  from df")
max.show()

val min = Util.spark.sql("select min(rating)  from df")
min.show()

val avg = Util.spark.sql("select avg(rating)  from df")
avg.show()
```

其输出如下：

```
+---------------+
|.  max(rating) |
+---------------+
|             5 |
+---------------+

+---------------+
|.  min(rating) |
+---------------+
|             1 |
+---------------+

+---------------+
|.  avg(rating) |
+---------------+
|       3.52986 |
+---------------+
```

对应的代码位于：

https://github.com/ml-resources/spark-ml/blob/branch-ed2/Chapter_04/scala/2.0.0/src/main/scala/org/sparksamples/RatingData.scala。

1. 评级次数柱状图

从结果可知，用户对电影的平均评级为 3.5 分左右。这可能暗示评级的分布会稍微偏向高分数。我们采用和之前职业分布类似的步骤，创建一个评级的柱状图来看看是否如此吧。

各评级对应次数的绘图代码如下，它位于 CountByRatingChart.scala 中。

```scala
object CountByRatingChart {

  def main(args: Array[String]) {
    /*val rating_data_raw = Util.sc.textFile("../../data/ml-100k/u.data")
    val rating_data = rating_data_raw.map(line => line.split("\t"))
    val ratings = rating_data.map(fields => fields(2).toInt)
    val ratings_count = ratings.countByValue()*/

    val customSchema = StructType(Array(
      StructField("user_id", IntegerType, true),
      StructField("movie_id", IntegerType, true),
      StructField("rating", IntegerType, true),
      StructField("timestamp", IntegerType, true)))

    val spConfig = (new SparkConf).setMaster("local").setAppName("SparkApp")
    val spark = SparkSession
      .builder()
      .appName("SparkRatingData").config(spConfig)
      .getOrCreate()

    val rating_df = spark.read.format("com.databricks.spark.csv")
      .option("delimiter", "\t").schema(customSchema)
      .load("../../data/ml-100k/u.data")

    val rating_df_count = rating_df.groupBy("rating").count().sort("rating")
    // val rating_df_count_sorted = rating_df_count.sort("count")
    rating_df_count.show()
    val rating_df_count_collection = rating_df_count.collect()

    val ds = new org.jfree.data.category.DefaultCategoryDataset
    val mx = scala.collection.immutable.ListMap()

    for (x <- 0 until rating_df_count_collection.length) {
      val occ = rating_df_count_collection(x)(0)
      val count = Integer.parseInt(rating_df_count_collection(x)(1).toString)
      ds.addValue(count, "UserAges", occ.toString)
    }

    // val sorted =   ListMap(ratings_count.toSeq.sortBy(_._1):_*)
    // val ds = new org.jfree.data.category.DefaultCategoryDataset
    // sorted.foreach{ case (k,v) => ds.addValue(v,"Rating Values", k)}

    val chart = ChartFactories.BarChart(ds)
    val font = new Font("Dialog", Font.PLAIN, 5);
```

```
      chart.peer.getCategoryPlot.getDomainAxis().
        setCategoryLabelPositions(CategoryLabelPositions.UP_90);
      chart.peer.getCategoryPlot.getDomainAxis.setLabelFont(font)
      chart.show()
      Util.sc.stop()
    }
  }
```

上述代码的执行结果如下：

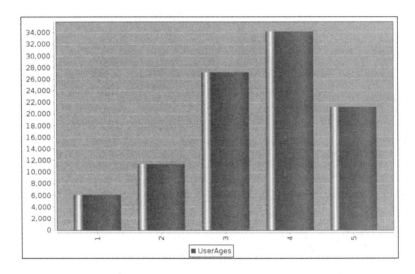

2. 评级次数分布

同样，也可以看下各用户给出评级的次数的分布情况。在之前的代码中，我们通过 tab 分隔符来得出评级信息，进而求得了一个 `rating_data` 的 RDD。下面的代码会重用该 RDD。

这些代码位于 UserRatingsChart.scala 文件中。下面会从 u.data 文件创建一个 DataFrame 对象，它由 tab 分隔。然后根据 `user_id` 做 GroupBy 分组操作，之后按评级的总次数对用户升序排序。

后续的代码都编写在如下的 main 函数内：

```
object CountByRatingChart {
  def main(args: Array[String]): Unit = {

  }
}
```

首先打印出这些评级次数：

```
val customSchema = StructType(Array(
  StructField("user_id", IntegerType, true),
  StructField("movie_id", IntegerType, true),
  StructField("rating", IntegerType, true),
```

```
    StructField("timestamp", IntegerType, true)))

val spConfig = (new SparkConf).setMaster("local").setAppName("SparkApp")
val spark = SparkSession
  .builder()
  .appName("SparkRatingData").config(spConfig)
  .getOrCreate()

val rating_df = spark.read.format("com.databricks.spark.csv")
  .option("delimiter", "\t").schema(customSchema)
  .load("../../data/ml-100k/u.data")

val rating_nos_by_user = rating_df.groupBy("user_id").count().sort("count")
val ds = new org.jfree.data.category.DefaultCategoryDataset
rating_nos_by_user.show(rating_nos_by_user.collect().length)
```

打印结果如下：

```
+-------+-----+
|user_id|count|
+-------+-----+
|    636|   20|
|    572|   20|
|    926|   20|
...
|    405|  737|
+-------+-----+
```

接下来借助 JFreeChart 来绘制其柱状图。这需要将数据从 `rating_no_by_user` 这个 DataFrame 导入到 `DefaultCategorySet` 中：

```
val step = (max / bins).toInt
for (i <- step until (max + step) by step) {
  mx += (i -> 0);
}
for (x <- 0 until rating_nos_by_user_collect.length) {
  val user_id = Integer.parseInt(rating_nos_by_user_collect(x)(0).toString)
  val count = Integer.parseInt(rating_nos_by_user_collect(x)(1).toString)
  ds.addValue(count, "Ratings", user_id)
}

val chart = ChartFactories.BarChart(ds)
chart.peer.getCategoryPlot.getDomainAxis().setVisible(false)

chart.show()
Util.sc.stop()
```

其绘制结果如下：

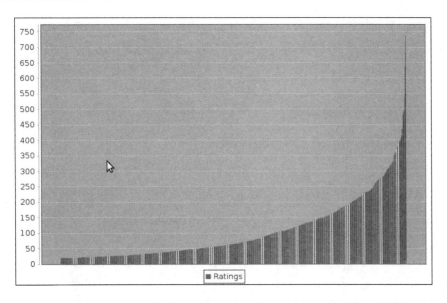

上图中，x 轴为用户 ID，而 y 轴则为评级的总次数。各用户的评级总次数最少为 20，最多为 737。

4.3 数据的处理与转换

为了让原始数据可用于机器学习算法，我们需要先对其进行清理，并且可能需要进行各种转换，之后才能从转换后的数据里提取有用的特征。数据的转换和特征提取联系紧密。某些情况下，一些转换本身便是特征提取的过程。

在之前处理电影数据集时，我们已经看到数据清理的必要性。一般来说，现实中的数据会存在信息不规整、数据点缺失和异常值问题。理想情况下，我们会修复非规整数据。但很多数据集都源于一些难以重现的收集过程（比如网络活动数据和传感器数据），故实际上会难以修复。值缺失和异常也很常见，且处理方式可与处理非规整信息类似。总的来说，大致的处理方法如下。

- **过滤掉或删除非规整或有值缺失的数据**：这通常是必需的，但的确会损失这些数据中那些好的信息。
- **填充非规整或缺失的数据**：可以根据其他的数据来填充非规整或缺失的数据。方法包括用零值、全局平均值或中值来填充，或是根据相邻或类似的数据点来做插值（通常针对时序数据）等。选择正确的方式并不容易，它会因数据、应用场景和个人经验而不同。
- **对异常值做稳健处理**：异常值的主要问题在于，即使它们是极值也不一定就是错的。到底是对是错通常很难分辨。异常值可被移除或填充，但存在某些统计技术（如稳健回归）可用于处理异常值或是极值。

- **对可能的异常值进行转换**：另一种处理异常值或极值的方法是进行转换。对那些可能存在异常值或值域覆盖过大的特征，进行对数或高斯核转换。这类转换有助于降低变量存在的值跳跃的影响，并将非线性关系变为线性的。

非规整数据和缺失数据的填充

下面看一下电影评论的年份，并对其进行清理。

上面已举过一个过滤掉非规整数据的例子。顺着上述代码，下面的代码对发行日期有问题的数据采取了填充策略，即用空字符串进行填充（后面会改用发行日期的中位数来填充）：

```
Util.spark.udf.register("convertYear", Util.convertYear _)
movie_data_df.show(false)

val movie_years = Util.spark.sql("select convertYear(date) as year from movie_data")

movie_years.createOrReplaceTempView("movie_years")
Util.spark.udf.register("replaceEmptyStr", replaceEmptyStr _)

val years_replaced = Util.spark.sql("select replaceEmptyStr(year)
  as r_year from movie_years")
```

上述代码所使用的 `replaceEmptyStr` 函数的定义为：

```
def replaceEmptyStr(v: Int): Int = {
  try {
    if (v.equals("")) {
      return 1900
    } else {
      return v
    }
  } catch {
    case e: Exception => println(e)
      return 1900
  }
}
```

接下来会提取出那些非 1900 年的条目，用 `Array[int]` 来替代 `Array[Row]` 并计算如下指标：

- 各条目的和
- 条目的总数
- 年份的平均值
- 年份的中位值
- 转换后的总年份数
- 1900 年的条目数

代码如下：

```
val movie_years_filtered = movie_years.filter(x => (x == 1900))
val years_filtered_valid = years_replaced.filter(x => (x != 1900)).collect()
val years_filtered_valid_int = new Array[Int](years_filtered_valid.length)
for (i <- 0 until years_filtered_valid.length - 1) {
  val x = Integer.parseInt(years_filtered_valid(i)(0).toString)
  years_filtered_valid_int(i) = x
}
val years_filtered_valid_int_sorted = years_filtered_valid_int.sorted

val years_replaced_int = new Array[Int](years_replaced.collect().length)

val years_replaced_collect = years_replaced.collect()

for (i <- 0 until years_replaced.collect().length - 1) {
  val x = Integer.parseInt(years_replaced_collect(i)(0).toString)
  years_replaced_int(i) = x
}

val years_replaced_rdd = Util.sc.parallelize(years_replaced_int)

val num = years_filtered_valid.length
var sum_y = 0
years_replaced_int.foreach(sum_y += _)
println("Total sum of Entries:" + sum_y)
println("Total No of Entries:" + num)
val mean = sum_y / num
val median_v = median(years_filtered_valid_int_sorted)
Util.sc.broadcast(mean)
println("Mean value of Year:" + mean)
println("Median value of Year:" + median_v)
val years_x = years_replaced_rdd.map(v => replace(v, median_v))
println("Total Years after conversion:" + years_x.count())
var count = 0
Util.sc.broadcast(count)
val years_with1900 = years_x.map(x => (if (x == 1900) {
  count += 1
}))
println("Count of 1900: " + count)
```

代码的输出如下。替换为中位数后，1900年条目数的输出表明我们的处理过程无误。

```
Total sum of Entries:3344062
Total No of Entries:1682
Mean value of Year:1988
Median value of Year:1995
Total Years after conversion:1682
Count of 1900: 0
```

对应的代码位于：
https://github.com/ml-resources/spark-ml/blob/branch-ed2/Chapter_04/scala/2.0.0/src/main/scala/org/sparksamples/MovieDataFillingBadValues.scala。

这里同时求出了发行年份的平均值和中位值。从输出也可看到，发行年份分布的偏向使得其中位值很高。特定情况下，通常不容易确定选取什么样的值来做填充才够精确。但在本例中，从该偏向来看，使用中位值来填充的确可行。

严格来说，上面示例代码的可扩展性并不很高，因为它要把数据都返回给驱动程序。平均值的计算可通过 Spark 下数值型 RDD 的 `mean` 函数来实现，但目前并没相应的中位数函数。我们可以自己编写这个函数来求中位数，或是用 `sample` 函数（后面几章会经常看到）计算样本的中位数。

4.4 从数据中提取有用特征

在完成对数据的初步探索、处理和清理后，便可从中提取可供机器学习模型训练用的特征。

特征（feature）指那些用于模型训练的变量。每一行数据包含可供提取到训练样本中的各种信息。

几乎所有机器学习模型都是与用向量表示的数值特征打交道。因此，我们需要将原始数据转换为数值。

特征可以概括地分为如下几种。

- **数值特征**（numerical feature）：这些特征通常为实数或整数，比如之前例子中提到的年龄。
- **类别特征**（categorical feature）：它们的取值只能是可能状态集合中的某一种。我们数据集中的用户性别、职业或电影类别便是这类特征。
- **文本特征**（text feature）：它们派生自数据中的文本内容，比如电影名、描述或评论。
- **其他特征**：大部分其他特征最终都表示为数值。比如图像、视频和音频可被表示为数值数据的集合，地理位置则可由经纬度或地理散列（geohash）表示。

本节我们将谈到数值特征、类别特征以及文本特征。

4.4.1 数值特征

原始的数值和数值特征之间的区别是什么？实际上，任何数值数据都能作为输入变量。但是，机器学习模型中所学习的是各个特征的权重向量。权重在特征值到输出或目标变量（指在监督学习模型中）的映射过程中扮演重要角色。

由此我们会想使用那些合理的特征，让模型能从这些特征中学到特征值和目标变量之间的关系。比如年龄就是一个合理的特征。年龄的增加和某项支出之间可能存在直接关系。类似地，高度也是一个可直接使用的数值特征。

当数值特征仍处于原始形式时，其可用性相对较低，但可以转化为更有用的表示形式。位置信息便是如此。

若使用原始位置信息（比如用经纬度表示的），我们的模型可能学习不到该信息和某个输出之间的有用关系，这就使得该信息的可用性不高，除非数据点的确很密集。然而，对位置进行聚合或挑选后（比如聚焦为一个城市或国家），便可能和特定输出之间存在某种关联。

4.4.2 类别特征

当类别特征仍为原始形式时，其取值来自所有可能取值所构成的集合，而不是一个数字，故不能作为输入。之前例子中的用户职业便是一个类别特征变量，其可能的取值有学生、程序员等。

这样的类别特征也称作名义（nominal）变量，即其各个可能取值之间没有顺序关系。相反，那些存在顺序关系的（比如之前提到的评级，从定义上说评级 5 会高于或是好于评级 1）则被称为有序（ordinal）变量。

将类别特征表示为数字形式，常可借助 k 之 1（1-of-k）编码方法进行。要想将名义变量表示为可用于机器学习任务的形式，需要借助如 k 之 1 编码这样的方法。有序变量的原始值可能就能直接使用，但也常会经过和名义变量一样的编码处理。

假设变量可取的值有 k 个。如果对这些值用 1 到 k 编序（索引），则可以用长度为 k 的二元向量来表示该变量的一个取值。在这个向量里，该取值对应的序号所在的元素为 1，其他元素都为 0。

比如职业 student 对应的索引为 0，programmer 对应的索引为 1。那么 student 和 programmer 对应的值就分别为[1,0]和[0,1]。

如下代码先提取两种职业的二元表示，随后创建长度为 21 的二元特征向量。

```
val ratings_grouped = rating_df.groupBy("rating")
ratings_grouped.count().show()
val ratings_byuser_local = rating_df.groupBy("user_id").count()
val count_ratings_byuser_local = ratings_byuser_local.count()
ratings_byuser_local.show(ratings_byuser_local.collect().length)
val movie_fields_df = Util.getMovieDataDF()
val user_data_df = Util.getUserFieldDataFrame()
val occupation_df = user_data_df.select("occupation").distinct()
occupation_df.sort("occupation").show()
val occupation_df_collect = occupation_df.collect()

var all_occupations_dict_1: Map[String, Int] = Map()
var idx = 0;
// for 循环访问各种职业 (occupation)
```

```
for (idx <- 0 to (occupation_df_collect.length - 1)) {
  all_occupations_dict_1 += occupation_df_collect(idx)(0).toString() -> idx
}

println("Encoding of 'doctor : " + all_occupations_dict_1("doctor"))
println("Encoding of 'programmer' : " + all_occupations_dict_1("programmer"))
```

上述代码中 println 语句的输出为：

```
Encoding of 'doctor : 20
Encoding of 'programmer' : 5
```

下面创建二元特征向量和长度：

```
var k = all_occupations_dict_1.size
var binary_x = DenseVector.zeros[Double](k)
var k_programmer = all_occupations_dict_1("programmer")
binary_x(k_programmer) = 1
println("Binary feature vector: \n" + binary_x)
println("Length of binary vector: " + k)
```

输出为：

```
Binary feature vector:
DenseVector(0.0, 0.0, 0.0, 0.0, 0.0, 1.0, 0.0, 0.0, 0.0, 0.0, 0.0, 0.0, 0.0, 0.0, 0.0,
0.0, 0.0, 0.0, 0.0, 0.0, 0.0)
Length of binary vector: 21
```

对应的代码位于：
https://github.com/ml-resources/spark-ml/blob/branch-ed2/Chapter_04/scala/2.0.0/src/main/scala/org/sparksamples/RatingData.scala。

4.4.3 派生特征

前面曾提到，从现有的一个或多个变量派生出新的特征常常是有帮助的。理想情况下，派生出的特征能比原始变量带来更多信息。

比如，可以分别计算各用户已有的电影评级的平均数。这将能给模型加入针对不同用户的个性化特征（事实上，这常用于推荐系统）。在前文中我们也从原始的评级数据创建了新的特征以学习出更好的模型。

从原始数据派生特征的例子包括计算平均值、中位值、方差、和、差、最大值或最小值以及计数。在先前的内容中，我们已看到如何从电影的发行年份和当前年份派生出了新的 movie age 特征。这类转换背后的想法常常是对数值数据进行某种概括，让模型更容易学习这些特征。

数值特征到类别特征的转换也很常见，比如划分为区间特征。进行这类转换的常见变量有年龄、地理位置和时间。

将时间戳转换为类别特征

- 提取点钟数

下面以评级发生的时间为例，说明如何将数值数据转换为类别特征。如此会需要定义一个函数来将评级时间戳（秒钟数）转为一个 `datatime` 类的对象，以便提取日期和时间，然后提取当天对应的点钟数。这使得每个评级都能有一个表示相应的点钟数的 RDD。

首先，定义一个函数，它从给定日期字符串中提取出对应的点钟数 currentHour：

```
def getCurrentHour(dateStr: String): Integer = {
  var currentHour = 0
  try {
    val date = new Date(dateStr.toLong)
    return int2Integer(date.getHours)
  } catch {
    case _ => return currentHour
  }
  return 1
}
```

之后，定义相关变量并调用该函数：

```
val customSchema = StructType(Array(
  StructField("user_id", IntegerType, true),
  StructField("movie_id", IntegerType, true),
  StructField("rating", IntegerType, true),
  StructField("timestamp", IntegerType, true)))
val spConfig = (new SparkConf).setMaster("local").setAppName("SparkApp")
val spark = SparkSession
  .builder()
  .appName("SparkRatingData").config(spConfig)
  .getOrCreate()
val rating_df = spark.read.format("com.databricks.spark.csv")
  .option("delimiter", "\t").schema(customSchema)
  .load("../../data/ml-100k/u.data")
rating_df.createOrReplaceTempView("df")

Util.spark.udf.register("getCurrentHour", getCurrentHour _)

val timestamps_df = Util.spark.sql("select getCurrentHour(timestamp) as hour from df")
timestamps_df.show()
```

上述代码中，首先创建一个名为 `df` 的 `TempView`，然后对其执行 SQL 语句而得到 `timestamps_df`。

对应的代码位于：

https://github.com/ml-resources/spark-ml/blob/branch-ed2/Chapter_04/scala/2.0.0/src/main/scala/org/sparksamples/RatingData.scala。

- 将点钟数转换为时间段

上面将原始评级发生的时间数据转换为相应的点钟数。

现在假设我们觉得该转换的粒度不够，想进一步细化该转换。我们可以将点钟数转为一天中的某个时间段。

比如，7~11 点对应上午，11~13 点对应中午等。通过这样划分，我们可以将给定的点钟数转换为相应的时间段。

在 Scala 中，可定义如下函数，它以 24 小时的绝对点钟数为输入，输出对应的时间段：morning、lunch、afternoon、evening 或 night。代码如下：

```
def assignTod(hr: Integer): String = {
  if (hr >= 7 && hr < 12) {
    return "morning"
  } else if (hr >= 12 && hr < 14) {
    return "lunch"
  } else if (hr >= 14 && hr < 18) {
    return "afternoon"
  } else if (hr >= 18 && hr.<(23)) {
    return "evening"
  } else if (hr >= 23 && hr <= 24) {
    return "night"
  } else if (hr < 7) {
    return "night"
  } else {
    return "error"
  }
}
```

我们将该函数注册一个 UDF，并通过一个 select 来调用其对应的 TempView：

```
Util.spark.udf.register("assignTod", assignTod _)
timestamps_df.createOrReplaceTempView("timestamps")
val tod = Util.spark.sql("select assignTod(hour) as tod from timestamps")
tod.show()
```

对应的代码位于：

https://github.com/ml-resources/spark-ml/blob/branch-ed2/Chapter_04/scala/2.0.0/src/main/scala/org/sparksamples/RatingData.scala。

我们已将时间戳变量转换为点钟数，再接着转换成了时间段，从而得到了一个类别特征。我们可以借助之前提到的 k 之 1 编码方法来生成其相应的二元特征向量。

4.4.4 文本特征

从某种意义上说，文本特征也是一种类别特征或派生特征。下面以电影的描述（我们的数据集中不含该数据）来举例。即便是作为类别数据，其原始的文本也不能直接使用，因为如果每个单词都是一种可能的取值，那么可能出现的单词组合几乎有无限种。这时模型几乎看不到有相同的特征出现两次，学习的效果也就不理想。从中可以看出，我们希望将原始的文本转换为一种更便于机器学习的形式。

文本的处理方式有很多种。自然语言处理便是专注于文本内容的处理、表示和建模的一个领域。关于文本处理的完整内容并不在本书的讨论范围内，但我们会介绍一种简单且标准的文本特征提取方法。该方法被称为词袋（bag-of-word）表示法。

词袋法将一段文本视为由其中的单词和数字（通常称为词项）组成的集合，其处理过程如下。

- 分词（tokenization）：首先会应用某种分词方法来将文本分割为一个由词（一般如单词、数字等）组成的集合。可用的方法如空白分词法。这种方法在空白处对文本进行分割，可能同时还删除标点符号和其他非字母或数字字符。
- 删除停用词（stop words removal）：之后，它通常会删除常见的单词，比如 the、and 和 but（这些词被称作停用词）。
- 提取词干（stemming）：下一步则是提取词干。这是指将各个词项简化为其基本的形式或者干词。常见的例子如复数变为单数（比如 dogs 变为 dog 等）。提取词干的方法有多种，文本处理算法库中常常会包括多种词干提取方法，比如 OpenNLP、NLTK 等。词干提取的详细介绍超出了本书的讨论范围，读者可自行探索这些库。
- 向量化（vectorization）：最后一步是用向量来表示处理好的词项。二元向量可能是最为简单的表示方式。它分别用 1 和 0 来表示是否存在某个词项。从根本上说，这与之前提到的 k 之 1 编码相同，它需要一个词项字典来实现词项到索引序号的映射。随着遇到的词项增多，各种词项的数目可能达到数百万（即便在删除停用词并且经过词干提取之后）。因此，使用稀疏矩阵来表示就很关键。这种表示只记录某个词项是否出现过，从而节省内存和磁盘空间，以及计算时间。

第 10 章会提到更为复杂的文本处理和特征提取方法，包括词项权重赋值法。这些方法远比我们之前看到的二元编码复杂。

1. 提取简单的文本特征

我们以数据集中的电影标题为例，来示范如何提取二元向量表示中的文本特征。

首先需创建一个函数来去除电影标题中可能存在的发行年份。如果标题中存在发行年份，就只保留电影的名称。

我们会用正则表达式来寻找电影标题中包含在括号中的年份信息。如果找到与表达式匹配的字段，将提取标题中匹配起始位置（即左括号所在的位置）之前的部分。

首先创建一个函数，该函数以一个字符串为输入，用一个正则表达式过滤后得到输出。

```
def processRegex(input: String): String = {
  val pattern = "^[^(]*".r
  val output = pattern.findFirstIn(input)
  return output.get
}
```

然后从 DataFrame 中只提取出原始电影标题，并创建一个名为 `titiles` 的 `TempView`。随后，在 Spark 中注册上面的函数，之后调用 select 语句来对提取出的内容都调用该函数。

```
val raw_title = org.sparksamples.Util.getMovieDataDF().select("name")
raw_title.show()
raw_title.createOrReplaceTempView("titles")
Util.spark.udf.register("processRegex", processRegex _)
val processed_titles = Util.spark.sql("select processRegex(name) from titles")
processed_titles.show()
val titles_rdd = processed_titles.rdd.map(r => r(0).toString)
titles_rdd.take(5).foreach(println)
println(titles_rdd.first())
```

其输出如下：

```
// raw_title.show()的输出结果
+--------------------+
|           UDF(name)|
+--------------------+
|           Toy Story|
|           GoldenEye|
|          Four Rooms|
|          Get Shorty|
|             Copycat|
|       Shanghai Triad|
|       Twelve Monkeys|
|                Babe|
|     Dead Man Walking|
|         Richard III|
|               Seven|
|  Usual Suspects, The|
|     Mighty Aphrodite|
|          Postino, Il|
|  Mr. Holland's Opus|
|        French Twist|
| From Dusk Till Dawn|
|   White Balloon, The|
|       Antonia's Line|
| Angels and Insects|
+--------------------+

// titles_rdd.take(5).foreach(println)
Toy Story
GoldenEye
Four Rooms
Get Shorty
Copycat
```

4.4 从数据中提取有用特征

下面在原始标题上应用上面的函数,并通过分词将标题转换为词项。我们将使用前面介绍过的空白分词法。

将 `titles` 分为单个单词:

```
val title_terms = titles_rdd.map(x => x.split(""))
title_terms.take(5).foreach(_.foreach(println))
println(title_terms.count())
```

简单分词的结果如下:

```
Toy
Story
GoldenEye
Four
Rooms
Get
Shorty
Copycat
```

接下来对单词的 RDD 进行转换,并得到总单词数,即获得所有单词的集合以及 Dead 和 Rooms 对应的索引。

Scala 代码如下:

```
val all_terms_dic = new ListBuffer[String]()
val all_terms = title_terms.flatMap(title_terms =>
  title_terms).distinct().collect()
for (term <- all_terms) {
  all_terms_dic += term
}
println(all_terms_dic.length)
println(all_terms_dic.indexOf("Dead"))
println(all_terms_dic.indexOf("Rooms"))
```

对应的结果为:

```
Total number of terms: 2645
Index of term 'Dead': 147
Index of term 'Rooms': 1963
```

利用 Spark 的 `zipWithIndex` 函数可以更高效地完成上述步骤。该函数以各值的 RDD 为输入,对值进行合并以生成一个新的键值对 RDD,其键为词项,值为词项在词项字典中的序号。我们会使用 `collectAsMap` 将该 RDD 以 Python 的 `dict` 函数形式返回到驱动程序。

Scala 代码如下:

```
val all_terms_withZip = title_terms.flatMap(title_terms => title_terms)
  .distinct().zipWithIndex().collectAsMap()
println(all_terms_withZip.get("Dead"))
println(all_terms_withZip.get("Rooms"))
```

其结果如下：

```
Index of term 'Dead': 147
Index of term 'Rooms': 1963
```

2. 从标题创建稀疏向量

最后一步是创建一个函数。该函数将一个词项集合转换为一个稀疏向量表示。具体实现时，我们会创建一个空白稀疏矩阵。该矩阵只有一行，列数为字典中的总词项数。之后我们会逐一检查输入集合中的每一个词项，看它是否在词项字典中。如果在，就给矩阵里相应序数位置的向量赋值 1。

提取词项的 Scala 代码如下：

```
def create_vector(title_terms: Array[String],
all_terms_dic: ListBuffer[String]): CSCMatrix[Int] = {
  var idx = 0
  val x = CSCMatrix.zeros[Int](1, all_terms_dic.length)
  title_terms.foreach(i => {
    if (all_terms_dic.contains(i)) {
      idx = all_terms_dic.indexOf(i)
      x.update(0, idx, 1)
    }
  })
  return x
}
val term_vectors = title_terms.map(title_terms => create_vector(title_terms,
  all_terms_dic))
term_vectors.take(5).foreach(println)
```

这会输出前 5 个稀疏向量：

```
1 x 2453 CSCMatrix
(0,622) 1
(0,1326) 1
1 x 2453 CSCMatrix
(0,418) 1
1 x 2453 CSCMatrix
(0,729) 1
(0,996) 1
1 x 2453 CSCMatrix
(0,433) 1
(0,1414) 1
1 x 2453 CSCMatrix
(0,1559) 1
```

对应的代码位于：
https://github.com/ml-resources/spark-ml/blob/branch-ed2/Chapter_04/scala/
2.0.0/src/main/scala/org/sparksamples/exploredataset/explore_movies.scala。

4.4 从数据中提取有用特征

现在每一个电影标题都被转换为一个稀疏向量。可以看到，那些提取出了 2 个词项的标题所对应的向量里也是 2 个非零元素，而只提取了 1 个词项的标题则只对应到了 1 个非零元素，等等。

注意，上面示例代码中用 Spark 的 `broadcast` 函数来创建了一个包含词项字典的广播变量。现实场景中，该字典可能会极大，故不适合使用广播变量。

4.4.5 正则化特征

在将特征提取为向量形式后，一种常见的预处理方式是将数值数据正则化（normalization）。其背后的思想是对各个数值特征进行转换，以将它们的值域规范到一个标准区间内。正则化的方法有如下几种。

- **正则化特征**：这实际上是对数据集中的单个特征进行转换，比如减去平均值（特征对齐）或是进行标准的正则转换（以使得该特征的平均值和标准差分别为 0 和 1）。
- **正则化特征向量**：这通常是对数据中某一行的所有特征进行转换，以让转换后的特征向量的长度标准化。也就是缩放向量中的各个特征，以使得向量的范数为 1（常指 L1 范数或 L2 范数）。

下面将用第二种情况举例说明。向量正则化可通过 `numpy` 的 `norm` 函数来实现。具体来说，先计算一个随机向量的 L2 范数，然后用向量中的每一个元素都除以该范数，从而得到正则化后的向量：

```
// val vector = DenseVector.rand(10)
val vector = DenseVector(0.49671415, -0.1382643,
  0.64768854, 1.52302986, -0.23415337, -0.23413696, 1.57921282,
  0.76743473, -0.46947439, 0.54256004)
val norm_fact = norm(vector)
val vec = vector / norm_fact
println(norm_fact)
println(vec)
```

其输出如下：

```
2.5908023998401077
DenseVector(0.19172212826059407, -0.053367366036303286,
0.24999534508690138, 0.5878602938201672, -0.09037870661786127,
-0.09037237267282516, 0.6095458380374597, 0.2962150760889223,
-0.18120810372453483, 0.209941776186153152)
```

用 MLlib 正则化特征

Spark 在其 MLlib 机器学习库中内置了一些函数用于特征的缩放和标准化，包括应用标准正态变换的 `StandardScaler`，以及提供与上述示例相同的特征向量正则化的 `Normalizer`。

在后面几章中，我们会探索这些函数的使用方法。但现在，我们只简单比较一下 MLlib 的

Normalizer 与我们自己函数的结果:

```
from pyspark.mllib.feature import Normalizer
normalizer = Normalizer()
vector = sc.parallelize([x])
```

在导入所需的类后,要初始化 Normalizer(其默认使用与之前相同的 L2 范数)。注意用 Spark 时,大部分情况下 Normalizer 所需的输入为一个 RDD(它包含 numpy 数组或 MLlib 向量)。作为举例,我们会从 x 向量创建一个单元素的 RDD。

之后将会对我们的 RDD 调用 Normalizer 的 transform 函数。由于该 RDD 只含有一个向量,可通过调用 first 函数将向量返回到驱动程序。接着调用 toArray 函数将该向量转换为 numpy 数组。

```
normalized_x_mllib = normalizer.transform(vector).first().toArray()
```

最后,像之前一样输出结果,并做个比较:

```
print "x:\n%s" % x
print "2-Norm of x: %2.4f" % norm_x_2
print "Normalized x MLlib:\n%s" % normalized_x_mllib
print "2-Norm of normalized_x_mllib: %2.4f" % np.linalg.norm(normalized_x_mllib)
```

其结果会和之前用我们自己的代码时的完全相同。但不管怎样,相比自己编写的函数,使用 MLlib 内置的函数无疑会更方便和高效!等效的 Scala 实现如下:

```
object FeatureNormalizer {

  def main(args: Array[String]): Unit = {
    val v = Vectors.dense(0.49671415, -0.1382643, 0.64768854, 1.52302986,
      -0.23415337, -0.23413696, 1.57921282,
      0.76743473, -0.46947439, 0.54256004)
    val normalizer = new Normalizer(2)
    val norm_op = normalizer.transform(v)
    println(norm_op)
  }
}
```

对应的输出如下:

```
[0.19172212826059407,
-0.053367366036303286,0.24999534508690138,0.5878602938201672,
-0.09037870661786127,
-0.09037237267282516,0.6095458380374597,0.2962150760889223,
-0.18120810372453483,0.20941776186153152]
```

对应的代码位于:
https://github.com/ml-resources/spark-ml/blob/branch-ed2/Chapter_04/scala/2.0.0/src/main/scala/org/sparksamples/FeatureNormalizer.scala。

4.4.6 用软件包提取特征

虽然上面已经提到了不少特征提取方法，但每次都要为这些常见任务编写代码并不轻松。当然，我们可以为之创建可重用的代码库，但是也可以依赖现有的工具和软件包。Spark 支持 Scala、Java 和 Python 的绑定，所以我们可以利用这些语言所开发的软件包，借助其中完善的工具箱来实现特征的处理和提取以及向量表示。进行特征提取时，可借助的软件包有 scikit-learn、gensim、scikit-image、matplotlib、Python 的 NLTK、用 Java 编写的 OpenNLP，以及用 Scala 编写的 Breeze 和 Chalk。实际上，Breeze 自 Spark 1.0 开始就成为 Spark MLlib 的一部分了。后几章也会介绍如何使用 Breeze 的线性代数功能。

1. IDF

IDF 全称为 inverse document frequency，即逆文本频率。它用于衡量一个单词提供的信息量有多少：它在语料库中是常见还是少见。假设语料库中的总文档数为 $|D|$，其中出现过该单词 t 的文档数为 $DF(t,D)$，则 $IDF(t,D)$ 为 $|D|+1$ 除以 $DF(t,D)+1$ 所得到的商的 log 值。

2. TF-IDF

TF-IDF 全称为 term frequency-inverse document frequency，即词频–逆文本频率。它是一个静态统计值，用于体现一个单词对于一个文档集或语料库中的某一个文档的重要程度。它在信息检索和文本挖掘中常用作权重。TF-IDF 值与相应单词在某个文档中出现的次数成正比，与其在整个文档集中出现的次数成反比，从而对常见的单词进行修正。

在搜索引擎和文字处理引擎中，TF-IDF 用于对文档与用户查询的关联程度进行评分和排序。

最简单的排序方法是对查询中的每个词对应的 TF-IDF 值求和。其他更复杂的排序方法是该方法的衍生版本。

在计算词频时，即 $TF(t,d)$，可以采用该词在对应文档中的原始频率：词 t 在文档 d 中出现的次数。如果词 t 的原始频率为 $f(t,d)$，那么最简单的 TF 表示为 $TF(t,d)=f_{t,d}$。

Spark 中，$TF(t,d)$ 经散列运算得出。原始词频会经散列运算映射为该词的索引序号。词频则经该索引得出。

请参考如下资源：

- https://spark.apache.org/docs/1.6.0/api/scala/index.html#org.apache.spark.mllib.feature.HashingTF
- https://en.wikipedia.org/wiki/Tf-idf
- https://spark.apache.org/docs/1.6.0/mllib-feature-extraction.html

TF-IDF 是给定词的 TF 值与 IDF 值的乘积：

$$TF\text{--}IDF(t,d,D) = TF(t,d)*IDF(t,D)$$

如下代码计算了 Apache Spark 源码包的 README.md 文件中每个词的 TF-IDF 值：

```
object TfIdfSample {
  def main(args: Array[String]) {
    // 将 file 取值更新为你的本机上 README.md 的实际路径
    val file = Util.SPARK_HOME + "/README.md"
    val spConfig = (new SparkConf).setMaster("local").setAppName("SparkApp")
    val sc = new SparkContext(spConfig)
    val documents: RDD[Seq[String]] = sc.textFile(file).map(_.split(" ").toSeq)
    print("Documents Size:" + documents.count)
    val hashingTF = new HashingTF()
    val tf = hashingTF.transform(documents)
    for (tf_ <- tf) {
      println(s"$tf_")
    }
    tf.cache()
    val idf = new IDF().fit(tf)
    val tfidf = idf.transform(tf)
    println("tfidf size : " + tfidf.count)
    for (tfidf_ <- tfidf) {
      println(s"$tfidf_")
    }
  }
}
```

对应的代码位于：
https://github.com/ml-resources/spark-ml/blob/branch-ed2/Chapter_04/scala/2.0.0/src/main/scala/org/sparksamples/featureext/TfIdfSample.scala。

3. Word2Vec

Word2Vec 以文本数据为输入，输出各个词对应的特征向量。它从用于训练的文本数据创建一个词典文件，并学习词的向量表示。上述特征向量可用于自然语言处理和机器学习的多种应用中。

检测所学特征向量效果的最简单方法是针对指定的词，找到在特征向量表示上最接近的词。

Spark 中的 Word2Vec 实现会计算各个词的分布式向量表示。相比于 Google 的单机实现，该实现的可扩展性更高。该单机实现参见：https://code.google.com/archive/p/word2vec/。

Word2Vec 可通过两种学习算法来实现：连续词袋和连续 skip-gram 模型。

4. skip-gram 模型

skip-gram 模型的训练目标是找到对于预测一个文档或句子中相邻词而言有用的表示。已知一个词序列 $w_1, w_2, w_3, \cdots, w_t$，该模型最大化如下平均对数概率：

$$\frac{1}{T}\sum_{t=0}^{t=T}\sum_{-c \leq j \leq c, j \neq 0} \log_p(w_{t+j}/w_t)$$

其中 c 是训练上下文的大小（该值可以是中心词 w_t 的函数）。c 越大，训练样本越多，训练准确度就越高，但训练时间也更长。skip-gram 的基本定义式里用 `softmax` 函数来求 $p(w_{t+j} | w_t)$：

$$p(w_o / w_I) = \frac{\exp(v'_{w_o}{}^T v_{w_I})}{\sum_{w=1}^{w=W} \exp(v'_w{}^T v_{w_I})}$$

v'_w、v' 和 w 是 w 向量表示的输入和输出，W 是词典大小，即总的词的数目。

给定单词 w_j，Spark 采用了 Hierarchical Softmax 方法来预测 w_i。

如下例子展示了在 Spark 中如何创建词向量：

```
object ConvertWordsToVectors {
  def main(args: Array[String]) {
    val file = "/home/ubuntu/work/ml-resources/spark-ml/Chapter_04/data/text8_10000"
    val conf = new SparkConf().setMaster("local").setAppName("Word2Vector")
    val sc = new SparkContext(conf)
    val input = sc.textFile(file).map(line => line.split(" ").toSeq)
    val word2vec = new Word2Vec()
    val model = word2vec.fit(input)
    val vectors = model.getVectors
    vectors foreach ((t2) => println(t2._1 + "-->" + t2._2.mkString(" ")))
  }
}
```

对应的代码位于：

https://github.com/ml-resources/spark-ml/blob/branch-ed2/Chapter_04/scala/2.0.0/src/main/scala/org/sparksamples/featureext/ConvertWordsToVectors.scala。

其输出如下：

```
ideas --> 0.0036772825 - 9.474439E-4 0.0018383651 - 6.24215E-4
 -0.0042944895 - 5.839545E-4 - 0.004661157 - 0.0024960344 0.0046632644
 -0.00237432 - 5.5691406E-5 - 0.0033026629 0.0032463844 - 0.0019799764
 -0.0016042799 0.0016129494 - 4.099998E-4 0.0031266063 - 0.0051537985
 ...
 -5.3287676E-4 1.983675E-4 - 1.9737136E-5
```

5. standard scalar

standard scalar 将数据特征标准化。具体来说，它会先从训练数据的抽样中得出某一列属性的平均值和方差，然后对所有训练数据的该属性均减去该平均值（可选）后再除以方差，从而使得该属性值标准化。这是很常见的预处理步骤之一。

标准化有助于优化阶段的收敛，另外也降低了方差很大的属性对模型训练的影响。

`StandardScalar` 类的构造函数的参数如下。

```
new StandardScaler(withMean: Boolean, withStd: Boolean)
```

- withMean：默认 False。在缩放前将数据参照平均值中心对齐。在此过程中会生成密集型输出，若输入为稀疏型则会引发异常。
- withStd：默认 True。将数据缩放到标准差。

代码如下：

```
object StandardScalarSample {
  def main(args: Array[String]) {
    val conf = new SparkConf().setMaster("local").setAppName("Word2Vector")
    val sc = new SparkContext(conf)
    val data = MLUtils.loadLibSVMFile(sc,
      org.sparksamples.Util.SPARK_HOME + "/data/mllib/sample_libsvm_data.txt")

    val scaler1 = new StandardScaler().fit(data.map(x => x.features))
    val scaler2 = new StandardScaler(withMean = true,
      withStd = true).fit(data.map(x => x.features))
    // scaler3 与 scaler2 完全相同，将进行相同的转换操作
    val scaler3 = new StandardScalerModel(scaler2.std, scaler2.mean)

    // data1 为单位方差
    val data1 = data.map(x => (x.label, scaler1.transform(x.features)))
    println(data1.first())

    // 需要先将特征转为密集向量，稀疏向量不支持均值为 0 时做转换
    // data2 为单位方差，均值为 0
    // data2 will be unit variance and zero mean.
    val data2 = data.map(x => (x.label,
      scaler2.transform(Vectors.dense(x.features.toArray))))
    println(data2.first())
  }
}
```

对应的代码位于：
https://github.com/ml-resources/spark-ml/blob/branch-ed2/Chapter_04/scala/2.0.0/src/main/scala/org/sparksamples/featureext/StandardScalarSample.scala。

4.5 小结

本章介绍了如何寻找可用于各种机器学习模型的常见公开数据集，学习了如何导入、处理和清理数据，以及如何应用常见方法将原始数据转换为特征向量以供模型训练。

下一章将介绍推荐系统的基本概念，创建推荐模型的方法，如何使用模型来做预测，以及如何评价模型。

第 5 章 Spark 构建推荐引擎

前几章介绍了数据处理和特征提取的一些基本概念。从本章开始，我们将从推荐引擎开始，详细探讨各种机器学习模型。

推荐引擎或许是大众所知的最佳机器学习模型之一。人们或许并不知道它到底是什么，但在使用 Amazon、Netflix、YouTube、Twitter、LinkedIn 和 Facebook 等流行站点的时候，就很可能已经接触过了。推荐是这些网站背后的核心组件之一，有时还是一个重要的收入来源。

推荐引擎背后的想法是预测人们可能喜好的物品并通过探寻物品之间的联系来辅助这个过程。从这点上来说，它和同样也做预测的搜索引擎相似，而且往往还互补。但与搜索引擎不同，推荐引擎试图向人们呈现的相关内容并不一定就是人们所搜索的，其返回的某些结果甚至人们都没听说过。

一般来讲，推荐引擎试图对用户与某类物品之间的联系建模。比如，第 3 章 MovieStream 的案例中，我们可使用推荐引擎来告诉用户有哪些电影他们可能会喜欢。如果这点做得很好，就能吸引用户持续使用我们的服务。这对双方都有好处。同样，如果能准确告诉用户有哪些电影与某一电影相关，就能方便用户在站点上找到更多感兴趣的信息。这也能提升用户的体验、参与度以及站点内容对用户的吸引力。

实际上，推荐引擎的应用并不限于电影、书籍或是产品。本章内容同样适用于用户与物品之间的关系或社交网络中用户与用户之间的关系，比方说向用户推荐他们可能认识或关注的用户。

推荐引擎很适合如下两类常见场景（两者可兼有）。

- **可选项众多**：可选的物品越多，用户就越难找到想要的物品。如果用户知道他们想要什么，那么搜索能有所帮助。然而最适合的物品往往并不为用户所事先知道。这时，通过向用户推荐相关物品，其中某些可能用户事先不知道，将能帮助他们发现新物品。
- **偏个人喜好**：当人们主要根据个人喜好来选择物品时，推荐引擎能利用集体智慧，根据其他有类似喜好用户的信息来帮助他们发现所需物品。

本章将涉及如下内容：

- 介绍推荐引擎的类型；
- 用用户偏好数据来建立一个推荐模型；
- 使用上述模型来为用户进行推荐和求指定物品的类似物品（即相关物品）；
- 应用标准的评估指标来评估该模型的预测能力。

5.1 推荐模型的分类

推荐系统的研究已经相当广泛，也存在很多设计方法，其中最为流行的两种方法是基于内容的过滤和协同过滤。另外，排名模型等其他方法近期也受到不少关注。实践中的方案很多是综合性的，它们将多种方法的元素合并到一个模型中或模型组合中。

5.1.1 基于内容的过滤

基于内容的过滤利用物品的内容或是属性信息以及某种相似度定义，来求出与该物品类似的物品。这些属性值通常是文本内容，比如标题、名称、标签及该物品的其他元数据。对多媒体来说，可能还涉及从音频或视频中提取的其他属性。

类似地，对用户的推荐可以根据用户的属性或是描述得出，之后再通过相同的相似度定义来与物品属性做匹配。比如，用户可以表示为他所接触过的各物品属性的综合。该表示可作为该用户的一种描述。之后可以用它来与物品的属性进行比较，以找出符合用户属性的物品。

创建用户或物品属性的例子如下。

- 描述电影属性可用演员、流派、流行度度等属性。
- 描述用户属性可用人口统计学信息或对特定问题的回答。
- 用上述描述来过滤相关内容，以建立用户和物品的关联关系。
- 计算新物品与用户属性的相似度。具体可根据两者重叠的关键词，用 Dice 系数（Dice coefficient）表示。也存在其他计算方法。

5.1.2 协同过滤

协同过滤仅依靠以往的行为，比如已有的评级或交易。其内在思想是相似度的定义。

其基本思路是用户会对物品进行显式或隐式的评级。过去表现出相似偏好的用户在未来的偏好也会类似。

在基于用户的方法中，如果两个用户表现出相似的偏好，即对相同物品的偏好大体相同，那就认为他们的兴趣类似。要对他们中的一个用户推荐一个未知物品，便可选取若干与其类似的用户，并根据他们的喜好计算出对各个物品的综合得分，再根据得分来推荐物品。其整体的逻辑是，如果其他用户也偏好某些物品，那这些物品很可能值得推荐。

同样，也可以借助基于物品的方法来做推荐。这种方法通常根据现有用户对物品的偏好或是评级情况，来计算物品之间的某种相似度。这时，相似用户评级相同的那些物品会被认为更相近。一旦有了物品之间的相似度，便可用用户接触过的物品来表示这个用户，然后找出和这些已知物品相似的物品，并将这些物品推荐给用户。同样，与已有物品相似的物品被用来生成一个综合得分，而该得分用于评估未知物品的相似度。

基于用户或物品的方法的得分，取决于若干用户或物品之间依据相似度所构成的集合（即邻居），故它们也常被称为最近邻模型。

一种传统的协同过滤算法会将用户表示为对应各个物品的 N 维向量，N 为不同物品的个数。该向量的各元素对应用户对各物品的喜好。要计算最喜好的物品，该算法通常会对各元素乘以反转频率，从而使得不那么流行的物品更相关。对多数用户来说，该向量十分稀疏。算法会根据少数与该用户相似的用户来生成推荐。它会衡量两个用户之间的相似度，常见的方法是度量两用户向量之间夹角的余弦值。

最后，也存在不少基于模型的方法试图对"用户–物品"偏好建模。这样，对未知"用户–物品"组合应用该模型，便可得出新的偏好。

协同过滤的两种主要方式如下。

- 近邻模型
  - 面向用户的方法，其核心为计算用户之间的关联。
  - 面向物品的方法，其核心为计算待推荐物品与该用户已评级过的物品之间的关联。
  - 用余弦值表示上述的用户关联，该值即**皮尔逊相关系数**（Pearson correlation coefficients）。

- 隐变量模型
  - 该类模型通过隐变量来描述用户对物品的评级。
  - 对电影而言，特征如动作片还是戏剧、演员类型等，是隐变量。
  - 对用户而言，特征如评分，是隐变量。
  - 常见的实现类型有神经网络、隐含狄利克雷分布（latent Dirichlet allocation）和矩阵分解。

下一节将会讨论矩阵分解模型。

5.1.3 矩阵分解

Spark 推荐模型库当前只包含基于矩阵分解（matrix factorization）的实现，由此我们也将重点关注这类模型。它们有吸引人的地方。首先，这些模型在协同过滤中的表现十分出色，而在 Netflix Prize 等知名比赛中的表现也很拔尖。

矩阵分解做如下假设。

- 每个用户可描述为 n 个属性或特征。比如，第一个特征可以对应某个用户对动作片的喜好程度。
- 每个物品可描述为 n 个属性或特征。比如，接上一点，第一个特征可以对应某部电影与纯动作片的接近程度。
- 将用户和物品对应的属性相乘后求和，该值可能很接近用户会对该物品的评级。

关于 Netflix Prize 比赛中表现最好的模型的更多信息，可参见：https://medium.com/netflix-techblog/netflix-recommendations-beyond-the-5-stars-part-1-55838468f429。

1. 显式矩阵分解

当要处理的数据是由用户所提供的自身的偏好数据时，这些数据被称作显式偏好数据。这类数据包括如物品评级、赞、喜欢等用户对物品的评价。

这些数据可以转换为以用户为行、物品为列的二维矩阵。矩阵的每一个数据表示某个用户对特定物品的偏好。大部分情况下单个用户只会和少部分物品接触，所以该矩阵只有少部分数据非零，即该矩阵很稀疏。

举个简单的例子，假设我们有如下用户对电影的评级数据：

```
Tom, Star Wars, 5
Jane, Titanic, 4
Bill, Batman, 3
Jane, Star Wars, 2
Bill, Titanic, 3
```

它们可转为如下评级矩阵：

用户/电影	《蝙蝠侠》	《星球大战》	《泰坦尼克号》
Bill	3	3	
Jane		2	4
Tom		5	

一个简单的电影评级矩阵

对这个矩阵建模,可以采用矩阵分解(或矩阵补全)的方式。具体就是找出两个低维度的矩阵,使得它们的乘积是原始的矩阵。因此这也是一种降维技术。假设我们的用户和物品数目分别是 U 和 I,那对应的"用户–物品"矩阵的维度为 $U \times I$,如下图所示。

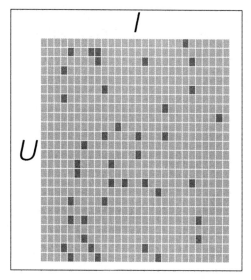

一个稀疏的评级矩阵

要找到和"用户–物品"矩阵近似的 k 维(低阶)矩阵,最终要求出如下两个矩阵:一个用于表示用户的 $U \times k$ 维矩阵,以及一个表征物品的 $I \times k$ 维矩阵。这两个矩阵也称作因子矩阵。它们的乘积便是原始评级矩阵的一个近似。值得注意的是,原始评级矩阵通常很稀疏,但因子矩阵却是稠密的,如下图所示。

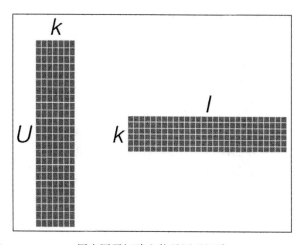

用户因子矩阵和物品因子矩阵

这类模型试图发现对应"用户–物品"矩阵内在行为结构的隐含特征（这里表示为因子矩阵），所以也把它们称为隐特征模型。隐含特征或因子不能直接解释，但它们可能表示了某些含义，比如用户对某个导演、电影类型、电影风格或某些演员的偏好。

由于对"用户–物品"矩阵直接建模，用这些模型进行预测也相对直接：要计算给定用户对某个物品的预计评级，就从用户因子矩阵和物品因子矩阵分别选取相应的行（用户因子向量）与列（物品因子向量），然后计算两者的点积即可。

下图中的高亮部分为因子向量。

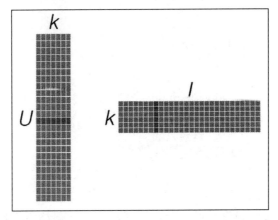

用用户因子矩阵和物品因子矩阵计算推荐

而对于物品之间相似度的计算，可以用最近邻模型中用到的相似度衡量方法。不同的是，这里可以直接利用物品因子向量，将相似度计算转换为对两物品因子向量之间相似度的计算，如下图所示。

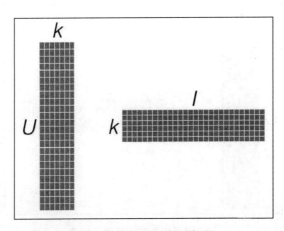

用物品因子矩阵计算相似度

因子分解类模型的好处在于，一旦建立了模型，对推荐的求解便相对容易。但其也有弊端，即当用户和物品的数量很多时，对应的物品或用户的因子向量可能达到数百万，这会成为对存储和计算能力的挑战。另一个好处是，这类模型的表现通常都很出色。

　　Oryx 和 Prediction.io 等项目专注于提供大规模建模服务，服务内容包括基于矩阵分解的推荐。

因子分解类模型也存在某些弱点。相比最近邻模型，这类模型在理解和可解释性上难度都有所增加。另外，其模型训练阶段的计算量也很大。

2. 隐式矩阵分解

上面针对的是评级之类的显式偏好数据，但能收集到的偏好数据里也会包含大量的隐式反馈数据。在这类数据中，用户对物品的偏好不会直接给出，而是隐含在用户与物品的交互之中。二元数据（比如用户是否观看了某部电影或是否购买了某个商品）和计数数据（比如用户观看某部电影的次数）便是这类数据。

处理隐式数据的方法相当多。MLlib 实现了一个特定方法，它将输入的评级数据视为两个矩阵：一个二元偏好矩阵 P 以及一个信心权重矩阵 C。

举例来说，假设之前提到的"用户–电影"评级实际上是各用户观看某电影的次数，那上述两个矩阵会类似下图所示。其中，矩阵 P 表示用户是否看过某些电影，而矩阵 C 则以观看的次数来表示信心权重。一般来说，某个用户观看某部电影的次数越多，我们对该用户的确喜欢该电影的信心也就越强。

	P				C		
用户/物品	《蝙蝠侠》	《星球大战》	《泰坦尼克号》	用户/物品	《蝙蝠侠》	《星球大战》	《泰坦尼克号》
Bill	1	1		Bill	3	3	
Jane		1	1	Jane		2	4
Tom			1	Tom			5

一个隐式偏好和信心矩阵

隐式模型仍然会创建一个用户因子矩阵和一个物品因子矩阵。但是，模型所求解的是偏好矩阵而非评级矩阵的近似。类似地，此时用户因子向量和物品因子向量的点积所得到的分数也不再是一个对评级的估值，而是对某个用户对某一物品偏好的估值。该值的取值虽并不严格地处于0~1，但十分趋近于这个区间。

从根本上说，矩阵分解从评级情况，将用户和物品表示为因子向量。若用户和物品因子之间高度重合，则可表示这是一个好推荐。两种主要的数据类型为显式反馈和隐式反馈，其中前者比如评级（用稀疏矩阵表示），后者比如购物历史、搜索记录、浏览历史和点击数据（用密集矩阵表示）。

3. 矩阵分解的基本模型

用户和物品都会映射到一个 f 维的联合隐变量空间，用户–物品之间的关系则表达为该空间内的内积。物品 i 对应向量 q，q 衡量 i 在各隐变量上的程度。用户 u 则对应向量 p，p 衡量用户对物品的感兴趣程度。

q 和 p 的点积 $q_i^T p_u$ 表示了 u 和 i 之间的关联度，即用户的兴趣度。模型的关键是找到这样的向量 q 和 p。

要设计出这样的模型，需要找出用户和物品之间的隐含关系。这可首先生成评级矩阵对应的一个低维矩阵表示，再对其进行 SVD 分解来求 Q、S 和 P，然后将 S 的维度降低到 k 维，从而得到 q 和 p。

$$Q_k S_k(q^T), S_k P_k(p)$$

现在来算下推荐：

$$\hat{r}_{ui} = q_i^T p_u$$

基于已有评级的优化函数，即损失值，如下所示。系统通过在评级集上最小化该值的平方根来习得隐向量 q 和 p。

$$\min_{q,p} \sum_{(u,i)\in k} (r_{ui} - q_i^T p_u)^2 + \lambda$$

学习算法有**随机梯度下降法**和**最小二乘法**。

4. 最小二乘法

最小二乘法（ALS，alternating least squares）是一种求解矩阵分解问题的优化方法。它功能强大、效果理想而且被证明相对容易并行化。这使得它很适合如 Spark 这样的平台。在本书写作时，它是 Spark ML 中实现的唯一推荐模型。

ALS 的实现原理是迭代式求解一系列最小二乘回归问题。在每一次迭代时，固定用户因子矩阵或是物品因子矩阵中的一个，然后用固定的这个矩阵以及评级数据来更新另一个矩阵。之后，被更新的矩阵被固定住，再更新另外一个矩阵。如此迭代，直到模型收敛（或是迭代了预设好的次数）。

5.1 推荐模型的分类

$$\min_{q,p} \sum_{(u,i) \in k} (r_{ui} - q_i^T p_u)^2 + \lambda$$

由于 q 和 p 未知，目标函数非凸函数。但如果假设其中之一的当前值固定，则该优化问题可解。ALS 便通过交替上述假设来迭代求解。

 Spark 文档的协同过滤部分引用了 ALS 算法的核心论文。对显式数据和隐式数据的处理的组件背后使用的都是该算法。具体参见：http://spark.apache.org/docs/latest/mllib-collaborative-filtering.html。

如下代码说明了如何从头实现 ALS 算法。

```
object AlternatingLeastSquares {

  var movies = 0
  var users = 0
  var features = 0
  var ITERATIONS = 0
  val LAMBDA = 0.01  // 正则化因子

  private def vector(n: Int): RealVector =
    new ArrayRealVector(Array.fill(n)(math.random))

  private def matrix(rows: Int, cols: Int): RealMatrix =
    new Array2DRowRealMatrix(Array.fill(rows, cols)(math.random))

  def rSpace(): RealMatrix = {
    val mh = matrix(movies, features)
    val uh = matrix(users, features)
    mh.multiply(uh.transpose())
  }

  def rmse(targetR: RealMatrix, ms: Array[RealVector], us: Array[RealVector]): Double = {
    val r = new Array2DRowRealMatrix(movies, users)
    for (i <- 0 until movies; j <- 0 until users) {
      r.setEntry(i, j, ms(i).dotProduct(us(j)))
    }
    val diffs = r.subtract(targetR)
    var sumSqs = 0.0
    for (i <- 0 until movies; j <- 0 until users) {
      val diff = diffs.getEntry(i, j)
      sumSqs += diff * diff
    }
    math.sqrt(sumSqs / (movies.toDouble * users.toDouble))
  }

  def update(i: Int, m: RealVector, us: Array[RealVector], R: RealMatrix): RealVector = {
    val U = us.length
    val F = us(0).getDimension
    var XtX: RealMatrix = new Array2DRowRealMatrix(F, F)
```

```
    var Xty: RealVector = new ArrayRealVector(F)
    // 对电影评级过的每一个用户执行下列操作
    for (j <- 0 until U) {
      val u = us(j)
      // 将u * u^t 加到 XtX
      XtX = XtX.add(u.outerProduct(u))
      // 将u * 评级加到 Xty
      Xty = Xty.add(u.mapMultiply(R.getEntry(i, j)))
    }
    // 给对角线加上正则化因子
    for (d <- 0 until F) {
      XtX.addToEntry(d, d, LAMBDA * U)
    }
    // Cholesky 分解法求解
    new CholeskyDecomposition(XtX).getSolver.solve(Xty)
  }

  def main(args: Array[String]) {

    // 随机初始化变量
    movies = 100
    users = 500
    features = 10
    ITERATIONS = 5
    var slices = 2

    // 初始化 Spack Context

    val spark = SparkSession.builder.master("local[2]")
.appName("AlternatingLeastSquares").getOrCreate()
    val sc = spark.sparkContext

    // 用随机数创建如下大小的真实矩阵
    // 电影矩阵: 100 × 10
    // 特征矩阵: 500 × 10
    // 用电影矩阵乘以用户矩阵的转置
    // (100 × 10 ) × ( 10 × 500) = 100 × 500 矩阵

    val r_space = rSpace()
    println("No of rows:" + r_space.getRowDimension)
    println("No of cols:" + r_space.getColumnDimension)

    // 随机初始化 ms 和 us
    var ms = Array.fill(movies)(vector(features))
    var us = Array.fill(users)(vector(features))

    // 迭代式更新电影和用户矩阵
    val Rc = sc.broadcast(r_space)
    var msb = sc.broadcast(ms)
    var usb = sc.broadcast(us)
    // 通过在现有值上迭代来求 ms 和 us 并和真实值比较
    // Cholesky 分解法求解
```

```
  for (iter <- 1 to ITERATIONS) {
    println(s"Iteration $iter:")
    ms = sc.parallelize(0 until movies, slices)
      .map(i => update(i, msb.value(i), usb.value, Rc.value))
      .collect()
    msb = sc.broadcast(ms) // Re-broadcast ms because it was updated
    us = sc.parallelize(0 until users, slices)
      .map(i => update(i, usb.value(i), msb.value, Rc.value.transpose()))
      .collect()
    usb = sc.broadcast(us) // Re-broadcast us because it was updated
    println("RMSE = " + rmse(r_space, ms, us))
    println()
  }
  spark.stop()
}
```

以一个真实的对应 3 部电影和 3 个用户的矩阵为例，从其输出中也可看到该迭代求解的过程：

```
Array2DRowRealMatrix
{{0.5306513708,0.5144338501,0.5183049},
 {0.0612665269,0.0595122885,0.0611548878},
 {0.3215637836,0.2964382622,0.1439834964}}
```

第一次迭代时，电影矩阵随机生成：

```
ms = {RealVector[3]@3600}
 0 = {ArrayRealVector@3605} "{0.489603683; 0.5979051631}"
 1 = {ArrayRealVector@3606} "{0.2069873135; 0.4887559609}"
 2 = {ArrayRealVector@3607} "{0.5286582698; 0.6787608323}"
```

用户矩阵也是随机的：

```
us = {RealVector[3]@3602}
 0 = {ArrayRealVector@3611} "{0.7964247309; 0.091570682}"
 1 = {ArrayRealVector@3612} "{0.4509758768; 0.0684475614}"
 2 = {ArrayRealVector@3613} "{0.7812240904; 0.4180722562}"
```

选取用户矩阵 us 的第一行，计算 XtX（矩阵）和 Xty（向量），如下面的代码所示：

```
m: {0.489603683; 0.5979051631}
us:{Lorg.apache.commons.math3.linear.RealVector;@75961f 16}
XtX: Array2DRowRealMatrix { {0.0, 0.0}, {0.0, 0.0}}
Xty: {0; 0}

j: 0

u: {0.7964247309; 0.091570682}
u.outerProduct(u):
  Array2DRowRealMatrix { {0.634292352, 0.0729291558}, {0.0729291558, 0.0083851898}}
XtX = XtX.add(u.outerProduct(u)):
  Array2DRowRealMatrix { {0.634292352, 0.0729291558}, {0.0729291558, 0.0083851898}}
R.getEntry(i, j): 0.5306513708051035
```

```
u.mapMultiply(R.getEntry(i, j): {0.4226238752; 0.0485921079}
  Xty = Xty.add(u.mapMultiply(R.getEntry(i, j))): {0.4226238752;
  0.0485921079}
```

选取用户矩阵 `us` 的第二行，并将其加到 `XtX`（矩阵）和 `Xty`（向量），如下面的代码所示：

j: 1

```
u: {0.4509758768; 0.0684475614}
u.outerProduct(u):
  Array2DRowRealMatrix { {0.2033792414, 0.030868199}, {0.030868199, 0.0046850687} }
XtX = XtX.add(u.outerProduct(u)):
  Array2DRowRealMatrix { {0.8376715935, 0.1037973548}, {0.1037973548, 0.0130702585}
  }
R.getEntry(i, j)): 0.5144338501354986
u.mapMultiply(R.getEntry(i, j): {0.2319972566; 0.0352117425}
  Xty = Xty.add(u.mapMultiply(R.getEntry(i, j))): {0.6546211318;
  0.0838038505}
```

j: 2

```
u: {0.7812240904; 0.4180722562}
u.outerProduct(u):
  Array2DRowRealMatrix { {0.6103110794, 0.326608118}, {0.326608118, 0.1747844114} }
XtX = XtX.add(u.outerProduct(u)):
  Array2DRowRealMatrix { {1.4479826729, 0.4304054728}, {0.4304054728, 0.1878546698} }
R.getEntry(i, j)): 0.5183049000396933
u.mapMultiply(R.getEntry(i, j): {0.4049122741; 0.2166888989}
  Xty = Xty.add(u.mapMultiply(R.getEntry(i, j))): {1.0595334059;
  0.3004927494}
After Regularization XtX:
  Array2DRowRealMatrix { {1.4779826729, 0.4304054728}, {0.4304054728, 0.1878546698} }
After Regularization XtX:
  Array2DRowRealMatrix { {1.4779826729, 0.4304054728}, {0.4304054728, 0.2178546698}
  }
```

计算 `ms` 第一行的值（`Xtx` 和 `Xty` 经 Cholesky 分解后对应的电影矩阵）：

```
CholeskyDecomposition{0.7422344051; -0.0870718111}
```

对 `us` 的每一行都经上述操作后，得到：

```
ms = {RealVector[3]@5078}
0 = {ArrayRealVector@5125} "{0.7422344051; -0.0870718111}"
1 = {ArrayRealVector@5126} "{0.0856607011; -0.007426896}"
2 = {ArrayRealVector@5127} "{0.4542083563; -0.392747909}"
```

对应的代码位于：
https://github.com/ml-resources/spark-ml/blob/branch-ed2/Chapter_05/2.0.0/scala-spark-app/src/main/scala/com/spark/recommendation/AlternatingLeastSquares.scala。

5.2 提取有效特征

这里，我们将采用显式评级数据，而不使用其他用户或物品的元数据以及"用户–物品"交互数据。这样，所需的输入数据就只需包括每个评级对应的用户 ID、影片 ID 和具体的星级。

从 MovieLens 100k 数据集提取特征

后续代码使用和上一章中相同的 MovieLens 数据集。用你自己保存该数据集的路径作为下面代码中的输入路径参数。

先看下原始的评级数据集：

```
object FeatureExtraction {
def getFeatures(): Dataset[FeatureExtraction.Rating] = {
  val spark = SparkSession.builder.master("local[2]").appName("FeatureExtraction")
    .getOrCreate()
  import spark.implicits._
  val ratings = spark.read.textFile("/data/ml-100k2/u.data").map(parseRating)
  println(ratings.first())
  return ratings
}

case class Rating(userId: Int, movieId: Int, rating: Float)

def parseRating(str: String): Rating = {
  val fields = str.split("\t")
  Rating(fields(0).toInt, fields(1).toInt, fields(2).toFloat)
  }
}
```

对应的代码位于：

https://github.com/ml-resources/spark-ml/blob/branch-ed2/Chapter_05/2.0.0/scala-spark-app/src/main/scala/com/spark/recommendation/FeatureExtraction.scala。

其输出应如下所示：

```
16/09/07 11:23:38 INFO CodeGenerator: Code generated in 7.029838 ms
16/09/07 11:23:38 INFO Executor: Finished task 0.0 in stage 0.0 (TID
   0). 1276 bytes result sent to driver
16/09/07 11:23:38 INFO TaskSetManager: Finished task 0.0 in stage 0.0
   (TID 0) in 82 ms on localhost (1/1)
16/09/07 11:23:38 INFO TaskSchedulerImpl: Removed TaskSet 0.0, whose
   tasks have all completed, from pool
16/09/07 11:23:38 INFO DAGScheduler: ResultStage 0 (first at
   FeatureExtraction.scala:25) finished in 0.106 s
16/09/07 11:23:38 INFO DAGScheduler: Job 0 finished: first at
   FeatureExtraction.scala:25, took 0.175165 s
16/09/07 11:23:38 INFO CodeGenerator: Code generated in 6.834794 ms
Rating(196,242,3.0)
```

之前也提过，该数据由用户 ID、影片 ID、星级和时间戳等字段依次组成，各字段间用制表符分隔。但这里在训练模型时，时间戳信息是不需要的，所以我们简单地提取出前 3 个字段即可，即 userID、movieID 和 rating：

```
case class Rating(userId: Int, movieId: Int, rating: Float, timestamp: Long)
def parseRating(str: String): Rating = {
  val fields = str.split("\t")
  Rating(fields(0).toInt, fields(1).toInt, fields(2).toFloat, fields(3).toLong)
}
```

对应的代码位于：

https://github.com/ml-resources/spark-ml/blob/branch-ed2/Chapter_05/2.0.0/scala-spark-app/src/main/scala/com/spark/recommendation/FeatureExtraction.scala。

这里首先将每条记录用制表符 \t 来分割出各字段的值，得到一个 String 数组。后面会进行值的类型转换，并只保留各数组的前 3 个元素。这些元素分别对应 userID、movieID 和 rating。

5.3 训练推荐模型

从原始数据提取出这些简单特征后，便可训练模型。MLlib 已实现模型训练的细节，这不需要我们担心。我们只需提供刚刚创建的正确解析的输入数据集以及选定的模型参数。

将数据集按 8 : 2 的比例分割为训练集和测试集。代码如下：

```
def createALSModel() {
  val ratings = FeatureExtraction.getFeatures();

  val Array(training, test) = ratings.randomSplit(Array(0.8, 0.2))
  println(training.first())
}
```

对应的代码位于：

https://github.com/ml-resources/spark-ml/blob/branch-ed2/Chapter_05/2.0.0/scala-spark-app/src/main/scala/com/spark/recommendation/ALSModeling.scala。

其输出如下：

```
16/09/07 13:23:28 INFO Executor: Finished task 0.0 in stage 1.0 (TID
  1). 1768 bytes result sent to driver
16/09/07 13:23:28 INFO TaskSetManager: Finished task 0.0 in stage 1.0
  (TID 1) in 459 ms on localhost (1/1)
16/09/07 13:23:28 INFO TaskSchedulerImpl: Removed TaskSet 1.0, whose
  tasks have all completed, from pool
16/09/07 13:23:28 INFO DAGScheduler: ResultStage 1 (first at
  FeatureExtraction.scala:34) finished in 0.459 s
16/09/07 13:23:28 INFO DAGScheduler: Job 1 finished: first at
  FeatureExtraction.scala:34, took 0.465730 s
Rating(1,1,5.0)
```

5.3.1 使用 MovieLens 100k 数据集训练模型

现在可以开始训练模型了。所需的其他参数有以下几个。

- `rank`：对应 ALS 模型中的因子个数，也就是在低阶近似矩阵中的隐含特征个数。因子个数一般越多越好。但它也会直接影响模型训练和保存时所需的内存开销，尤其是在用户和物品很多的时候。因此实践中该参数常作为训练效果与系统开销之间的调节参数。通常，其合理取值范围为 10~200。
- `iterations`：对应运行时的迭代次数。ALS 能确保每次迭代都能降低评级矩阵的重建误差，但一般经少数次迭代后 ALS 模型便已能收敛为一个比较合理的好模型。这样，大部分情况下都没必要迭代太多次（10次左右一般就挺好）。
- `numBlocks`：对应用户和物品将分为将并行计算的块数（默认为 10）。该数取决于集群的节点数和输入分块的方式。
- `regParam`：对应 ALS 的正则化参数（默认为 1.0）。常数 λ 被称为正则化参数。本质上，当用户或物品矩阵的规模过大时，它会减小矩阵的因子。这对数值稳定很重要，而且总会引入某种正则化方法。
- `implicitPrefs`：对应标识矩阵中的值是隐式反馈值还是显式反馈值，两种分别会用 ALS 隐式反馈衍生模型（ALS-WR）和显示反馈衍生模型来建模。默认为 False，即显式反馈值。
- `alpha`：这是 ALS 隐式反馈模型的一个参数，它确定了反馈对应的基准可信度，默认为 1.0。
- `nongeative`：指定是否使用非负约束条件。默认为 `false`。

参数 `rank`、`maxIter` 和 `regParam` 分别为 10（默认值）、5 和 0.01。模型训练代码如下：

```
// 在训练数据上使用 ALS 创建推荐模型
val als = new ALS()
  .setMaxIter(5)
  .setRegParam(0.01)
  .setUserCol("userId")
  .setItemCol("movieId")
  .setRatingCol("rating")

val model = als.fit(training)
```

对应的代码位于：

https://github.com/ml-resources/spark-ml/blob/branch-ed2/Chapter_05/2.0.0/scala-spark-app/src/main/scala/com/spark/recommendation/ALSModeling.scala。

这会返回一个 `ALSModel` 对象，它包含名称分别为 `userFactors` 和 `itemFactors` 的用户和物品的因子。

比如，打印 `model.userFactors` 会输出：

```
16/09/07 13:08:16 INFO MapPartitionsRDD: Removing RDD 16 from
   persistence list
16/09/07 13:08:16 INFO BlockManager: Removing RDD 16
16/09/07 13:08:16 INFO Instrumentation: ALS-als_1ca69e2ffef7-
   10603412-1: training finished
16/09/07 13:08:16 INFO SparkContext: Invoking stop() from shutdown
   hook
[id: int, features: array<float>]
```

从中可以看到，这些因子的类型为 `Array[float]`。

注意，MLlib 中 ALS 的实现里所用的操作都是延迟性的转换操作。所以，只在当用户因子或物品因子的结果 RDD 调用了执行操作时，实际的计算才会发生。要强制发生计算，则可调用 Spark 的执行操作，如 `count`：

```
model.userFeatures.count
```

这将触发相应的计算并产生如下的输出：

```
16/09/07 13:21:54 INFO Executor: Running task 0.0 in stage 53.0 (TID
   166)
16/09/07 13:21:54 INFO ShuffleBlockFetcherIterator: Getting 10 non-
   empty blocks out of 10 blocks
16/09/07 13:21:54 INFO ShuffleBlockFetcherIterator: Started 0 remote
   fetches in 0 ms
16/09/07 13:21:54 INFO Executor: Finished task 0.0 in stage 53.0 (TID
   166). 1873 bytes result sent to driver
16/09/07 13:21:54 INFO TaskSetManager: Finished task 0.0 in stage
   53.0 (TID 166) in 12 ms on localhost (1/1)
16/09/07 13:21:54 INFO TaskSchedulerImpl: Removed TaskSet 53.0, whose
   tasks have all completed, from pool
16/09/07 13:21:54 INFO DAGScheduler: ResultStage 53 (count at
   ALSModeling.scala:25) finished in 0.012 s
16/09/07 13:21:54 INFO DAGScheduler: Job 7 finished: count at
   ALSModeling.scala:25, took 0.123073 s
16/09/07 13:21:54 INFO CodeGenerator: Code generated in 11.162514 ms
943
```

在电影因子上调用 `count`，即：

```
Model.itemFactors.count()
```

这将触发计算，并得到如下输出：

```
16/09/07 13:23:32 INFO TaskSetManager: Starting task 0.0 in stage
   68.0 (TID 177, localhost, partition 0, ANY, 5276 bytes)
16/09/07 13:23:32 INFO Executor: Running task 0.0 in stage 68.0 (TID
   177)
16/09/07 13:23:32 INFO ShuffleBlockFetcherIterator: Getting 10 non-
   empty blocks out of 10 blocks
16/09/07 13:23:32 INFO ShuffleBlockFetcherIterator: Started 0 remote
   fetches in 0 ms
```

```
16/09/07 13:23:32 INFO Executor: Finished task 0.0 in stage 68.0 (TID
    177). 1873 bytes result sent to driver
16/09/07 13:23:32 INFO TaskSetManager: Finished task 0.0 in stage
    68.0 (TID 177) in 3 ms on localhost (1/1)
16/09/07 13:23:32 INFO TaskSchedulerImpl: Removed TaskSet 68.0, whose
    tasks have all completed, from pool
16/09/07 13:23:32 INFO DAGScheduler: ResultStage 68 (count at
    ALSModeling.scala:26) finished in 0.003 s
16/09/07 13:23:32 INFO DAGScheduler: Job 8 finished: count at
    ALSModeling.scala:26, took 0.072450 s

1651
```

恰如预期，每个用户和每部电影都会有对应的因子数组（分别含 943 个和 1651 个因子）。

5.3.2 使用隐式反馈数据训练模型

MLlib 中标准的矩阵分解模型用于显式评级数据的处理。若要处理隐式数据，则可使用 `trainImplicit` 函数。其调用方式和标准的 `train` 模式类似，但多了一个可设置的 `alpha` 参数（同样，正则化参数 `lambda` 应通过测试和交叉验证法来设置）。

`alpha` 参数指定了信心权重所应达到的基准线。该值越高，则所训练出的模型越认为用户与他所没评级过的电影之间没有相关性。

从 Spark 2.0 开始，如果评级矩阵是从其他信息源得来的，即从其他信号推断而来，我们可设置 `setInplicityPrefs` 为 `true` 来获得更好的结果。比如：

```
val als = new ALS()
  .setMaxIter(5)
  .setRegParam(0.01)
  .setImplicitPrefs(true)
  .setUserCol("userId")
  .setItemCol("movieId")
  .setRatingCol("rating")
```

作为练习，试将现有的 MovieLens 数据集转换为一个隐式数据集。一种方法是将它转为二元的反馈数据（0 和 1），这可通过对评级设置某种阈值来实现。

另一种方式是将评级值转为信心权重。（比方说，低评级意味着权值为 0 甚至是负数，MLlib 支持这种方式。）

在该隐式数据集上训练出一个模型并与下一节的模型做比较。

5.4 使用推荐模型

模型训练好后便可用来做预测。

5.4.1 ALS 模型推荐

从 Spark 2.0 开始, `org.apache.spark.ml.recommendation.ALS` 所实现的是一种分块版的因式分解算法。该算法将 users 和 products 因子分成多个块,以减少不同节点之间的通信。具体来说,每次迭代时,只会将每个用户向量的一个副本发送到需要该用户向量的每个 products 块,从而减少通信。

下面载入电影数据集中的评论数据。该数据集每一行由 user、movie、rating 和时间戳字段组成。然后用默认的显示偏好设置(`implicitPrefs` 为 `false`)来训练一个 ALS 模型。模型的效果通过评级预测的均方差误差来衡量,如下:

```
object ALSModeling {

  def createALSModel() {
    val ratings = FeatureExtraction.getFeatures();

    val Array(training, test) = ratings.randomSplit(Array(0.0, 0.2))
    println(training.first())

    // 在训练数据上使用ALS创建推荐模型
    val als = new ALS()
      .setMaxIter(5)
      .setRegParam(0.01)
      .setUserCol("userId")
      .setItemCol("movieId")
      .setRatingCol("rating")

    val model = als.fit(training)
    println(model.userFactors.count())
    println(model.itemFactors.count())

    val predictions = model.transform(test)
    println(predictions.printSchema())
  }

}
```

对应的代码位于:
https://github.com/ml-resources/spark-ml/blob/branch-ed2/Chapter_05/2.0.0/scala-spark-app/src/main/scala/com/spark/recommendation/ALSModeling.scala。

上述代码的输出如下:

```
16/09/07 17:58:42 INFO SparkContext: Created broadcast 26 from
  broadcast at DAGScheduler.scala:1012
16/09/07 17:58:42 INFO DAGScheduler: Submitting 1 missing tasks from
  ResultStage 67 (MapPartitionsRDD[138] at count at
  ALSModeling.scala:31)
16/09/07 17:58:42 INFO TaskSchedulerImpl: Adding task set 67.0
```

```
         with 1 tasks
16/09/07 17:58:42 INFO TaskSetManager: Starting task 0.0 in stage 67.0
         (TID 176, localhost, partition 0, ANY, 5276 bytes)
16/09/07 17:58:42 INFO Executor: Running task 0.0 in stage 67.0 (TID 176)
16/09/07 17:58:42 INFO ShuffleBlockFetcherIterator: Getting 10 non empty
         blocks out of 10 blocks
16/09/07 17:58:42 INFO ShuffleBlockFetcherIterator: Started 0 remote
         fetches in 0 ms
16/09/07 17:58:42 INFO Executor: Finished task 0.0 in stage 67.0 (TID 176)
         . 1960 bytes result sent to driver
16/09/07 17:58:42 INFO TaskSetManager: Finished task 0.0 in stage
         67.0 (TID 176) in 3 ms on localhost (1/1)
16/09/07 17:58:42 INFO TaskSchedulerImpl: Removed TaskSet 67.0, whose
         tasks have all completed, from pool
16/09/07 17:58:42 INFO DAGScheduler: ResultStage 67 (count at
         ALSModeling.scala:31) finished in 0.003 s
16/09/07 17:58:42 INFO DAGScheduler: Job 7 finished: count at
         ALSModeling.scala:31, took 0.060748 s
         100
root
 |-- userId: integer (nullable = true)
 |-- movieId: integer (nullable = true)
 |-- rating: float (nullable = true)
 |-- timestamp: long (nullable = true)
 |-- prediction: float (nullable = true)
```

> 在继续学习后续内容前，请注意如下用户-物品推荐代码使用 Spark 1.6 版本的 Mllib。请参见代码列表中的提示来获取使用 `org.apache.spark.mllib..recommendation.ALS` 进行推荐的详细信息。

5.4.2 用户推荐

用户推荐是指向给定用户推荐物品。它通常以"前 K 个"形式展现，即通过模型求出用户可能喜好程度最高的前 K 个物品。这个过程通过计算每个物品的预计得分并按照得分对物品进行排序实现。

具体实现方法取决于所采用的模型。比如若采用基于用户的模型，则会利用相似用户的评级来计算对某个用户的推荐。而若采用基于物品的模型，则会依靠用户接触过的物品与候选物品之间的相似度来获得推荐。

利用矩阵分解方法时，是直接对评级数据进行建模，所以预计得分可视作相应用户因子向量和物品因子向量的点积。

1. 从 MovieLens 100k 数据集生成电影推荐

MLlib 的推荐模型基于矩阵分解，因此可用模型所求得的因子矩阵来计算用户对物品的预计评级。下面只针对利用 MovieLens 中显式数据做推荐的情形，使用隐式模型时的方法与之相同。

MatrixFactorizationModel 类提供了一个 predict 函数，以方便地计算给定用户对给定物品的预期得分：

```
val predictedRating = model.predict(789, 123)
```

其输出如下：

```
14/03/30 16:10:10 INFO SparkContext: Starting job: lookup at
    MatrixFactorizationModel.scala:45
14/03/30 16:10:10 INFO DAGScheduler: Got job 30 (lookup at
    MatrixFactorizationModel.scala:45) with 1 output partitions (allowLocal=false)
...
14/03/30 16:10:10 INFO SparkContext: Job finished: lookup at
    MatrixFactorizationModel.scala:46, took 0.023077 s
predictedRating: Double = 3.128545693368485
```

可以看到，该模型预测用户 789 对电影 123 的评级为 3.12 分。

ALS 模型的初始化是随机的，这可能让你看到的结果和这里不同。实际上，每次运行该模型所产生的推荐也会不同。

predict 函数同样可以以 (user, item) ID 对类型的 RDD 对象为输入，这时它将为每一对都生成相应的预测得分。我们可以借助这个函数来同时为多个用户和物品进行预测。

要为某个用户生成前 *K* 个推荐物品，可借助 MatrixFactorizationModel 所提供的 recommendProducts 函数来实现。该函数需两个输入参数：user 和 num，其中 user 是用户 ID，而 num 是要推荐的物品个数。

返回值为预测得分最高的前 num 个物品。这些物品的序列按得分排序。该得分为相应的用户因子向量和各个物品因子向量的点积。

现在，算下给用户 789 推荐的前 10 个物品：

```
val userId = 789
val K = 10
val topKRecs = model.recommendProducts(userId, K)
```

这就求得了为用户 789 所能推荐的物品及对应的预计得分。将这些信息打印出来以便查看：

```
println(topKRecs.mkString("\n"))
```

其输出应与如下类似：

```
Rating(789,715,5.931851273771102)
Rating(789,12,5.582301095666215)
Rating(789,959,5.516272981542168)
Rating(789,42,5.458065302395629)
Rating(789,584,5.449949837103569)
Rating(789,750,5.348768847643657)
```

```
Rating(789,663,5.30832117499004)
Rating(789,134,5.278933936827717)
Rating(789,156,5.250959077906759)
Rating(789,432,5.169863417126231)
```

2. 检验推荐内容

要直观地检验推荐的效果，可以简单比对下用户所评级过的电影的标题和被推荐的那些电影的电影名。首先，我们需要读入电影数据（这是在上一章探索过的数据集）。这些数据会导入为 `Map[Int, String]` 类型，即从电影 ID 到标题的映射：

```
val movies = sc.textFile("/PATH/ml-100k/u.item")
val titles = movies.map(line => line.split("\\|").take(2)).map(array
  => (array(0).toInt,
  array(1))).collectAsMap()
titles(123)
```

其输出如下：

res68: String = Frighteners, The (1996)

至于用户 789，我们可以找出他评级过的电影、给出最高评级的前 10 部电影及名称。具体实现时，可先用 Spark 的 `keyBy` 函数来从 ratings RDD 来创建一个键值对 RDD，其主键为用户 ID。然后利用 `lookup` 函数来只返回给定键值（即特定用户 ID）对应的那些评级数据到驱动程序。

```
val moviesForUser = ratings.keyBy(_.user).lookup(789)
```

来看下这个用户评价了多少部电影。这会用到 `moviesForUser` 的 `size` 函数：

```
println(moviesForUser.size)
```

可以看到，这个用户对 33 部电影做过评级。

接下来，我们要获取评级最高的前 10 部电影。具体做法是利用 `Rating` 对象的 `rating` 属性来对 `moviesForUser` 集合进行排序，并选出排名前 10 的评级（含相应电影 ID）。之后以其为输入，借助 `titles` 映射为 "（电影名称，具体评级）" 形式。再将名称与具体评级打印出来：

```
moviesForUser.sortBy(-_.rating).take(10).map(
  rating => (titles(rating.product), rating.rating)).foreach(println)
```

其输出如下：

```
(Godfather, The (1972),5.0)
(Trainspotting (1996),5.0)
(Dead Man Walking (1995),5.0)
(Star Wars (1977),5.0)
(Swingers (1996),5.0)
(Leaving Las Vegas (1995),5.0)
(Bound (1996),5.0)
(Fargo (1996),5.0)
```

```
(Last Supper, The (1995),5.0)
(Private Parts (1997),4.0)
```

现在看下对该用户的前 10 个推荐,并利用上述相同的方式来查看它们的电影名(注意这些推荐已排序):

```
topKRecs.map(rating => (
  titles(rating.product), rating.rating)).foreach(println)
```

其输出如下:

```
(To Die For (1995),5.931851273771102)
(Usual Suspects, The (1995),5.582301095666215)
(Dazed and Confused (1993),5.516272981542168)
(Clerks (1994),5.458065302395629)
(Secret Garden, The (1993),5.449949837103569)
(Amistad (1997),5.348768847643657)
(Being There (1979),5.30832117499004)
(Citizen Kane (1941),5.278933936827717)
(Reservoir Dogs (1992),5.250959077906759)
(Fantasia (1940),5.169863417126231)
```

读者可自己对比下两份电影名单,看看这些推荐效果如何。

5.4.3 物品推荐

物品推荐是为回答如下问题:给定一个物品,哪些物品与它最相似?这里,"相似"的确切定义取决于所使用的模型。大多数情况下,相似度是通过某种方式比较表示两个物品的向量而得到的。常见的相似度衡量方法包括皮尔逊相关系数(Pearson correlation)、针对实数向量的余弦相似度(cosine similarity)和针对二元向量的杰卡德相似系数(Jaccard similarity)。

1. 从 MovieLens 100k 数据集生成相似电影

`MatrixFactorizationModel` 当前的 API 不能直接支持物品之间相似度的计算,所以我们要自己实现。

这里会使用余弦相似度来衡量相似度。另外采用 jblas 线性代数库(MLlib 的依赖库之一)来求向量点积。这些和现有的 `predict` 和 `recommendProducts` 函数的实现方式类似,但我们会用到余弦相似度而不仅仅只是求点积。

我们想利用余弦相似度来对指定物品的因子向量与其他物品的做比较。进行线性代数计算时,需要先从因子向量创建一个 `Array[Double]` 类型的向量对象。JBLAS 类 `DoubleMatrix` 的构造函数的参数为 `Array[Double]` 类型。导入该类的代码如下:

```
import org.jblas.DoubleMatrix
```

使用如下构造函数来从一个数组初始化一个 `DoubleMatrix` 对象。

jblas 类是用 Java 编写的线性代数库。它基于 BLAS 和 LAPACK，并在计算流程上借用 ATLAS 等，从而使得 jblas 速度很快。BLAS 和 LAPACK 是矩阵计算方面的事实上的行业标准。

它实际是对 BLAS 和 LAPACK 的一种轻度封装。后两者源于 Fortran 社区。`DoubleMatrix` 的定义式为：

```
public DoubleMatrix(double[] newData)
```

即创建一个列向量 `newData` 作为数据数组。所创建的 `DoubleMatrix` 对象的值更新时，也会更新到对应的输入数组 `newData` 中。

简单创建一个 `DoubleMatrix`：

```
val aMatrix = new DoubleMatrix(Array(1.0, 2.0, 3.0))
```

其输出如下：

```
aMatrix: org.jblas.DoubleMatrix = [1.000000; 2.000000; 3.000000]
```

注意，使用 jblas 时，向量和矩阵都表示为一个 `DoubleMatrix` 类对象，但前者的是一维的而后者为二维的。

我们需要定义一个函数来计算两个向量之间的余弦相似度。余弦相似度是两个向量在 n 维空间里夹角的度数。它是两个向量的点积与各向量范数（或长度）的乘积的商。（余弦相似度用的范数为 L2-范数，即 L2-norm。）

在线性代数中，向量 v 的大小称为它的范数（norm）。下面会提到几种范数。这里，我们定义一个向量 v 对应一个有序的数字元组。

$$v = (v_1, v_2, \cdots, v_n)(v_i \in \mathbb{C},\ i = 1, 2, \cdots, n)$$

一级范数。向量 v 的一级范数［也称 L1-norm 或均数范数（mean norm）］表示如下。其定义为其元素的绝对值之和。

$$\|v\|_1 = \sum_{i=1}^{n} |v_i|$$

二级范数。向量 v 的二级范数也称 L2-norm、均方根范数（mean-square norm）或最小平方根范数（least-squares norm），其表示如下：

$$\|v\|_2$$

此外，它定义为其各个元素的绝对值的平方和的平方根：

$$\|v\|_2 = \sqrt{\sum_{i=1}^{n}|v_i|^2}$$

此时，余弦相似度是正则化后的点积。该相似度的取值范围在−1~1。1 表示完全相似，0 表示两者互不相关（即无相似性）。这种衡量方法很有帮助，因为它还能捕捉负相关性。也就是说，当值为−1 时，不仅表示两者不相关，还表示它们完全不同。其定义如下：

$$similarity = \cos(\theta) = \frac{A \cdot B}{\|A\|\|B\|} = \frac{\sum_{i=1}^{n} A_i B_i}{\sqrt{\sum_{i=1}^{n} A_i^2} \sqrt{\sum_{i=1}^{n} B_i^2}}$$

下面来创建这个 `cosineSimilarity` 函数：

```
def cosineSimilarity(vec1: DoubleMatrix, vec2: DoubleMatrix): Double = {
  vec1.dot(vec2) / (vec1.norm2() * vec2.norm2())
}
```

注意，这里定义了该函数的返回类型为 `Double`，但这并非必需。Scala 的类型推断机制能自动知道这个返回值。但写明函数的返回类型是有帮助的。

下面以物品 567 为例，从模型中取回其对应的因子。这可以通过调用 `lookup` 函数来实现。之前曾用过该函数来取回特定用户的评级信息。下面的代码中还使用了 `head` 函数，因为 `lookup` 函数返回了一个数组，而我们只需第一个值（实际上，数组里也只会有一个值，也就是该物品的因子向量）。

这个因子的类型为 `Array[Double]`，所以后面会用它来创建一个 `Double[Matrix]` 对象，然后再用该对象来计算它与自己的相似度：

```
val itemId = 567
val itemFactor = model.productFeatures.lookup(itemId).head
val itemVector = new DoubleMatrix(itemFactor)
cosineSimilarity(itemVector, itemVector)
```

一个相似度指标应该能表示两个向量在某种角度上的相似或相近的程度。从如下的例子可以看到，余弦相似度表示这些物品向量之间的相同程度。这正是我们想衡量的程度。

```
res113: Double = 1.0
```

现在求各个物品的余弦相似度：

```
val sims = model.productFeatures.map{ case (id, factor) =>
  val factorVector = new DoubleMatrix(factor)
```

```
  val sim = cosineSimilarity(factorVector, itemVector)
  (id, sim)
}
```

接下来,对物品按照相似度排序,然后取出与物品 567 最相似的前 10 个物品:

```
// 早先已定义过 K=10
val sortedSims = sims.top(K)(Ordering.by[(Int, Double), Double] { case
    (id, similarity) => similarity })
```

上述代码里使用了 Spark 的 `top` 函数。相比使用 `collect` 函数将结果返回驱动程序,然后再本地排序,`top` 函数能分布式计算出"前 K 个"结果,因而更高效。(注意,推荐系统要处理的用户和物品数目可能达到数百万。)

Spark 需要知道如何对 `sims` RDD 里的`(item id, similarity score)`对排序。为此,我们另外传入了一个参数给 `top` 函数。这个参数是一个 Scala `Ordering` 对象,它会告诉 Spark 根据键值对里的值排序(也就是用 `similarity` 排序)。

最后,打印出这 10 个与给定物品最相似的物品:

```
println(sortedSims.take(10).mkString("\n"))
```

输出如下:

```
(567,1.0000000000000002)
(1471,0.6932331537649621)
(670,0.6898690594544726)
(201,0.6897964975027041)
(343,0.6891221044611473)
(563,0.6864214133620066)
(294,0.6812075443259535)
(413,0.6754663844488256)
(184,0.6702643811753909)
(109,0.6594872765176396)
```

不出所料,排名第一的最相似物品就是我们给定的物品。之后便是以相似度排序的其他类似物品。

2. 检查推荐的相似物品

来看下我们所给定的电影的名称是什么:

```
println(titles(itemId))
```

输出为:

Wes Craven's New Nightmare (1994)

正如在用户推荐中所做过的,我们可以看看推荐的那些电影名称是什么,从而直观上检查一下基于物品推荐的结果。这一次我们取前 11 部最相似的电影,以排除给定的那部。所以,可以选取列表中的第 1~11 项：

```
val sortedSims2 = sims.top(K + 1)(Ordering.by[(Int, Double), Double] {
case (id, similarity) => similarity })
sortedSims2.slice(1, 11).map{ case (id, sim) => (titles(id), sim)
}.mkString("\n")
```

这将给出被推荐的那些电影的名称以及相应的相似度：

```
(Hideaway (1995),0.6932331537649621)
(Body Snatchers (1993),0.6898690594544726)
(Evil Dead II (1987),0.6897964975027041)
(Alien: Resurrection (1997),0.6891221044611473)
(Stephen King's The Langoliers (1995),0.6864214133620066)
(Liar Liar (1997),0.6812075443259535)
(Tales from the Crypt Presents: Bordello of Blood
(1996),0.6754663844488256)
(Army of Darkness (1993),0.6702643811753909)
(Mystery Science Theater 3000: The Movie (1996),0.6594872765176396)
(Scream (1996),0.6538249646863378)
```

同样，因为模型的初始化是随机的，所以这里显示的结果可能与你运行得到的结果有所不同。

上面我们使用余弦相似度得出了相似物品。可以试着同样用该相似度，用用户因子向量来计算与给定用户类似的用户有哪些。

5.5 推荐模型效果的评估

如何知道训练出来的模型是一个好模型？这就需要某种方式来评估它的预测效果。评估指标（evaluation metric）指那些衡量模型预测能力或准确度的方法。它们有些直接度量模型对目标变量（比如均方差）的预测好坏，有些则关注模型对那些并未针对其优化过，但又十分接近真实应用场景数据的预测能力（比如平均准确率，mean average precision）。

评估指标提供了比较同一模型在不同参数下的性能，或是比较不同模型性能的标准方法。通过这些指标，人们可以从待选的模型中找出表现最好的那个。

这里将会演示如何计算推荐系统和协同过滤模型里常用的两个指标：**均方差**（MSE，mean squared error）以及 *K* 值平均准确率（MAPK，mean average precision at *K*）。

5.5.1 ALS 模型评估

从 Spark 2.0 开始，对回归问题会使用 `org.apache.spark.ml.evaluation.Regression-Evaluator`。回归评估（regression evaluation）是用于衡量一个模型在预留的测试数据上表现的

一种指标。这里具体会使用均方根误差，即 MSE 的平方根。

```
object ALSModeling {

  def createALSModel() {
    val ratings = FeatureExtraction.getFeatures();

    val Array(training, test) = ratings.randomSplit(Array(0.8, 0.2))
    println(training.first())

    // 使用 ALS 在训练数据上构建推荐模型
    val als = new ALS()
      .setMaxIter(5)
      .setRegParam(0.01)
      .setUserCol("userId")
      .setItemCol("movieId")
      .setRatingCol("rating")

    val model = als.fit(training)
    println(model.userFactors.count())
    println(model.itemFactors.count())

    val predictions = model.transform(test)
    println(predictions.printSchema())

    val evaluator = new RegressionEvaluator()
      .setMetricName("rmse")
      .setLabelCol("rating")
      .setPredictionCol("prediction")
    val rmse = evaluator.evaluate(predictions)

    println(s"Root-mean-square error = $rmse")
  }

  def main(args: Array[String]) {
    createALSModel()
  }

}
```

对应的代码位于：
https://github.com/ml-resources/spark-ml/blob/branch-ed2/Chapter_05/2.0.0/scala-spark-app/src/main/scala/com/spark/recommendation/ALSModeling.scala。

其输出如下：

```
16/09/07 17:58:45 INFO ShuffleBlockFetcherIterator:
  Getting 4 non-empty blocks out of 200 blocks
16/09/07 17:58:45 INFO ShuffleBlockFetcherIterator:
  Getting 2 non-empty blocks out of 200 blocks
16/09/07 17:58:45 INFO ShuffleBlockFetcherIterator:
  Started 0 remote fetches in 0 ms
```

```
16/09/07 17:58:45 INFO ShuffleBlockFetcherIterator:
  Started 0 remote fetches in 0 ms
16/09/07 17:58:45 INFO ShuffleBlockFetcherIterator:
  Getting 1 non-empty blocks out of 10 blocks
16/09/07 17:58:45 INFO ShuffleBlockFetcherIterator:
  Getting 1 non-empty blocks out of 10 blocks
16/09/07 17:58:45 INFO ShuffleBlockFetcherIterator:
  Started 0 remote fetches in 0 ms
16/09/07 17:58:45 INFO ShuffleBlockFetcherIterator:
  Started 0 remote fetches in 0 ms
Root-mean-square error = 2.1487554400294777
```

 在继续阅读后续内容前，请注意如下用户–物品推荐代码使用的是 Spark 1.6 版本的 Mllib。请参见代码列表中的提示来获取使用 `org.apache.spark.mllib.recommendation.ALS` 进行推荐的详细信息。

5.5.2 均方差

均方差（MSE，mean squared error）直接衡量"用户–物品"评级矩阵的重建误差。它也是一些模型里所采用的最小化目标函数，特别是许多矩阵分解类方法，比如 ALS。因此，它常用于显式评级的情形。

它的定义为各平方误差的和与总数目的商。其中平方误差是指预测到的评级与真实评级的差值的平方。

下面以用户 789 为例来讲解。现在从之前计算的 `moviesForUser` 这个 `Ratings` 集合里找出该用户的第一个评级：

```
val actualRating = moviesForUser.take(1)(0)
```

输出为：

```
actualRating: org.apache.spark.mllib.recommendation.Rating = Rating(789,1012,4.0)
```

可以看到该用户对该电影的评级为 4。然后，求模型的预计评级：

```
val predictedRating = model.predict(789, actualRating.product)
```

其输出是：

```
...
14/04/13 13:01:15 INFO SparkContext: Job finished: lookup at
MatrixFactorizationModel.scala:46, took 0.025404 s

predictedRating: Double = 4.001005374200248
```

可以看出模型预测的评级差不多也是 4，十分接近用户的实际评级。最后，我们计算实际评级和预计评级的平方误差：

```
val squaredError = math.pow(predictedRating - actualRating.rating, 2.0)
```

这将输出：

squaredError: Double = 1.010777282523947E-6

要计算整个数据集上的 MSE，需要对每一条 (user, movie, actual rating, predicted rating) 记录都计算该平均误差，然后求和，再除以总的评级次数。具体实现如下。

 以下代码取自 Apache Spark 编程指南中的 ALS 部分：http://spark.apache.org/docs/latest/mllib-collaborative-filtering.html。

首先从 ratings RDD 里提取用户和物品的 ID，并使用 model.predict 来对各个"用户-物品"对做预测。所得的 RDD 以"用户和物品 ID"对作为主键，对应的预计评级作为值：

```
val usersProducts = ratings.map{ case Rating(user, product, rating)
  => (user, product)
}
val predictions = model.predict(usersProducts).map{
  case Rating(user, product, rating) => ((user, product), rating)
}
```

接着提取出真实的评级。同时，对 ratings RDD 做映射以让"用户-物品"对为主键，实际评级为对应的值。这样，就得到了两个主键组成相同的 RDD。将两者连接起来，以创建一个新的 RDD。这个 RDD 的主键为"用户-物品"对，键值为相应的实际评级和预计评级。

```
val ratingsAndPredictions = ratings.map{
  case Rating(user, product, rating) => ((user, product), rating)
}.join(predictions)
```

最后，求上述 MSE。具体先用 reduce 来对平方误差求和，然后再除以 count 函数所求得的总记录数：

```
val MSE = ratingsAndPredictions.map{
  case ((user, product), (actual, predicted)) => math.pow((actual - predicted), 2)
}.reduce(_ + _) / ratingsAndPredictions.count
println("Mean Squared Error = " + MSE)
```

对应的输出如下：

Mean Squared Error = 0.08231947642632852

均方根误差（RMSE，root mean squared error）的使用也很普遍，其计算只需在 MSE 上取平方根即可。这不难理解，因为两者背后使用的数据（即评级数据）相同。它等同于求预计评级和实际评级的差值的标准差。如下代码便可求出：

```
val RMSE = math.sqrt(MSE)
println("Root Mean Squared Error = " + RMSE)
```

其输出的均方根误差为:

```
Root Mean Squared Error = 0.2869137090247319
```

结合该误差的定义来对上述结果进行理解。将 RMSE 误差降低，即使将预测值向理想值拟合。另外也需注意实际数据的最大值和最小值。

5.5.3 K 值平均准确率

K 值平均准确率（MAPK）的意思是整个数据集上的 K 值平均准确率（APK，average precision at K metric）的均值。APK 是信息检索中常用的一个指标。它用于衡量针对某个查询所返回的"前 K 个"文档的平均相关性。对于每次查询，我们会将结果中的前 K 个与实际相关的文档进行比较。

用 APK 指标计算时，结果中文档的排名十分重要。如果结果中文档的实际相关性越高且排名也更靠前，那 APK 分值也就越高。由此，它也很适合评估推荐的好坏，因为推荐系统也会计算"前 K 个"推荐物，然后呈现给用户。如果在预测结果中得分更高（在推荐列表中排名也更靠前）的物品实际上也与用户更相关，那自然这个模型就更好。APK 和其他基于排名的指标同样也更适合评估隐式数据集上的推荐。这里用 MSE 相对就不那么合适。

当用 APK 来做评估推荐模型时，每一个用户相当于一个查询，而每一个"前 K 个"推荐物组成的集合则相当于一个查到的文档结果集合。用户对电影的实际评级便对应着文档的实际相关性。这样，APK 所试图衡量的是模型对用户感兴趣和会去接触的物品的预测能力。

以下计算平均准确率的代码基于 https://github.com/benhamner/Metrics。
关于 MAPK 的更多信息可参见 https://en.wikipedia.org/wiki/Evaluation_measures_(information_retrieval)#Mean_average_precision。

计算 APK 的代码实现如下：

```
def avgPrecisionK(actual: Seq[Int], predicted: Seq[Int], k: Int): Double = {
  val predK = predicted.take(k)
  var score = 0.0
  var numHits = 0.0
  for (((p, i) <- predK.zipWithIndex) {
    if (actual.contains(p)) {
      numHits += 1.0
      score += numHits / (i.toDouble + 1.0)
    }
  }
  if (actual.isEmpty) {
    1.0
  } else {
    score / scala.math.min(actual.size, k).toDouble
  }
}
```

可以看到，该函数包括两个数组。一个以各个物品及其评级为内容，另一个以模型所预测的物品及其评级为内容。

下面来计算给用户789推荐的APK指标怎么样。首先提取出用户实际评级过的电影的ID：

```
val actualMovies = moviesForUser.map(_.product)
```

输出如下：

actualMovies: Seq[Int] = ArrayBuffer(1012, 127, 475, 93, 1161, 286, 293, 9, 50, 294, 181, 1, 1008, 508, 284, 1017, 137, 111, 742, 248, 249, 1007, 591, 150, 276, 151, 129, 100, 741, 288, 762, 628, 124)

然后提取出推荐的物品列表，K设定为10：

```
val predictedMovies = topKRecs.map(_.product)
```

输出如下：

predictedMovies: Array[Int] = Array(27, 497, 633, 827, 602, 849, 401, 584, 1035, 1014)

然后用下面的代码来计算平均准确率：

```
val apk10 = avgPrecisionK(actualMovies, predictedMovies, 10)
```

输出如下：

apk10: Double = 0.0

这里，APK的得分为0，这表明该模型在为该用户做相关电影预测上的表现并不理想。

全局MAPK的求解要计算对每一个用户的APK得分，再求其平均。这就要为每一个用户都生成相应的推荐列表。针对大规模数据处理时，这并不容易，但我们可以通过Spark分布式进行该计算。不过，这就会有一个限制，即每个工作节点都要有完整的物品因子矩阵，这样它们才能独立地计算某个物品向量与其他所有物品向量之间的相关性。然而当物品数量众多时，单个节点的内存可能保存不下这个矩阵。此时，这个限制也就成了问题。

事实上并没有其他简单的途径来应对这个问题。一种可能的方式是只计算与一部分物品的相关性。这可通过局部敏感散列算法（locality sensitive hashing）等来实现。

下面看一看如何求解。首先，取回物品因子向量并用它来构建一个DoubleMatrix对象：

```
val itemFactors = model.productFeatures.map { case (id, factor) 
  => factor }.collect()
val itemMatrix = new DoubleMatrix(itemFactors)
println(itemMatrix.rows, itemMatrix.columns)
```

输出如下:

```
(1682,50)
```

这说明 itemMatrix 的行列数分别为 1682 和 50。这很正常,因为电影数目和因子维数分别就是这么多。接下来,我们将该矩阵以一个广播变量的方式分发出去,以便每个工作节点都能访问到:

```
val imBroadcast = sc.broadcast(itemMatrix)
```

你将看到如下输出:

```
14/04/13 21:02:01 INFO MemoryStore: ensureFreeSpace(672960) called with
   curMem=4006896, maxMem=311387750
14/04/13 21:02:01 INFO MemoryStore: Block broadcast_21 stored as values
   to memory (estimated size 657.2 KB, free 292.5 MB)
imBroadcast: org.apache.spark.broadcast.Broadcast[org.jblas.DoubleMatrix]
   = Broadcast(21)
```

现在可以计算每一个用户的推荐。这会对每一个用户因子进行一次 map 操作。在这个操作里,会对用户因子矩阵和电影因子矩阵做乘积,其结果为一个表示各个电影预计评级的向量(长度为 1682,即电影的总数目)。之后,用预计评级对它们排序:

```
val allRecs = model.userFeatures.map{ case (userId, array) =>
  val userVector = new DoubleMatrix(array)
  val scores = imBroadcast.value.mmul(userVector)
  val sortedWithId = scores.data.zipWithIndex.sortBy(-_._1)
  val recommendedIds = sortedWithId.map(_._2 + 1).toSeq
  (userId, recommendedIds)
}
```

其输出如下:

```
allRecs: org.apache.spark.rdd.RDD[(Int, Seq[Int])] = MappedRDD[269] at
map at <console>:29
```

这样就有了一个由每个用户 ID 及各自相对应的电影 ID 列表构成的 RDD。这些电影 ID 按照预计评级的高低排序。

 如前面代码片段中加粗的部分所示,返回的电影 ID 需要加上 1。这是因为物品因子矩阵的编号从 0 开始,而我们电影的编号是从 1 开始的。

还需要将每个用户对应的电影 ID 列表作为传入到 APK 函数的 actual 参数。我们已经有 ratings RDD,所以只需从中提取用户和电影的 ID 即可。

使用 Spark 的 groupBy 操作便可得到一个新 RDD。该 RDD 包含每个用户 ID 所对应的 (userid, movieid) 对(因为 groupBy 操作所用的主键就是用户 ID):

```
val userMovies = ratings.map{ case Rating(user, product, rating) =>
  (user, product)}.groupBy(_._1)
```

其输出如下:

```
userMovies: org.apache.spark.rdd.RDD[(Int, Seq[(Int, Int)])] =
  MapPartitionsRDD[277] at groupBy at <console>:21
```

最后，可以通过 Spark 的 `join` 操作将这两个 RDD 以用户 ID 相连接。这样，对于每一个用户，我们都有一个实际和预测的那些电影的 ID。这些 ID 可以作为 APK 函数的输入。与计算 MSE 时类似，我们调用 `reduce` 操作来对这些 APK 得分求和，然后再除以总的用户数目，即 `allRecs` RDD 的大小:

```
val K = 10
val MAPK = allRecs.join(userMovies).map{ case (userId, (predicted,
actualWithIds)) =>
  val actual = actualWithIds.map(_._2).toSeq
  avgPrecisionK(actual, predicted, K)
}.reduce(_ + _) / allRecs.count
println("Mean Average Precision at K = " + MAPK)
```

上述代码会输出指定 K 值时的平均准确度:

```
Mean Average Precision at K = 0.030486963254725705
```

我们模型的 MAPK 得分相当低。但请注意，推荐类任务的这个得分通常都较低，特别是当物品的数量极大时。

试着给 `lambda` 和 `rank`（还有 `alpha`，如果你使用的是隐式的 ALS）设置其他的值，看一下你能否找到一个 RMSE 和 MAPK 得分更好的模型。

5.5.4 使用 MLlib 内置的评估函数

前面我们从零开始对模型进行了 MSE、RMSE 和 MAPK 三方面的评估。这是一段很有用的练习。同样，MLlib 下的 `RegressionMetrics` 类和 `RankingMetrics` 类也提供了相应的函数以方便模型评估。

1. RMSE 和 MSE

首先，我们使用 `RegressionMetrics` 来求解 MSE 和 RMSE 得分。实例化一个 `RegressionMetrics` 对象需要一个键值对类型的 RDD。其每一条记录对应每个数据点上相应的预测值与实际值。代码实现如下。这里仍然会用到之前已经算出的 `ratingsAndPredictions` RDD:

```
import org.apache.spark.mllib.evaluation.RegressionMetrics
val predictedAndTrue = ratingsAndPredictions.map { case ((user,
  product), (predicted, actual)) => (predicted, actual) }
val regressionMetrics = new RegressionMetrics(predictedAndTrue)
```

之后就可以查看各种指标的情况，包括 MSE 和 RMSE。下面将这些指标打印出来：

```
println("Mean Squared Error = " + regressionMetrics.meanSquaredError)
println("Root Mean Squared Error = " + regressionMetrics.rootMeanSquaredError)
```

可以看到，输出的 MSE 和 RMSE 结与之前我们所得到的完全相同：

```
Mean Squared Error = 0.08231947642632852
Root Mean Squared Error = 0.2869137090247319
```

2. MAP

与计算 MSE 和 RMSE 一样，可以使用 MLlib 的 RankingMetrics 类来计算基于排名的评估指标。类似地，需要向我们之前的平均准确率函数传入一个键值对类型的 RDD。其键为给定用户预测的推荐物品的 ID 数组，而值则是实际的物品 ID 数组。

RankingMetrics 中的 K 值平均准确率函数的实现与我们的有所不同，因而结果会不同。但全局平均准确率（MAP，mean average precision，并不设定阈值 K）会和当 K 值较大（比如设为总的物品数目）时我们模型的计算结果相同。

首先，使用 RankingMetrics 来计算 MAP：

```
import org.apache.spark.mllib.evaluation.RankingMetrics
val predictedAndTrueForRanking = allRecs.join(userMovies).map{ case
  (userId, (predicted, actualWithIds)) =>
    val actual = actualWithIds.map(_._2)
    (predicted.toArray, actual.toArray)
}
val rankingMetrics = new RankingMetrics(predictedAndTrueForRanking)
println("Mean Average Precision = " + rankingMetrics.meanAveragePrecision)
```

其输出如下：

```
Mean Average Precision = 0.07171412913757183
```

接下来用和之前完全相同的方法来计算 MAP，但是将 K 值设到很高，比如 2000：

```
val MAPK2000 = allRecs.join(userMovies).map{
  case (userId, (predicted, actualWithIds)) =>
    val actual = actualWithIds.map(_._2)
      .toSeq avgPrecisionK(actual, predicted, 2000)
}.reduce(_ + _) / allRecs.count
println("Mean Average Precision = " + MAPK2000)
```

你会发现，用这种方法计算得到的 MAP 与使用 RankingMetrics 计算得出的 MAP 相同：

```
Mean Average Precision = 0.07171412913757186
```

注意，本章并未涉及交叉验证，相关内容后面会详细讲述。那些方法同样可用于推荐模型的性能指标评估。这些指标就包括本章提到的 MSE、RMSE 和 MAP。

5.6 FP-Growth 算法

下面使用 FP-Growth 算法来找出高频推荐的电影。

该算的描述可在 Han 等人的论文"Mining frequent patterns without candidate generation"中找到。FP 代表 frequent pattern，即**高频模式**。给定若干交易记录，FP-Growth 的第一步是计算物品的频率并标示高频物品。第二步是利用后缀树（suffix tree，也称为 FP-tree）来编码各交易；该过程不会显式生成推荐的备选集合，在大数据集上对应的计算量通常很大。

5.6.1 FP-Growth 的基本例子

先来看个十分简单的由随机数构成的数据集：

```
val transactions = Seq(
  "r z h k p",
  "z y x w v u t s",
  "s x o n r",
  "x z y m t s q e",
  "z",
  "x z y r q t p")
  .map(_.split(" "))
```

我们会找出高频物品（这里指字符）。首先按如下方式生成一个 `SparkContext` 对象：

```
val sc = new SparkContext("local[2]", "Chapter 5 App")
```

再将数据转为一个 RDD：

```
val rdd = sc.parallelize(transactions, 2).cache()
```

初始化一个 `FPGrowth` 实例：

```
val fpg = new FPGrowth()
```

FP-Growth 算法可用如下参数来配置。

- `minSupport`：标识一个物品为高频物品所需的最小频率。比如，一个物品在 10 次交易中出现了 3 次，其对应的 support 值为 3/10 = 0.3。
- `numPartitions`：要将任务划分为多少个分区，以并行工作。

设置 FP-Growth 实例对应的 `minsupport` 和分区数，并应用到上述 RDD 对象上。分区数应该是数据集的分区数，即要从其载入数据的工作节点的数目。代码如下：

```
val model = fpg.setMinSupport(0.2).setNumPartitions(1).run(rdd)
```

获取输出的物品集并打印：

```
model.freqItemsets.collect().foreach { itemset =>
  println(itemset.items.mkString("[", ",", "]") + ", " + itemset.freq)
}
```

上述代码的输出如下。可以看到，[z]出现的次数最多。

[s], 3
[s,x], 3
[s,x,z], 2
[s,z], 2
[r], 3
[r,x], 2
[r,z], 2
[y], 3
[y,s], 2
[y,s,x], 2
[y,s,x,z], 2
[y,s,z], 2
[y,x], 3
[y,x,z], 3
[y,t], 3
[y,t,s], 2
[y,t,s,x], 2
[y,t,s,x,z], 2
[y,t,s,z], 2
[y,t,x], 3
[y,t,x,z], 3
[y,t,z], 3
[y,z], 3
[q], 2
[q,y], 2
[q,y,x], 2
[q,y,x,z], 2
[q,y,t], 2
[q,y,t,x], 2
[q,y,t,x,z], 2
[q,y,t,z], 2
[q,y,z], 2
[q,x], 2
[q,x,z], 2
[q,t], 2
[q,t,x], 2
[q,t,x,z], 2
[q,t,z], 2
[q,z], 2
[x], 4
[x,z], 3
[t], 3
[t,s], 2
[t,s,x], 2
[t,s,x,z], 2
[t,s,z], 2
[t,x], 3
[t,x,z], 3
[t,z], 3
[p], 2
[p,r], 2
[p,r,z], 2
[p,z], 2
[z], 5

5.6.2 FP-Growth 在 MovieLens 数据集上的实践

下面在 MovieLens 数据集上应用该算法来找寻高频的电影名称。

(1) 通过如下代码实例化 SparkContext：

```
val sc = Util.sc
val rawData = Util.getUserData()
rawData.first()
```

(2) 获得原始评级数据，并打印输出其中的第一个：

```
val rawRatings = rawData.map(_.split("\t").take(3))
rawRatings.first()
val ratings = rawRatings.map { case Array(user, movie, rating)
  => Rating(user.toInt, movie.toInt, rating.toDouble)
}
val ratingsFirst = ratings.first()
println(ratingsFirst)
```

(3) 载入电影数据并获取电影名：

```
val movies = Util.getMovieData()
val titles = movies.map(line => line.split("\\|").take(2))
  .map(array => (array(0).toInt, array(1))).collectAsMap()
titles(123)
```

(4) 借助 FP-Growth 算法，找寻对索引号为 501～900 的这 400 名用户来说的高频电影。

(5) 首先通过如下代码来创建 FP-Growth 模型：

```
val model = fpg
  .setMinSupport(0.1)
  .setNumPartitions(1)
  .run(rddx)
```

(6) 其中 0.1 是所能考虑的最小值，rddx 是上述 400 名用户的电影评级对应的 RDD。创建好模型后，对物品集迭代，并打印结果。

这可通过如下代码实现：

```
var eRDD = sc.emptyRDD
var z = Seq[String]()

val l = ListBuffer()
val aj = new Array[String](400)
var i = 0
for (a <- 501 to 900) {
  val moviesForUserX = ratings.keyBy(_.user).lookup(a)
  val moviesForUserX_10 = moviesForUserX.sortBy(-_.rating).take(10)
  val moviesForUserX_10_1 = moviesForUserX_10.map(r => r.product)
  var temp = ""
  for (x <- moviesForUserX_10_1) {
    if (temp.equals(""))
      temp = x.toString
```

```
      else {
        temp = temp + " " + x
      }
    }
    aj(i) = temp
    i += 1
  }
  z = aj
}
val transaction = z.map(_.split(" "))
val rddx = sc.parallelize(transaction, 2).cache()

val fpg = new FPGrowth()
val model = fpg
  .setMinSupport(0.1)
  .setNumPartitions(1)
  .run(rddx)

model.freqItemsets.collect().foreach { itemset =>
  println(itemset.items.mkString("[", ",", "]") + ", " + itemset.freq)
}
sc.stop()
```

输出如下：

```
[302], 40
[258], 59
[100], 49
[286], 50
[181], 45
[127], 60
[313], 59
[300], 49
[50], 94
```

这些便是用户 ID 介于 501~900 的用户的高频电影和相应频率。

对应的代码位于：
https://github.com/ml-resources/spark-ml/blob/branch-ed2/Chapter_05/1.6.2/scala-spark-app/src/main/scala/com/sparksample/MovieLensFPGrowthApp.scala。

5.7 小结

本章中，我们用 Spark 的 MLlib 库训练了一个协同过滤推荐模型。我们也学会了如何使用该模型来向用户推荐他们可能会喜好的物品，以及找出和指定物品类似的物品。最后，我们用一些常见的指标对该模型的预测能力进行了评估。

下一章将讲到如何使用 Spark 来训练一个模型以对数据分类，以及用标准的评估机制来衡量模型性能。

第 6 章 Spark 构建分类模型

本章，你将学习分类模型的基础知识以及如何在各种应用中使用这些模型。分类通常指将事物分成不同的类别。在分类模型中，我们期望根据一组特征来判断事物的类别，这些特征代表了与物品、对象、事件或上下文相关的属性（变量）。

最简单的分类形式是分为两个类别，即**二分类**。一般将其中一类标记为**正类**（记为 1），另外一类标记为负类（记为–1 或者 0）。下图展示了一个二分类的简单例子。例子中输入的特征有二维，分别用 x 轴和 y 轴表示每一维的值。我们的目标是训练一个模型，它可以将这个二维空间中的新数据点分成红色和蓝色两类。

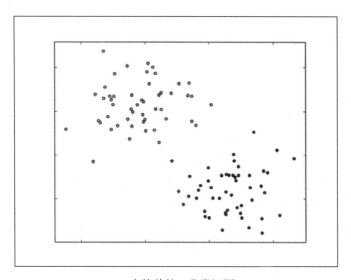

一个简单的二分类问题

如果不止两类，则称为多类别分类，这时的类别一般从 0 开始进行标记（比如，5 个类别用数字 0~4 表示）。多分类的示例见下图。同样，为了方便说明，假定输入的是二维特征。

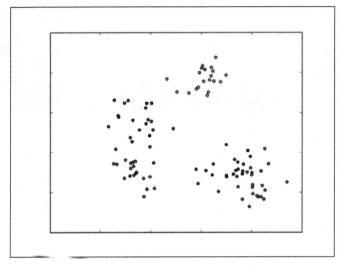

一个简单的多类别分类问题

分类是监督学习的一种形式，我们用带有类标记或者类输出的训练样本训练模型（也就是通过输出结果监督被训练的模型）。

分类模型适用于很多情形，一些常见的例子如下：

- 预测互联网用户对在线广告的点击概率，这本质上是一个二分类问题（点击或者不点击）；
- 检测欺诈，这同样是一个二分类问题（欺诈或者不是欺诈）；
- 预测拖欠贷款（二分类问题）；
- 对图片、视频或者声音分类（大多情况下是多分类，并且有许多不同的类别）；
- 对新闻、网页或者其他内容标记类别或者打标签（多分类）；
- 发现垃圾邮件、垃圾页面、网络入侵和其他恶意行为（二分类或者多分类）；
- 检测故障，比如计算机系统或者网络的故障检测；
- 根据顾客或者用户购买产品或者使用服务的概率对他们进行排序；
- 预测顾客或者用户中谁有可能停止使用某个产品或服务。

上面仅仅列举了一些可能的用例。实际上，在现代公司特别是在线公司中，分类方法可以说是机器学习和统计领域使用最广泛的技术之一。

本章，我们将：

- 讨论 MLlib 中各种可用的分类模型；
- 使用 Spark 从原始输入数据中抽取合适的特征；
- 使用 MLlib 训练若干分类模型；
- 用训练好的分类模型做预测；

- 应用一些标准的评价方法来评估模型的预测性能;
- 使用第 4 章中的特征抽取方法来说明如何改进模型性能;
- 研究参数调优对模型性能的影响,并且学习如何使用交叉验证来选择最优的模型参数。

6.1 分类模型的种类

我们将讨论 Spark 中常见的 3 种分类模型:线性模型、决策树和朴素贝叶斯模型。线性模型相对简单,而且相对容易扩展到非常大的数据集;决策树是一种强大的非线性技术,训练过程计算量大并且较难扩展(幸运的是,MLlib 会替我们考虑扩展性的问题),但是在很多情况下性能很好;朴素贝叶斯模型简单、易训练,并且具有高效和并行的优点(实际中,模型训练只需要遍历整个数据集一次)。当采用合适的特征工程时,这些模型在很多应用中都能达到不错的性能。朴素贝叶斯模型还可以作为一个很好的模型测试基准,用于度量其他模型的性能。

目前,Spark 的 MLlib 库提供了基于线性模型、决策树和朴素贝叶斯的二分类模型,以及基于决策树和朴素贝叶斯的多类别分类模型。本书为了方便起见,将关注二分类问题。

6.1.1 线性模型

线性模型的核心思想是对样本的预测结果(通常称为**目标变量**或者**因变量**)进行建模,即对输入变量(特征或者自变量)应用简单的线性预测函数。

$$y = f(\boldsymbol{w}^T \boldsymbol{x})$$

其中 y 是目标变量,w 是参数向量(也称为**权重向量**),x 是输入特征向量。$(\boldsymbol{w}^T\boldsymbol{x})$ 是关于权重向量 w 和特征向量 x 的线性预测器(又称向量点积)。对这个线性预测器,我们应用了一个函数 f(又称**连接函数**)。

实际上,通过简单改变连接函数 f,线性模型不仅可以用于分类还可以用于回归。标准的线性回归(见下一章)使用对等连接函数(identity link,即直接使用 $y = f\boldsymbol{w}^T\boldsymbol{x}$),而二分类使用上面提到的连接函数。

让我们来看一个在线广告的例子。例子中,如果网页中展示的广告没有被点击(称为**曝光**),则目标变量标记为 0(在数学表示中通常使用–1);如果发生点击,则目标变量标记为 1。每次曝光的特征向量由曝光事件相关的变量组成(比如与用户、网页、广告和广告客户相关的特征,以及与事件场景相关的其他因素,比如设备类型、时间、地理位置等)。

于是,我们要训练一个模型,将给定输入的特征向量(广告曝光)映射到预测的输出(点击或者未点击)。对于一个新的数据点,我们将得到一个新的特征向量(此时不知道预测的目标变量),并将其与权重向量进行点积。然后对点积的结果应用连接函数,最后函数的结果便是预测的输出（在一些模型中，还会对输出结果设定一个阈值）。

给定输入数据的特征向量和目标变量，我们想要找到能够对数据进行最佳拟合的权重向量，拟合的过程即最小化模型输出与实际值的误差。这个过程称为模型的拟合、训练或者优化。

具体来说，我们需要找到一个权重向量，它能够最小化所有训练样本的由损失函数计算出来的损失（误差）之和。损失函数的输入是给定训练样本的权重向量、特征向量和实际输出，而输出是损失。实际上，损失函数也被定义为连接函数，每个分类或者回归函数会有对应的损失函数。

若需要进一步了解线性模型和损失函数的细节，可以查阅 Spark 编程指南中线性方法一节中关于二分类的部分：http://spark.apache.org/docs/latest/mllib-linear-methods.html#binary-classification 和 http://spark.apache.org/docs/latest/ml-classification-regression.html#linear-methods。

同时，也可以在维基百科中查阅 generalized linear model（广义线性模型）。

本书不会讨论线性模型和损失函数的细节，只介绍 MLlib 提供的两个适合二分类模型的损失函数（更多内容请看 Spark 文档）。第一个是 logistic 损失（logistic loss），等价于 **logistic 回归模型**。第二个是合页损失（hinge loss），等价于线性**支持向量机**（SVM，support vector machine）。需要指出的是，这里的 SVM 严格来说不属于广义线性模型的统计框架，但是当指定损失函数和连接函数时在使用方法上相同。

下图展示了与 0-1 损失相关的 logistic 损失和合页损失。对二分类来说，0-1 损失的值在模型预测正确时为 0，在模型预测错误时为 1。实际中，0-1 损失并不常用，原因是这个损失函数不可微分，计算梯度非常困难并且难以优化。而其他的损失函数作为 0-1 损失的近似可以进行优化。

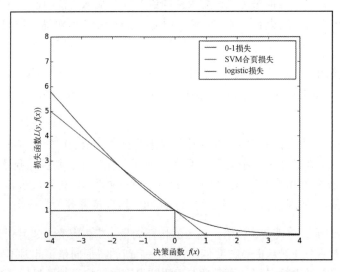

logistic 损失函数、合页损失函数以及 0-1 损失函数

上图来自 scikit-learn 的样例：http://scikit-learn.org/stable/auto_examples/linear_model/plot_sgd_loss_functions.html。

1. logistic 回归

logistic 回归是一个概率模型，也就是说该模型预测结果的值域为[0,1]。对于二分类来说，logistic 回归的输出等价于模型预测某个数据点属于正类的概率估计。logistic 回归是线性分类模型中使用最广泛的一个。

上面提到过，logistic 回归使用的连接函数为 logistic 连接：

$$1/(1+\exp(-\boldsymbol{w}^\mathrm{T}\boldsymbol{x}))$$

logistic 回归的损失函数是 logistic 损失：

$$\log(1+\exp(-y\boldsymbol{w}^\mathrm{T}\boldsymbol{x}))$$

其中 y 是实际的输出值（正类为 1，负类为–1）。

2. 多分类 logistic 回归

多分类 logistic 回归（multinomial logistic regression）针对多分类问题。它支持 2 个类别以上的输出变量。与二分类 logistic 回归类似，多元 logistic 回归同样使用最大似然估计法（maximum likelihood estimation）来计算分类概率。

多分类 logistic 回归通常用于依赖变量值是类别名称（nominal）的情况。它是指能依靠可观察特征和参数的线性组合，计算出归属特定分类概率的分类问题。

上一章的推荐模型中使用了 MovieLens 数据集，但它能用于分类的空间有限，故本章会使用一个不同的数据集。本章使用的数据集来自 Kaggle 竞赛。它由 StumbleUpon 提供，对应的问题是根据网页的内容，判断给定网页的流行度会如何——是很快就不流行，还是会一直流行。

数据集可从 https://www.kaggle.com/c/stumbleupon/data 下载。在接受相关协议后，便可下载训练数据（train.tsv）。有关该比赛的更多信息可参见：https://www.kaggle.com/c/stumbleupon。

入门代码位于：
https://github.com/ml-resources/spark-ml/tree/branch-ed2/Chapter_06/2.0.0/scala-spark-app/src/main/scala/org/sparksamples/classification/stumbleupon

使用 Spark SQLContext 将 StumbleUpon 数据存为一个临时表，其结构的截图如下。

```
|             url|urlid|        boilerplate|alchemy_category|alchemy_category_score|avglinksize|commonlinkratio_1|commonlinkratio_2|commonlinkratio_3|commonlinkratio_4|
|http://www.conven...| 7018|{"url":"convenien...|               ?|                     ?|      119.0|      0.745454545|      0.581818182|      0.290909091|      0.018181818|
|http://www.inside...| 3402|{"url":"insidersh...|               ?|                     ?| 1.883333333|      0.719696907|      0.265151515|      0.113636364|      0.015151515|
|http://www.valetm...|  477|{"title":"Valet T...|               ?|                     ?| 0.471502591|      0.190721649|      0.036082474|              0.0|              0.0|
|http://www.howswe...| 6731|{"title":"howswee...|               ?|                     ?| 2.41011236|      0.469325153|      0.101226994|      0.018404908|      0.003067485|
|http://www.thedai...| 1063|{"title":" ",bod...|               ?|                     ?|        0.0|              0.0|              0.0|              0.0|              0.0|
|http://www.monice...| 8945|{"title":"Origina...|               ?|                     ?| 4.327655311|      0.978757515|      0.895791583|      0.669138277|      0.422044888|
|http://blogs.babb...| 2839|{"title":" ",bod...|               ?|                     ?| 1.786407767|      0.552631579|      0.149122807|      0.052631579|      0.01754386|
|http://humor.cool...| 2949|{"title":"Supermo...|               ?|                     ?| 3.417910448|      0.541176471|      0.270588235|      0.176470588|      0.117647059|
|http://sportsillu...| 4156|{"title":"Genevie...|               ?|                     ?| 1.154761905|      0.504424779|      0.427728614|      0.023598827|              0.0|
|http://www.chicam...| 8004|{"title":"Ten way...|               ?|                     ?| 1.292682927|      0.421965318|      0.306358382|      0.011560694|              0.0|
|http://nerdsmagaz...| 3201|{"title":"nerdsma...|               ?|                     ?| 1.888888889|          0.59375|         0.171875|           0.0625|         0.046875|
|http://bitten.blo...| 6764|{"title":"Microwa...|               ?|                     ?| 2.618902439|      0.707317073|       0.33604336|      0.119241192|      0.051490515|
|http://www.peta.o...| 3561|{"title":"Creamy ...|               ?|                     ?| 2.881944444|       0.54822335|      0.23857868|      0.106598985|      0.040609137|
|http://www.refine...| 8138|{"title":"Photo 1...|               ?|                     ?| 1.76969697|      0.381818182|      0.181818182|      0.048484848|      0.006060606|
|http://sportsillu...| 1754|{"title":"Alyssa ...|               ?|                     ?| 1.158208955|       0.50591716|      0.428994083|      0.023668639|              0.0|
|http://twenty1f.com/| 4861|{"title":"Twenty1...|               ?|                     ?| 2.133333333|      0.655737705|      0.213114754|      0.196721311|      0.196721311|
|http://allrecipes...| 5403|{"title":"Apple D...|               ?|                     ?| 2.328502415|      0.427777778|      0.205555556|      0.061111111|      0.019444444|
|http://hypersapie...| 4781|{"url":"hypersapi...|               ?|                     ?| 2.85483871|      0.428571429|      0.103896104|      0.038961039|              0.0|
|http://www.phoeni...| 7053|{"title":"phoenix...|               ?|                     ?| 2.278481013|      0.552419355|      0.266129032|      0.052419355|      0.02016129|
|http://www.comple...| 1033|{"title":"The 25 ...|               ?|                     ?| 1.127516779|      0.636363636|      0.048484848|              0.0|              0.0|
only showing top 20 rows
```

3. 可视化 StumbleUpon 数据集

利用自定义的一些逻辑，可以将数据的特征数减少为 2 个，从而可以在二维平面上可视化，但数据的总行数不变。

```scala
object DataPersistenceApp {

  def main(args: Array[String]) {
    val sc = new SparkContext("local[1]", "Classification")

    // 从如下地址获取 StumbleUpon 数据集: https://www.kaggle.com/c/stumbleupon
    val records = sc.textFile(SparkConstants.PATH
                + "data/train_noheader.tsv").map(line => line.split("\t"))

    val data_persistent = records.map { r =>
      val trimmed = r.map(_.replaceAll("\"", ""))
      val label = trimmed(r.size - 1).toInt
      val features = trimmed.slice(4, r.size - 1)
                .map(d => if (d == "?") 0.0 else d.toDouble)
      val len = features.size.toInt
      val len_2 = math.floor(len / 2).toInt
      val x = features.slice(0, len_2)

      val y = features.slice(len_2 - 1, len)
      var i = 0
      var sum_x = 0.0
      var sum_y = 0.0
      while (i < x.length) {
        sum_x += x(i)
        i += 1
      }
      i = 0
      while (i < y.length) {
        sum_y += y(i)
        i += 1
      }
      if (sum_y != 0.0) {
        if (sum_x != 0.0) {
          math.log(sum_x) + "," + math.log(sum_y)
```

```
        } else {
          sum_x + "," + math.log(sum_y)
        }
      } else {
        if (sum_x != 0.0) {
          math.log(sum_x) + "," + 0.0
        } else {
          sum_x + "," + 0.0
        }
      }
    }
    val dataone = data_persistent.first()
    data_persistent.saveAsTextFile(SparkConstants.PATH
                            + "/results/raw-input-log")
    sc.stop()
  }
}
```

将数据变为二维后，为绘制方便，对其求对数。这里使用 D3.js 绘图，如下图所示。该数据将被分为两类，后续也会继续采用相同的基本图像来展现类别划分。

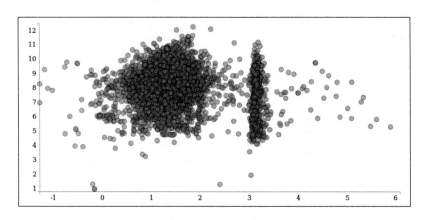

4. 从 StumbleUpon 数据集提取特征

在开始之前，先将数据文件的第一行（即列名）删除。这能简化后续 Spark 中的处理。输入 `cd` 命令，进入数据所在的目录（这里称 `PATH`），运行如下命令来删除第一行，并将结果输出为一个名为 train_noheader.tsv 的新文件。

```
> sed 1d train.tsv > train_noheader.tsv
```

现在便可启动 Spark shell（记得从 Spark 安装目录运行下面的命令）：

```
> ./bin/spark-shell --driver-memory 4g
```

本章的后续代码均可直接在 Spark shell 中输入。

和之前的章节类似,我们会导入原始数据到一个 RDD 中,再顺带看下首行:

```
val rawData = sc.textFile("/PATH/train_noheader.tsv")
val records = rawData.map(line => line.split("\t"))
records.first()
```

其输出如下:

```
Array[String] = Array("http://www.bloomberg.com/news/2010-12-23/
ibm-predicts-holographic-calls-air-breathing-batteries-by-2015.html", "4042", ...
```

从之前的截图中可以看到数据列的组成。前两列对应网页的 URL 和 ID。下一列包含部分原始的文本内容。之后是该页面归属的类别。接下来的 22 列是各种数值或类别特征。最后一列则对应问题目标,1 表示一直流行,而 0 表示一直流行。

现在仅仅直接用可用的数值特征来简单试下。由于各个类别变量只有两种值,而我们已经有了这些特征对应的 k 之一编码,故不再需要进一步做特征提取。

从数据格式来看,在初始处理过程中需要做些数据清理,以便去除多余的引用字符(`"`)。数据集中也有值缺失,它们用`?`符号标记。这里,我们简单地将这些缺失值用 0 代替。

```
import org.apache.spark.mllib.regression.LabeledPoint
import org.apache.spark.mllib.linalg.Vectors

val data_persistent = records.map { r =>
  val trimmed = r.map(_.replaceAll("\"", ""))
  val label = trimmed(r.size - 1).toInt
  val features = trimmed.slice(4, r.size - 1)
              .map(d => if (d == "?") 0.0 else d.toDouble)
  LabeledPoint(label, Vectors.dense(features))
}
```

在上面的代码中,我们从最后一列提取出 `label` 变量,从第 5~25 列提取出清理并处理过缺失值后的特征数组。`label` 变量被转换为一个整数值,而上述数组则转换为 `Array[Double]` 类型。最后,用一个 `LabeledPoint` 实例对 `label` 和上述特征进行封装,将各特征转换为一个 MLlib 向量。

同时,这些数据和数据点的个数会被缓存起来:

```
data.cache
val numData = data.count
```

可以看到 `numData` 的值为 7395。

后面会进一步探索该数据集,但现在我们知道其中有些特征的数值为负数。如之前所说,朴素贝叶斯模型需要这些值为非负数,若有负数则会抛出异常。所以,这里先将所输入特征向量中的负数全部转为 0。

```
val nbData = records.map { r =>
  val trimmed = r.map(_.replaceAll("\"", ""))
  val label = trimmed(r.size - 1).toInt
  val features = trimmed.slice(4, r.size - 1).map(d => if (d == "?") 0.0
    else d.toDouble).map(d => if (d < 0) 0.0 else d)
  LabeledPoint(label, Vectors.dense(features))
}
```

5. **StumbleUponExecutor**

StumbleUponExecutor 对象能用于相应分类模型的选择和运行。比如运行 Logistic-Regression、执行 logistic 回归流程，以及将程序参数设置为 LR。对于其他命令，参见如下代码：

```
def executeCommand(arg: String, vectorAssembler: VectorAssembler
    , dataFrame: DataFrame, sparkContext: SparkContext) = arg match {
  case "LR" => LogisticRegressionPipeline
    .logisticRegressionPipeline(vectorAssembler, dataFrame)

  case "DT" => DecisionTreePipeline
    .decisionTreePipeline(vectorAssembler, dataFrame)

  case "RF" => RandomForestPipeline
    .randomForestPipeline(vectorAssembler, dataFrame)

  case "GBT" => GradientBoostedTreePipeline
    .gradientBoostedTreePipeline(vectorAssembler, dataFrame)

  case "NB" => NaiveBayesPipeline
    .naiveBayesPipeline(vectorAssembler, dataFrame)

  case "SVM" => SVMPipeline
    .svmPipeline(sparkContext)
}
```

下面的训练会将 StumbleUpon 数据集按 8:2 分为训练数据和测试数据。使用 Logistic-Regression，按 Spark 中的 TrainValidationSplit 方式来构建模型，并在测试数据上得到评估指标。

```
// 创建 LogisticRegression 对象
val lr = new LogisticRegression()
```

为了创建一个训练流程对象，我们会使用 ParamGridBuilder。ParamGridBuilder 用于构建参数网格（param grid）。参数网格是一个参数列表，供评估器（estimator）从中选择或搜索能构建最佳模型的参数。更多相关信息可参见：https://spark.apache.org/docs/2.0.0/api/java/org/apache/spark/ml/tuning/ParamGridBuilder.html。

```
// 用 ParamGridBuilder 来设置参数
val paramGrid = new ParamGridBuilder()
  .addGrid(lr.regParam, Array(0.1, 0.01))
  .addGrid(lr.fitIntercept)
  .addGrid(lr.elasticNetParam, Array(0.0, 0.25, 0.5, 0.75, 1.0))
  .build()

val pipeline = new Pipeline().setStages(Array(vectorAssembler, lr))
```

下面会使用 `TrainValidationSplit` 来做超参数的调优。它对每个参数组合评估一次,而非像 `CrossValidator` 那样评估 k 次。它会创建单个的训练-测试数据对,且两者的分割是参照上述比例(`trainRatio` 参数)来进行的。

`TrainValidationSplit` 以 `Estimator`、`EstimatorParamMaps` 参数内含的一组 `ParamMaps`,以及 `Evaluator` 为输入。更多信息请参考如下链接:http://spark.apache.org/docs/latest/api/scala/index.html#org.apache.spark.ml.tuning.TrainValidationSplit。代码如下:

```
val trainValidationSplit = new TrainValidationSplit()
  .setEstimator(pipeline)
  .setEvaluator(new RegressionEvaluator)
  .setEstimatorParamMaps(paramGrid)
  // 8 成数据用于训练,余下 2 成用于验证
  .setTrainRatio(0.8)

val Array(training, test) = dataFrame.randomSplit(Array(0.8, 0.2), seed = 12345)

// 运行评估器
val model = trainValidationSplit.fit(training)
val holdout = model.transform(test).select("prediction","label")

// 需要将类型转换为 RegressionMetrics
val rm = new RegressionMetrics(holdout.rdd.map(x => (x(0).asInstanceOf[Double],
x(1).asInstanceOf[Double])))

logger.info("Test Metrics")
logger.info("Test Explained Variance:")
logger.info(rm.explainedVariance)
logger.info("Test R^2 Coef:")
logger.info(rm.r2)
logger.info("Test MSE:")
logger.info(rm.meanSquaredError)
logger.info("Test RMSE:")
logger.info(rm.rootMeanSquaredError)

val totalPoints = dataFrame.count()
val lrTotalCorrect = holdout.rdd.map(x =>
    if (x(0).asInstanceOf[Double] == x(1).asInstanceOf[Double]) 1 else 0).sum()
val accuracy = lrTotalCorrect / totalPoints
println("Accuracy of LogisticRegression is: ", accuracy)
```

其输出如下:

```
Accuracy of LogisticRegression is: ,0.6374918354016982
Mean Squared Error:,0.3625081645983018
Root Mean Squared Error:,0.6020865092312747
```

代码位于如下路径:https://github.com/ml-resources/spark-ml/blob/branch-ed2/Chapter_06/2.0.0/scala-spark-app/src/main/scala/org/sparksamples/classification/stumbleupon/LogisticRegressionPipeline.scala。

在二维散点图中可视化预测数据和实际数据,其结果如下所示。

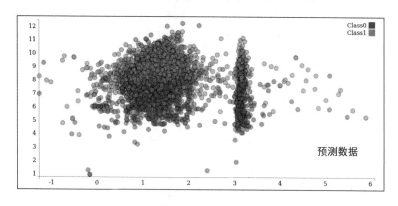

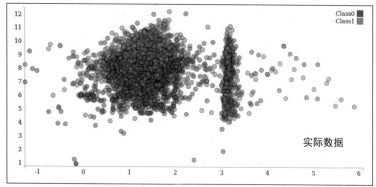

6. 线性支持向量机

SVM 在回归和分类方面是一种强大且流行的技术。和 logistic 回归不同,SVM 并不是概率模型,但是可以基于模型对正负的估计预测类别。

SVM 的连接函数是一个对等连接函数,因此预测的输出表示为:

$$y = w^T x$$

因此,当 $w^T x$ 的估计值大于等于阈值 0 时,SVM 将数据点标记为 1,否则标记为 0(其中阈值是 SVM 可以自适应的模型参数)。

SVM 的损失函数被称为合页损失,定义为:

$$\max(0, 1 - y w^T x)$$

SVM 是一个最大间隔分类器,它试图训练一个使得类别尽可能分开的权重向量。在很多分类任务中,SVM 不仅性能突出,而且在大数据集上的扩展是线性的。

SVM 有着大量的理论支撑，本书不做讨论，读者可以搜索维基百科，或访问如下网址了解更多相关知识：http://www.support-vector-machines.org/。

在下图中，基于原先的二分类简单样例，我们画出了 logistic 回归（蓝线）和线性 SVM（红线）的决策函数。

从下图中可以看出，SVM 可以有效定位到最靠近决策函数的数据点（间隔线用红色的虚线表示）：

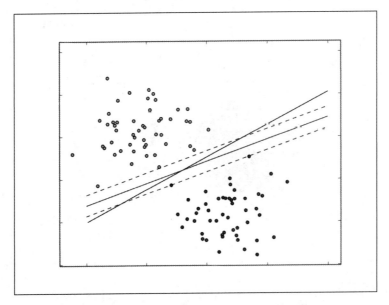

logistic 回归和线性 SVM 对二分类的决策函数

下面用 Spark 的 SVM 算法来构建模型，在 StumbleUpon 数据集上进行训练，并得到在测试数据集上的评估指标。

```
def svmPipeline(sc: SparkContext) = {
  val records = sc.textFile(
    "/home/ubuntu/work/ml-resources/spark-ml/train_noheader.tsv")
    .map(line => line.split("\t"))

  val data = records.map { r =>
    val trimmed = r.map(_.replaceAll("\"", ""))
    val label = trimmed(r.size - 1).toInt
    val features = trimmed.slice(4, r.size - 1)
      .map(d => if (d == "?") 0.0 else d.toDouble)
    LabeledPoint(label, Vectors.dense(features))
  }

  // SVM 参数
```

```
    val numIterations = 10

    // 训练模型
    val svmModel = SVMWithSGD.train(data, numIterations)

    // 去除默认阈值
    svmModel.clearThreshold()

    val svmTotalCorrect = data.map { point =>
      if (svmModel.predict(point.features) == point.label) 1 else 0
    }.sum()

    // 计算准确度
    val svmAccuracy = svmTotalCorrect / data.count()
    println(svmAccuracy)
}
```

其输出如下:

```
Area under ROC = 1.0
```

以上代码位于:

https://github.com/ml-resources/spark-ml/blob/branch-ed2/Chapter_06/2.0.0/scala-spark-app/src/main/scala/org/sparksamples/classification/stumbleupon/SVMPipeline.scala。

6.1.2 朴素贝叶斯模型

朴素贝叶斯是一个概率模型,通过计算给定数据点属于某个类别的概率来进行预测。朴素贝叶斯模型假定各个特征之间对分类的影响相互独立(假定各个特征之间条件独立)。

基于这个假设,属于某个类别的概率表示为若干概率乘积的函数,其中这些概率包括某个特征在给定某个类别的条件下出现的概率(条件概率),以及该类别的概率(先验概率)。这样使得模型训练非常直接且易于处理。类别的先验概率和特征的条件概率可以通过数据的频率估计得到。分类过程就是在给定特征和类别概率的情况下选择最可能的类别。

另外还有一个关于特征分布的假设,即参数的估计来自数据。MLlib 实现了多项朴素贝叶斯(multinomial naive Bayes),其中假设特征分布是多项分布,用以表示特征的非负频率统计。

上述假设非常适合二元特征(比如 k 之一,k 维特征向量中只有 1 维为 1,其他为 0),并且普遍用于文本分类(第 4 章中介绍的词袋模型是一个典型的二元特征表示)。

 可以看一看 Spark 文档中 MLlib-Naive Bayes 部分:http://spark.apache.org/docs/latest/ml-classification-regression.html#naive-bayes。维基百科中有详细的数学公式解释。

下图展示了朴素贝叶斯在二分类样本上的决策函数：

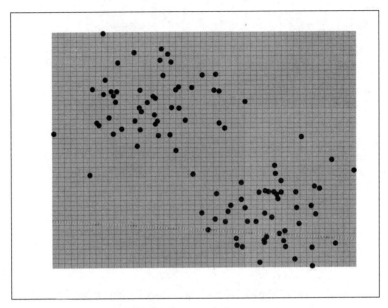

朴素贝叶斯模型在二分类问题上的决策函数

下面用 Spark 的朴素贝叶斯算法来构建模型，在 StumbleUpon 数据集上进行训练，并得到在测试数据集上的评估指标。同样，数据会按照 9：1 分为训练数据和测试数据。

```
def naiveBayesPipeline(vectorAssembler: VectorAssembler, dataFrame: DataFrame) = {
  val Array(training, test) = dataFrame.randomSplit(Array(0.9, 0.1), seed = 12345)

  // 设置 Pipeline
  val stages = new mutable.ArrayBuffer[PipelineStage]()

  val labelIndexer = new StringIndexer()
    .setInputCol("label")
    .setOutputCol("indexedLabel")
  stages += labelIndexer

  // 创建朴素贝叶斯模型
  val nb = new NaiveBayes()

  stages += vectorAssembler
  stages += nb
  val pipeline = new Pipeline().setStages(stages.toArray)

  // 拟合 Pipeline
  val startTime = System.nanoTime()
  val model = pipeline.fit(training)
  val elapsedTime = (System.nanoTime() - startTime) / 1e9
  println(s"Training time: $elapsedTime seconds")
```

6.1 分类模型的种类

```
  val holdout = model.transform(test).select("prediction","label")

  // 选择(prediction, true label)并计算测试误差
  val evaluator = new MulticlassClassificationEvaluator()
    .setLabelCol("label")
    .setPredictionCol("prediction")
    .setMetricName("accuracy")
  val mAccuracy = evaluator.evaluate(holdout)
  println("Test set accuracy = " + mAccuracy)
}
```

其输出如下：

```
Training time: 2.114725642 seconds
Accuracy: 0.5660377358490566
```

完整的代码位于如下地址：

https://github.com/ml-resources/spark-ml/blob/branch-ed2/Chapter_06/2.0.0/scala-spark-app/src/main/scala/org/sparksamples/classification/stumbleupon/NaiveBayesPipeline.scala。

在二维散点图中可视化预测数据和实际数据，其结果如下所示。

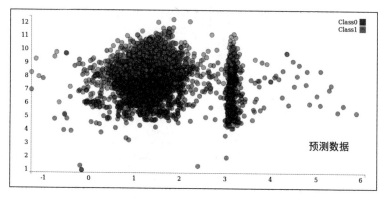

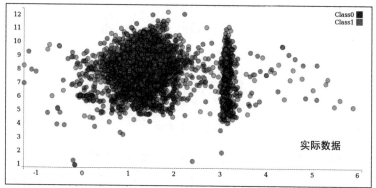

6.1.3 决策树

决策树是一种强大的非概率模型,它可以表达复杂的非线性模式和特征相互关系。决策树在很多任务上表现出的性能很好,相对容易理解和解释,可以处理类别特征和数值特征,同时不要求输入数据归一化或者标准化。决策树非常适合应用集成方法,比如多个决策树的集成(称为决策树森林)。

决策树模型就好比一棵树,叶子代表值为0或1的分类,树枝代表特征。下图展示了一棵简单的决策树,二元输出分别是"待在家里"和"去海滩",特征则是天气。

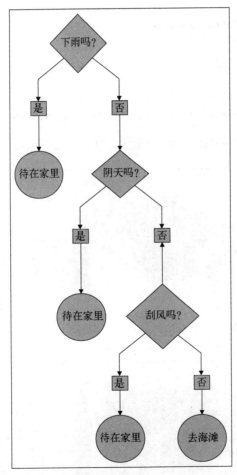

简单的决策树

决策树算法是一种自上而下的、始于根节点(或特征)的方法,在每一个步骤中通过评估特征分割的信息增益,选出分割数据集最优的特征。信息增益通过计算节点不纯度(即节点标签不相似或不同质的程度）减去分割后的两个子节点不纯度的加权和。对于分类任务，有两种评估方法可用于选择最好的分割：基尼不纯度（Gini impurity）和熵（entropy）。

 要进一步了解决策树算法和不纯度估计，请参考 Spark 编程指南中的 "MLlib-Decision Tree" 部分：http://spark.apache.org/docs/latest/ml-classification-regression.html#decision-tree-classifier。

如下图所示，和之前的模型一样，我们画出了决策树模型的决策边界。可以看到，决策树能够适应复杂和非线性的模型。

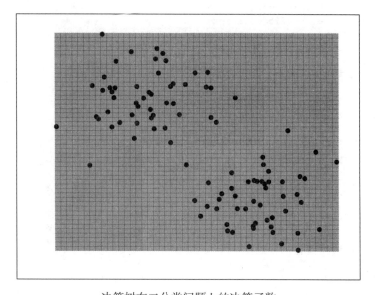

决策树在二分类问题上的决策函数

下面用 Spark 的决策树算法来构建模型，在 StumbleUpon 数据集上进行训练，并得到在测试数据集上的评估指标。同样，数据会按照 9∶1 分为训练数据和测试数据。

```
def decisionTreePipeline(vectorAssembler: VectorAssembler, dataFrame: DataFrame) = {
  val Array(training, test) = dataFrame.randomSplit(Array(0.9, 0.1), seed = 12345)

  // 设置 Pipeline
  val stages = new mutable.ArrayBuffer[PipelineStage]()

  val labelIndexer = new StringIndexer()
    .setInputCol("label")
    .setOutputCol("indexedLabel")
  stages += labelIndexer

  val dt = new DecisionTreeClassifier()
    .setFeaturesCol(vectorAssembler.getOutputCol)
    .setLabelCol("indexedLabel")
```

```
    .setMaxDepth(5)
    .setMaxBins(32)
    .setMinInstancesPerNode(1)
    .setMinInfoGain(0.0)
    .setCacheNodeIds(false)
    .setCheckpointInterval(10)

stages += vectorAssembler
stages += dt
val pipeline = new Pipeline().setStages(stages.toArray)

// 拟合 Pipeline
val startTime = System.nanoTime()
val model = pipeline.fit(training)
val elapsedTime = (System.nanoTime() - startTime) / 1e9
println(s"Training time: $elapsedTime seconds")

val holdout = model.transform(test).select("prediction","label")

// 选择(prediction, true label)并计算测试误差
val evaluator = new MulticlassClassificationEvaluator()
  .setLabelCol("label")
  .setPredictionCol("prediction")
  .setMetricName("accuracy")
val mAccuracy = evaluator.evaluate(holdout)
println("Test set accuracy = " + mAccuracy)
}
```

输出如下：

`Accuracy: 0.3786163522012579`

上述代码位于：

https://github.com/ml-resources/spark-ml/blob/branch-ed2/Chapter_06/2.0.0/scala-spark-app/src/main/scala/org/sparksamples/classification/stumbleupon/DecisionTreePipeline.scala。

在二维散点图中可视化预测数据和实际数据，其结果如下所示。

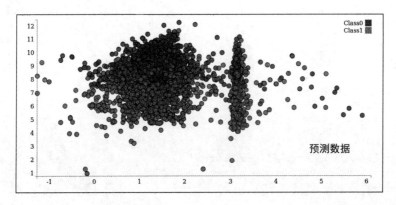

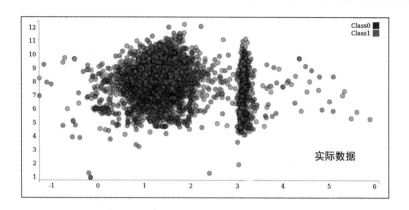

6.1.4 树集成模型

集成模型指将基础模型组合成为一个模型。Spark 支持两种主要的集成算法：随机森林和梯度提升树。

1. 随机森林

随机森林即决策树的集成，它由多个决策树组合而成。如决策树一样，随机森林能处理类别特征、支持多分类而且不需要特征缩放。

Spark MLlib 的随机森林算法同时支持二分类和多类别分类，以及连续型和类别型特征上的回归。

下面用 Spark 的随机森林算法来构建模型，在 StumbleUpon 数据集上进行训练，并得到在测试数据集上的评估指标。同样，数据会按照 9∶1 分为训练数据和测试数据。

```
def randomForestPipeline(vectorAssembler: VectorAssembler, dataFrame: DataFrame) = {
  val Array(training, test) = dataFrame.randomSplit(Array(0.9, 0.1), seed = 12345)

  // 设置 Pipeline
  val stages = new mutable.ArrayBuffer[PipelineStage]()

  val labelIndexer = new StringIndexer()
    .setInputCol("label")
    .setOutputCol("indexedLabel")
  stages += labelIndexer

  val rf = new RandomForestClassifier()
    .setFeaturesCol(vectorAssembler.getOutputCol)
    .setLabelCol("indexedLabel")
    .setNumTrees(20)
    .setMaxDepth(5)
    .setMaxBins(32)
    .setMinInstancesPerNode(1)
```

```
      .setMinInfoGain(0.0)
      .setCacheNodeIds(false)
      .setCheckpointInterval(10)

    stages += vectorAssembler
    stages += rf
    val pipeline = new Pipeline().setStages(stages.toArray)

    // 拟合 Pipeline
    val startTime = System.nanoTime()
    val model = pipeline.fit(training)
    val elapsedTime = (System.nanoTime() - startTime) / 1e9
    println(s"Training time: $elapsedTime seconds")

    val holdout = model.transform(test).select("prediction","label")

    // 选择(prediction, true label)并计算测试误差
    val evaluator = new MulticlassClassificationEvaluator()
      .setLabelCol("label")
      .setPredictionCol("prediction")
      .setMetricName("accuracy")
    val mAccuracy = evaluator.evaluate(holdout)
    println("Test set accuracy = " + mAccuracy)

}
```

其输出如下:

```
Accuracy: 0.348
```

上述代码位于:

https://github.com/ml-resources/spark-ml/blob/branch-ed2/Chapter_06/2.0.0/scala-spark-app/src/main/scala/org/sparksamples/classification/stumbleupon/RandomForestPipeline.scala。

在二维散点图中可视化预测数据和实际数据,其结果如下所示。

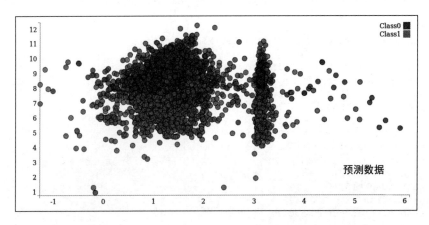

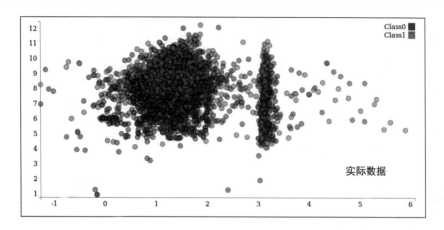

实际数据

2. 梯度提升树

梯度提升树是决策树的集成。它迭代地对决策树进行训练以最小化损失函数。它能处理类别型特征、支持多类别分类且不需要特征缩放。

Spark MLlib 中梯度提升树是通过现有决策树的实现而实现的。它同时支持分类和回归。

下面用 Spark 的梯度提升树算法来构建模型,在 StumbleUpon 数据集上进行训练,并得到在测试数据集上的评估指标。同样,数据会按照 9∶1 分为训练数据和测试数据。代码如下:

```
val Array(training, test) = dataFrame.randomSplit(Array(0.9, 0.1), seed = 12345)

// 设置 Pipeline
val stages = new mutable.ArrayBuffer[PipelineStage]()

val labelIndexer = new StringIndexer()
  .setInputCol("label")
  .setOutputCol("indexedLabel")
stages += labelIndexer

// 创建梯度提升树模型
val gbt = new GBTClassifier()
  .setFeaturesCol(vectorAssembler.getOutputCol)
  .setLabelCol("indexedLabel")
  .setMaxIter(10)

stages += vectorAssembler
stages += gbt
val pipeline = new Pipeline().setStages(stages.toArray)

// 拟合 Pipeline
val startTime = System.nanoTime()
val model = pipeline.fit(training)
val elapsedTime = (System.nanoTime() - startTime) / 1e9
println(s"Training time: $elapsedTime seconds")
```

```
val holdout = model.transform(test).select("prediction","label")

// 需将类型转为 RegressionMetrics
val rm = new RegressionMetrics(holdout.rdd.map(x => (x(0).asInstanceOf[Double],
x(1).asInstanceOf[Double])))

logger.info("Test Metrics")
logger.info("Test Explained Variance:")
logger.info(rm.explainedVariance)
logger.info("Test R^2 Coef:")
logger.info(rm.r2)
logger.info("Test MSE:")
logger.info(rm.meanSquaredError)
logger.info("Test RMSE:")
logger.info(rm.rootMeanSquaredError)

val predictions =
model.transform(test).select("prediction").rdd.map(_.getDouble(0))
val labels = model.transform(test).select("label").rdd.map(_.getDouble(0))
val accuracy = new MulticlassMetrics(predictions.zip(labels)).precision
println(s"  Accuracy : $accuracy")
```

输出如下：

Accuracy: 0.3647

完整代码参见如下地址：

https://github.com/ml-resources/spark-ml/blob/branch-ed2/Chapter_06/2.0.0/scala-spark-app/src/main/scala/org/sparksamples/classification/stumbleupon/GradientBoostedTreePipeline.scala。

在二维散点图中可视化预测数据和实际数据，其结果如下所示。

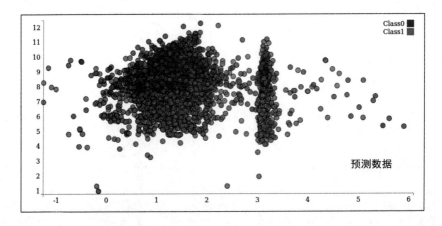

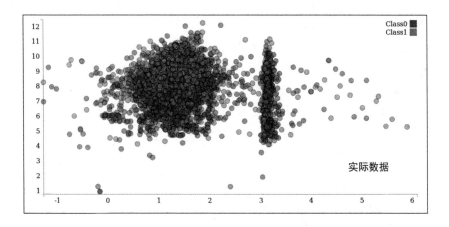

实际数据

3. 多层感知分类器

神经网络是一个复杂的自适应系统，它会借助各权重的变更而改变信息流，进而改变自己的内部结构。针对多层神经网络的权重优化过程也称为**反向传播**（backpropagation）。反向传播超出了本书讨论范围，另也涉及激活函数和基本的微积分知识。

多层感知分类器（multilayer perceptron classifier）基于前向反馈（feed-forward）人工神经网络。它由多个神经层构成，每层都与下一层全连接。其输入层的各节点对应输入数据。其他节点都会对经该节点的输入、相应的权重和偏置（bias）进行线性组合，再应用一个激活函数（activation function）或连接函数后，映射为对应的输出。

下面用 Spark 的多层感知分类器算法来构建模型，在 libsvm 样例数据集上进行训练，并得到在测试数据集上的评估指标。同样，数据会按照 6：4 分为训练数据和测试数据。代码如下：

```
object MultilayerPerceptronClassifierExample {

  def main(args: Array[String]): Unit = {
    val spark = SparkSession
      .builder
      .appName("MultilayerPerceptronClassifierExample")
      .getOrCreate()

    // 将 LIBSVM 格式的数据载入并转为一个 DataFrame
    val data = spark.read.format("libsvm")
      .load("/Users/manpreet.singh/Sandbox/codehub/github/machinelearning/spark-ml/Chapter_06/2.0.0/scala-spark-app/src/main/scala/org/sparksamples/classification/dataset/spark-data/sample_multiclass_classification_data.txt")

    // 将数据分割为训练数据和测试数据
    val splits = data.randomSplit(Array(0.6, 0.4), seed = 1234L)
    val train = splits(0)
    val test = splits(1)

    // 指定神经网络的层：
```

```
// 输入层有 4 个特征，中间的两层分别有 5 个特征和 4 个特征
// 输出层的大小则为 3
val layers = Array[Int](4, 5, 4, 3)

// 创建并设置训练器
val trainer = new MultilayerPerceptronClassifier()
  .setLayers(layers)
  .setBlockSize(128)
  .setSeed(1234L)
  .setMaxIter(100)

// 训练模型
val model = trainer.fit(train)

// 计算在测试数据集上的准确度
val result = model.transform(test)
val predictionAndLabels = result.select("prediction", "label")
val evaluator = new MulticlassClassificationEvaluator()
  .setMetricName("accuracy")

println("Test set accuracy = " + evaluator.evaluate(predictionAndLabels))

spark.stop()
  }
}
```

输出如下：

Precision = 1.0

完整代码参见如下地址：

https://github.com/ml-resources/spark-ml/blob/branch-ed2/Chapter_06/2.0.0/scala-spark-app/src/main/scala/org/sparksamples/classification/stumbleupon/MultilayerPerceptronClassifierExample.scala。

在继续之前，请注意如下特征提取和分类示例所用的函数来自 Spark 1.6 的 MLlib。请参照早先的代码，使用 Spark 2.0 的基于 Dataframe 的 API。Spark 2.0 中基于 RDD 的 API 在本书写作时仍处于维护状态。

6.2　从数据中抽取合适的特征

回顾第 4 章，可以发现大部分机器学习模型以特征向量的形式处理数值数据。另外，对于分类和回归等监督学习方法，需要同时提供目标变量（或者多类别情况下的变量）和特征向量。

MLlib 中的分类模型通过 `LabeledPoint` 对象操作，其中封装了目标变量（标签）和特征向量：

```
case class LabeledPoint(label: Double, features: Vector)
```

虽然在使用分类模型的很多样例中会碰到向量格式的数据集，但在实际工作中，通常还需要从原始数据中抽取特征。正如前几章介绍的，这包括封装数值特征、缩放或者正则化特征，以及使用 k 之一编码表示类属特征等预处理和转换。

6.3 训练分类模型

上面已从数据集中提取了基本的特征并且创建了输入 RDD，接下来开始训练各种模型吧。为了比较不同模型的性能，我们将训练 logistic 回归、SVM、朴素贝叶斯和决策树模型。你会发现每个模型的训练方法几乎一样，不同的是每个模型都有着自己特定可配置的参数。MLlib 大多数情况下会设置明确的默认值，但实际上，最好的参数配置需要通过评估技术来选择，这会在后续章节中进行讨论。

在 Kaggle/StumbleUpon evergreen 的分类数据集中训练分类模型

现在可以对输入数据应用 MLlib 的模型了。首先，需要导入必要的类，并对每个模型配置一些基本的输入参数。其中，需要为 logistic 回归和 SVM 设置迭代次数，为决策树设置最大树深度。

```
import org.apache.spark.mllib.classification.LogisticRegressionWithSGD
import org.apache.spark.mllib.classification.SVMWithSGD
import org.apache.spark.mllib.classification.NaiveBayes
import org.apache.spark.mllib.tree.DecisionTree
import org.apache.spark.mllib.tree.configuration.Algo
import org.apache.spark.mllib.tree.impurity.Entropy
val numIterations = 10
val maxTreeDepth = 5
```

现在，依次训练每个模型。首先训练 logistic 回归模型：

```
val lrModel = LogisticRegressionWithSGD.train(data, numIterations)
```

你将看到如下输出：

```
...
14/12/06 13:41:47 INFO DAGScheduler: Job 81 finished: reduce at
  RDDFunctions.scala:112, took 0.011968 s
14/12/06 13:41:47 INFO GradientDescent: GradientDescent.
  runMiniBatchSGD finished. Last 10 stochastic losses 0.6931471805599474,
  1196521.395699124, Infinity, 1861127.002201189, Infinity,
  2639638.049627607, Infinity, Infinity, Infinity, Infinity
lrModel: org.apache.spark.mllib.classification.LogisticRegressionModel =
  (weights=[-0.11372778986947886,-0.511619752777837,
...
```

接下来，训练 SVM 模型：

```
val svmModel = SVMWithSGD.train(data, numIterations)
```

你将看到如下输出:

```
...
14/12/06 13:43:08 INFO DAGScheduler: Job 94 finished: reduce at
  RDDFunctions.scala:112, took 0.007192 s
14/12/06 13:43:08 INFO GradientDescent: GradientDescent.runMiniBatchSGD
  finished. Last 10 stochastic losses 1.0, 2398226.619666797,
  2196192.9647478117, 3057987.2024311484, 271452.9038284356,
  3158131.191895948, 1041799.350498323, 1507522.941537049,
  1754560.9909073508, 136866.76745605646
svmModel: org.apache.spark.mllib.classification.SVMModel = (weigh
  ts=[-0.12218838697834929,-0.5275107581589767,
...
```

接下来训练朴素贝叶斯模型。记住要使用处理过的没有负特征值的数据:

```
val nbModel = NaiveBayes.train(nbData)
```

输出如下:

```
...
14/12/06 13:44:48 INFO DAGScheduler: Job 95 finished: collect at
  NaiveBayes.scala:120, took 0.441273 s

nbModel: org.apache.spark.mllib.classification.NaiveBayesModel = org.
  apache.spark.mllib.classification.NaiveBayesModel@666ac612
...
```

最后训练决策树:

```
val dtModel = DecisionTree.train(data, Algo.Classification, Entropy, maxTreeDepth)
```

输出如下:

```
...
14/12/06 13:46:03 INFO DAGScheduler: Job 104 finished: collectAsMap at
  DecisionTree.scala:653, took 0.031338 s
...
    total: 0.343024
    findSplitsBins: 0.119499
    findBestSplits: 0.200352
    chooseSplits: 0.199705
dtModel: org.apache.spark.mllib.tree.model.DecisionTreeModel =
DecisionTreeModel classifier of depth 5 with 61 nodes
...
```

注意,上面将决策树的模式或 Algo 设置为 Classification,并且使用了熵来衡量不纯度。

6.4 使用分类模型

现在我们有 4 个在输入标签和特征下训练好的模型。接下来看看如何使用这些模型进行预测。这里将使用同样的训练数据来展示每个模型的预测方法。

6.4.1 在 Kaggle/StumbleUpon evergreen 数据集上进行预测

这里以 logistic 回归模型为例（其他模型的处理方法类似）：

```
val dataPoint = data.first
val prediction = lrModel.predict(dataPoint.features)
```

输出如下：

prediction: Double = 1.0

可以看到对于训练数据中的第一个样本，模型预测值为 1，即会一直流行。让我们来检验一下这个样本真正的标签：

```
val trueLabel = dataPoint.label
```

输出如下：

trueLabel: Double = 0.0

可以看到，这个样例中我们的模型预测出错了！

我们可以将 `RDD[Vector]` 整体作为输入来做预测：

```
val predictions = lrModel.predict(data.map(lp => lp.features))
predictions.take(5)
```

输出如下：

Array[Double] = Array(1.0, 1.0, 1.0, 1.0, 1.0)

6.4.2 评估分类模型的性能

在使用模型做预测时，如何知道预测得到底好不好呢？换句话说，应该知道怎么评估模型的性能。通常在二分类中使用的评估方法包括：预测正确率和错误率、准确率和召回率、准确率–召回率曲线下的面积、ROC（receiver operating characteristic）曲线、ROC 曲线下的面积（AUC）和 F-Measure。

6.4.3 预测的正确率和错误率

二分类的预测正确率可能是最简单的评测方式。其正确率等于训练样本中被正确分类的数目除以总样本数。类似地，错误率等于训练样本中被错误分类的样本数目除以总样本数。

下面通过对输入特征进行预测并将预测值与实际标签进行比较，计算出模型在训练数据上的正确率。对正确分类的样本数目求和并除以样本总数，得到平均分类正确率：

```
val lrTotalCorrect = data.map { point =>
  if (lrModel.predict(point.features) == point.label) 1 else 0
}.sum
val lrAccuracy = lrTotalCorrect / data.count
```

输出如下：

```
lrAccuracy: Double = 0.5146720757268425
```

这得到了 51.5% 的正确率，结果看起来不是很好。该模型仅仅预测对了一半的训练数据，和随机猜测差不多。

注意，模型预测的值并不是恰好为 1 或 0。预测的输出通常是实数，然后必须转换为预测类别。这是通过在分类器的决策函数或打分函数中使用阈值来实现的。

比如二分类的 logistic 回归这个概率模型会在打分函数中返回类别为 1 的估计概率。因此典型的决策阈值是 0.5。于是，如果类别 1 的概率估计超过 50%，这个模型会将样本标记为类别 1，否则标记为类别 0。

在一些模型中，阈值本身其实也可以作为模型参数进行调优。接下来我们将看到阈值在评估方法中也是很重要的。

其他模型如何呢？让我们来计算其他 3 个模型的正确率：

```
val svmTotalCorrect = data.map { point =>
  if (svmModel.predict(point.features) == point.label) 1 else 0
}.sum
val nbTotalCorrect = nbData.map { point =>
  if (nbModel.predict(point.features) == point.label) 1 else 0
}.sum
```

注意，决策树的预测阈值需要明确给出，如下面的加粗部分所示：

```
val dtTotalCorrect = data.map { point =>
  val score = dtModel.predict(point.features)
  val predicted = if (score > 0.5) 1 else 0
  if (predicted == point.label) 1 else 0
}.sum
```

现在来看看其他 3 个模型的正确率。

首先是 SVM 模型：

```
val svmAccuracy = svmTotalCorrect / numData
```

SVM 模型的预测输出如下：

```
svmAccuracy: Double = 0.5146720757268425
```

接着是朴素贝叶斯模型：

```
val nbAccuracy = nbTotalCorrect / numData
```

朴素贝叶斯模型的输出如下：

nbAccuracy: Double = 0.5803921568627451

最后，让我们来计算决策树的正确率：

```
val dtAccuracy = dtTotalCorrect / numData
```

决策树的输出如下：

dtAccuracy: Double = 0.6482758620689655

对比发现，SVM 和朴素贝叶斯模型性能都较差，而决策树模型的正确率达 65%，但还不是很高。

6.4.4 准确率和召回率

在信息检索中，准确率通常用于评价结果的质量，而召回率用来评价结果的完整性。

在二分类问题中，准确率定义为真阳性（true positives）的数目除以真阳性和假阳性（false positives）的总数，其中真阳性是指被正确预测为类别 1 的样本，假阳性是被错误预测为类别 1 的样本。如果每个被分类器预测为类别 1 的样本确实属于类别 1，那么准确率达到 100%。

召回率（recall）定义为真阳性的数目除以真阳性和假阴性的和，其中假阴性是类别为 1 却被预测为 0 的样本。如果任何一个类型为 1 的样本没有被错误预测为类别 0（即没有假阴性），那么召回率达到 100%。

通常，准确率和召回率是负相关的，高准确率常常对应低召回率，反之亦然。为了说明这一点，假定我们训练了一个模型，其预测输出永远是类别 1。因为总是预测输出类别 1，所以模型预测结果不会出现假阴性，这样也不会错过任何类别 1 的样本。于是，得到模型的召回率是 1.0。另一方面，假阳性会非常高，这意味着准确率非常低（这依赖各个类别在数据集中确切的分布情况）。

准确率和召回率在单独度量时用处不大，但是它们通常会一起用于组成聚合或者平均度量。二者同时也依赖于模型中选择的阈值。

直觉上来讲，当阈值低于某个程度时，模型的预测结果永远是类别 1。因此，模型的召回率为 1，但是准确率很可能很低。相反，当阈值足够大时，模型的预测结果永远会是类别 0。此时，模型的召回率为 0，因为模型不能预测任何真阳性的样本，所以很可能会有很多的假阴性样本。不仅如此，因为这种情况下真阳性和假阳性为 0，所以无法定义模型的准确率。

下图所示的**准确率–召回率**（PR）曲线，表示给定模型随着决策阈值的改变，准确率和召回率的对应关系。PR 曲线下的面积为平均准确率。直觉上，PR 曲线下的面积为 1 等价于一个完美模型，其准确率和召回率达到 100%。

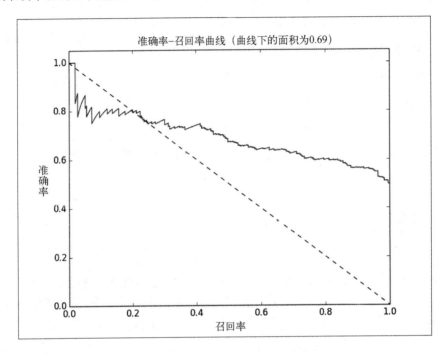

更多关于准确率、召回率和 PR 曲线下面积的资料，请查阅：https://en.wikipedia.org/wiki/Precision_and_recall 和 https://en.wikipedia.org/wiki/Evaluation_measures_(information_retrieval)#Average_precision。

6.4.5 ROC 曲线和 AUC

ROC 曲线在概念上和 PR 曲线类似，它是对分类器的真阳性率-假阳性率的图形化解释。

真阳性率（TPR）是真阳性的样本数除以真阳性和假阴性的样本数之和。换句话说，TPR 是真阳性数目占所有正样本的比例。这和之前提到的召回率类似，通常也称为敏感度（sensitivity）。

假阳性率（FPR）是假阳性的样本数除以假阳性和真阴性（被正确预测为类别 0 的样本数）的样本数之和。换句话说，FPR 是假阳性样本数占所有负样本总数的比例。

和准确率和召回率类似，ROC 曲线（下图）表示了分类器性能在不同决策阈值下 TPR 对 FPR 的折中。曲线上每个点代表分类器决策函数中不同的阈值。

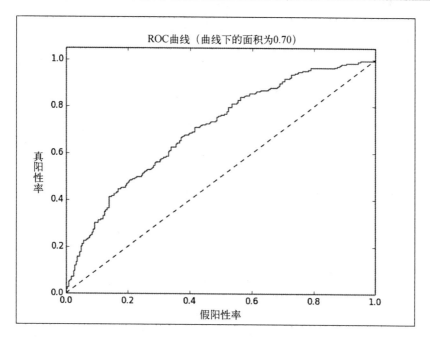

ROC下的面积（通常称作 AUC）表示平均值。同样，AUC 为 1.0 时表示一个完美的分类器，0.5 则表示一个随机的性能。于是，一个模型的 AUC 为 0.5 时和随机猜测效果一样。

 因为 PR 曲线下的面积和 ROC 曲线下的面积经过归一化（最小值为 0，最大值为 1），所以我们可以用这些度量方法比较不同参数配置下的模型，甚至可以比较完全不同的模型。因此，这两个方法在模型评估和选择上也很常用。

MLlib 内置了一系列方法用来计算二分类的 PR 曲线下的面积和 ROC 曲线下的面积。下面我们针对每一个模型来计算这些指标：

```
import org.apache.spark.mllib.evaluation.BinaryClassificationMetrics
val metrics = Seq(lrModel, svmModel).map { model =>
  val scoreAndLabels = data.map { point =>
    (model.predict(point.features), point.label)
  }
  val metrics = new BinaryClassificationMetrics(scoreAndLabels)
  (model.getClass.getSimpleName, metrics.areaUnderPR, metrics.areaUnderROC)
}
```

我们之前已经训练了朴素贝叶斯模型并计算了准确率，其中使用的数据集是 nbData 版本，这里用同样的数据集计算分类的结果。

```
val nbMetrics = Seq(nbModel).map{ model =>
  val scoreAndLabels = nbData.map { point =>
    val score = model.predict(point.features)
    (if (score > 0.5) 1.0 else 0.0, point.label)
```

```
    val metrics = new BinaryClassificationMetrics(scoreAndLabels)
    (model.getClass.getSimpleName, metrics.areaUnderPR,
    metrics.areaUnderROC)
}
```

因为 `DecisionTreeModel` 模型没有实现其他 3 个模型都有的 `ClassificationModel` 接口，所以我们需要单独为这个模型编写如下代码以计算结果：

```
val dtMetrics = Seq(dtModel).map{ model =>
  val scoreAndLabels = data.map { point =>
    val score = model.predict(point.features)
    (if (score > 0.5) 1.0 else 0.0, point.label)
  }
  val metrics = new BinaryClassificationMetrics(scoreAndLabels)
    (model.getClass.getSimpleName, metrics.areaUnderPR, metrics.areaUnderROC)
}
val allMetrics = metrics ++ nbMetrics ++ dtMetrics
allMetrics.foreach{ case (m, pr, roc) =>
  println(f"$m, Area under PR: ${pr * 100.0}%2.4f%%, Area under
    ROC: ${roc * 100.0}%2.4f%%")
}
```

你的输出应该如下：

```
LogisticRegressionModel, Area under PR: 75.6759%, Area under ROC:
  50.1418%
SVMModel, Area under PR: 75.6759%, Area under ROC: 50.1418%
NaiveBayesModel, Area under PR: 68.0851%, Area under ROC: 58.3559%
DecisionTreeModel, Area under PR: 74.3081%, Area under ROC: 64.8837%
```

我们可以看到，所有模型得到的平均准确率差不多。

logistic 回归和 SVM 的 AUC 的结果在 0.5 左右，表明这两个模型并不比随机好。朴素贝叶斯模型和决策树模型的性能稍微好些，AUC 分别是 0.58 和 0.65。但是，在二分类问题上这个性能并不是非常好。

这里我们没有讨论多类别分类问题，MLlib 提供了一个类似的计算性能的类 `MulticlassMetrics`，其中提供了许多常见的度量方法。

6.5　改进模型性能以及参数调优

到底哪里出错了呢？为什么我们的模型如此复杂却只得到比随机稍好的结果？我们的模型哪里存在问题？

想想看，我们只是简单地把原始数据送进了模型做训练。事实上，我们并没有把所有数据用在模型中，只是用了其中易用的数值部分。同时，我们也没有对这些数值特征做太多分析。

6.5.1 特征标准化

我们使用的许多模型对输入数据的分布和规模有着一些固有的假设，其中最常见的假设形式是特征满足正态分布。下面我们进一步研究特征是如何分布的。

为此，我们先将特征向量用 RowMatrix 类表示成 MLlib 中的分布式矩阵。RowMatrix 是一个由向量组成的 RDD，其中每个向量是分布式矩阵的一行。

RowMatrix 类中有一些方便操作矩阵的方法，其中一个方法可以计算矩阵每列的统计特性：

```
import org.apache.spark.mllib.linalg.distributed.RowMatrix
val vectors = data.map(lp => lp.features)
val matrix = new RowMatrix(vectors)
val matrixSummary = matrix.computeColumnSummaryStatistics()
```

下面的代码可以输出矩阵每列的均值：

```
println(matrixSummary.mean)
```

输出结果：

```
[0.41225805299526636,2.761823191986623,0.46823047328614004, ...
```

下面的代码输出矩阵每列的最小值：

```
println(matrixSummary.min)
```

输出结果：

```
[0.0,0.0,0.0,0.0,0.0,0.0,0.0,-1.0,0.0,0.0,0.0,0.045564223,-1.0, ...
```

下面的代码输出矩阵每列的最大值：

```
println(matrixSummary.max)
```

输出结果：

```
[0.999426,363.0,1.0,1.0,0.980392157,0.980392157,21.0,0.25,0.0,0.444444444, ...
```

下面代码输出矩阵每列的方差：

```
println(matrixSummary.variance)
```

输出为：

```
[0.1097424416755897,74.30082476809638,0.04126316989120246, ...
```

下面代码输出矩阵每列中非零项的数目：

```
println(matrixSummary.numNonzeros)
```

输出为：

[5053.0,7354.0,7172.0,6821.0,6160.0,5128.0,7350.0,1257.0,0.0, ...

`computeColumnSummaryStatistics` 方法计算特征矩阵每列的不同统计数据，包括均值和方差，所有统计值按每列一项的方式存储在一个向量中（在我们的例子中每个特征对应一项）。

观察前面对均值和方差的输出，可以清晰地发现，第二个特征的方差和均值比其他的都要高（你会发现一些其他特征也有类似的结果，而且有些特征更加极端）。因为我们的数据在原始形式下，所以确切地说并不符合标准的高斯分布。为了使数据更符合模型的假设，可以对每个特征进行标准化，使得每个特征是 0 均值和单位标准差。具体做法是对每个特征值减去列的均值，然后除以列的标准差以进行缩放：

$$(x - \mu) / \mathrm{sqrt}(\mathrm{variance})$$

实际上，对于数据集中每个特征向量，我们可以与均值向量按项依次做减法，然后依次按项除以特征的标准差向量。标准差向量可以由方差向量的每项求平方根得到。

正如我们在第 4 章提到的，可以使用 Spark 的 `StandardScaler` 中的方法方便地完成这些操作。

`StandardScaler` 的工作方式和第 4 章的 `Normalizer` 特征有很多类似的地方。为了说清楚，我们传入两个参数，一个表示是否从数据中减去均值，另一个表示是否应用标准差缩放。这样使得 `StandardScaler` 和我们的输入向量相符。最后，将输入向量传到转换函数，并且返回归一化的向量。具体实现代码如下。我们使用 `map` 函数来保留数据集的标签：

```
import org.apache.spark.mllib.feature.StandardScaler
val scaler = new StandardScaler(withMean = true, withStd = true).fit(vectors)
val scaledData = data.map(lp => LabeledPoint(lp.label,
  scaler.transform(lp.features)))
```

现在我们的数据已标准化。观察第一行标准化前和标准化后的向量。下面输出第一行标准化前的特征向量：

```
println(data.first.features)
```

结果如下：

[0.789131,2.055555556,0.676470588,0.205882353,

下面输出第一行标准化后的特征向量：

```
println(scaledData.first.features)
```

结果如下：

[1.1376439023494747,-0.08193556218743517,1.025134766284205,-0.0558631837375738,

可以看出，第一个特征已经应用标准差公式被转换了。为确认这一点，可以让第一个特征减去其均值（之前计算过），然后除以标准差（方差的平方根）：

```
println((0.789131 - 0.41225805299526636)/ math.
sqrt(0.1097424416755897))
```

输出结果应该等于上面向量的第一个元素：

```
1.137647336497682
```

现在我们使用标准化的数据重新训练模型。这里只训练 logistic 回归模型（因为决策树和朴素贝叶斯模型不受特征标准化的影响），并说明特征标准化的影响：

```
val lrModelScaled = LogisticRegressionWithSGD.train(scaledData, numIterations)
val lrTotalCorrectScaled = scaledData.map { point =>
  if (lrModelScaled.predict(point.features) == point.label) 1 else 0
}.sum
val lrAccuracyScaled = lrTotalCorrectScaled / numData
val lrPredictionsVsTrue = scaledData.map { point =>
  (lrModelScaled.predict(point.features), point.label)
}
val lrMetricsScaled = new BinaryClassificationMetrics(lrPredictionsVsTrue)
val lrPr = lrMetricsScaled.areaUnderPR
val lrRoc = lrMetricsScaled.areaUnderROC
println(f"${lrModelScaled.getClass.getSimpleName}\nAccuracy:
${lrAccuracyScaled * 100}%2.4f%%\nArea under PR: ${lrPr *
100.0}%2.4f%%\nArea under ROC: ${lrRoc * 100.0}%2.4f%%")
```

计算结果如下：

```
LogisticRegressionModel
Accuracy: 62.0419%
Area under PR: 72.7254%
Area under ROC: 61.9663%
```

从结果可以看出，通过简单地对特征标准化，就提高了 logistic 回归的准确率，并将 AUC 从随机的 50%提升到 62%。

6.5.2 其他特征

我们已经看到，需要注意对特征进行标准化和归一化，这对模型性能可能有重要影响。在这个示例中，我们仅仅使用了部分特征，却完全忽略了类别变量和样板（boilerplate）变量列的文本内容。

这样做是为了便于介绍。现在我们再来评估一下添加其他特征（比如类别特征）对性能的影响。

首先，我们来查看所有类别，并对每个类别做一个索引的映射，这里索引可以用于类别特征

做 k 之一编码。

```
val categories = records.map(r => r(3)).distinct.collect.zipWithIndex.toMap
val numCategories = categories.size
println(categories)
```

不同的类别输出如下：

```
Map("weather" -> 0, "sports" -> 6, "unknown" -> 4, "computer_internet" ->
12, "?" -> 11, "culture_politics" -> 3, "religion" -> 8, "recreation" ->
2, "arts_entertainment" -> 9, "health" -> 5, "law_crime" -> 10, "gaming"
-> 13, "business" -> 1, "science_technology" -> 7)
```

下面的代码会计算出类别的数目：

```
println(numCategories)
```

输出如下：

14

因此，我们需要创建一个长为 14 的向量来表示类别特征，然后根据每个样本的所属类别索引，对相应的维度赋值为 1，其他为 0。我们假定这个新的特征向量和其他的数值特征向量一样。

```
val dataCategories = records.map { r =>
  val trimmed = r.map(_.replaceAll("\"", ""))
  val label = trimmed(r.size - 1).toInt
  val categoryIdx = categories(r(3))
  val categoryFeatures = Array.ofDim[Double](numCategories)
  categoryFeatures(categoryIdx) = 1.0
  val otherFeatures = trimmed.slice(4, r.size - 1).map(d => if
  (d == "?") 0.0 else d.toDouble)
  val features = categoryFeatures ++ otherFeatures
  LabeledPoint(label, Vectors.dense(features))
}
println(dataCategories.first)
```

你应该可以看到如下输出，其中第一部分是一个长为 14 的向量，向量中类别对应的索引那一维为 1。

```
LabeledPoint(0.0, [0.0,1.0,0.0,0.0,0.0,0.0,0.0,0.0,0.0,0.0,0.0,0.0,0.0,
0.0,0.789131,2.055555556,0.676470588,0.205882353,0.047058824,0.023529412,
0.443783175,0.0,0.0,0.09077381,0.0,0.245831182,0.003883495,1.0,1.0,24.0,
0.0,5424.0,170.0,8.0,0.152941176,0.079129575])
```

同样，因为我们的原始数据没有标准化，所以在训练这个扩展数据集之前，应该使用同样的 StandardScaler 方法对其进行标准化转换：

```
val scalerCats = new StandardScaler(withMean = true, withStd = true)
  .fit(dataCategories.map(lp => lp.features))
val scaledDataCats = dataCategories.map
  (lp => LabeledPoint(lp.label, scalerCats.transform(lp.features)))
```

可以使用如下代码看到标准化之前的特征：

println(dataCategories.first.features)

输出结果如下：

0.0,1.0,0.0,0.0,0.0,0.0,0.0,0.0,0.0,0.0,0.0,0.0,0.0,0.0,0.789131,2.055555556 ...

可以使用如下代码看到标准化之后的特征：

println(scaledDataCats.first.features)

输出如下：

[-0.023261105535492967,2.720728254208072,-0.4464200056407091,
-0.2205258360869135, ...

虽然原始特征是稀疏的（大部分维度是 0），但对每一项减去均值之后，将得到一个非稀疏（稠密）的特征向量表示，如上面的例子所示。

数据规模比较小的时候，稀疏的特征不会产生问题，但实践中往往大规模数据是非常稀疏的，具有许多特征（比如在线广告和文本分类）。此时，不建议丢失数据的稀疏性，因为相应的稠密表示所需要的内存和计算量将呈爆炸性增长。这时我们可以将 StandardScaler 的 withMean 设置为 false 来避免这个问题。

现在，可以用扩展后的特征来训练新的 logistic 回归模型了，然后再评估其性能：

```
val lrModelScaledCats = LogisticRegressionWithSGD.train(scaledDataCats,
  numIterations)
val lrTotalCorrectScaledCats = scaledDataCats.map { point =>
  if (lrModelScaledCats.predict(point.features) == point.label) 1 else 0
}.sum
val lrAccuracyScaledCats = lrTotalCorrectScaledCats / numData
val lrPredictionsVsTrueCats = scaledDataCats.map { point =>
  (lrModelScaledCats.predict(point.features), point.label)
}
val lrMetricsScaledCats = new BinaryClassificationMetrics(lrPredictionsVsTrueCats)
val lrPrCats = lrMetricsScaledCats.areaUnderPR
val lrRocCats = lrMetricsScaledCats.areaUnderROC
println(f"${lrModelScaledCats.getClass.getSimpleName}\nAccuracy:
${lrAccuracyScaledCats * 100}%2.4f%%\nArea under PR: ${lrPrCats *
100.0}%2.4f%%\nArea under ROC: ${lrRocCats * 100.0}%2.4f%%")
```

你应该可以看到如下的输出：

```
LogisticRegressionModel
Accuracy: 66.5720%
Area under PR: 75.7964%
Area under ROC: 66.5483%
```

通过对数据的特征进行标准化，模型准确率得到提升，AUC 也从 50%提高到 62%。之后，通过添加类别特征，模型性能进一步提升到 66%（其中新添加的特征也做了标准化操作）。

竞赛中性能最好的模型的 AUC 为 0.88906（https://www.kaggle.com/c/stumbleupon/leaderboard）。

另一个性能几乎差不多高的在这里：https://www.kaggle.com/c/stumbleupon/discussion/5680。

需要指出的是，有些特征我们仍然没有用，特别是样板变量中的文本特征。竞赛中性能突出的模型主要使用了样板特征以及基于文本内容的特征来提升性能。从前面的实验可以看出，添加了类别特征来提升性能之后，大部分变量对于预测都是没有用的，但是文本内容的预测能力很强。

通过学习在比赛中获得最好性能的方法，可以得到一些启发，比如特征提取和特征工程对模型性能提升很重要。

6.5.3 使用正确的数据格式

模型性能的另外一个关键部分是对每个模型使用正确的数据格式。前面对数值向量应用朴素贝叶斯模型得到了非常差的结果，这难道是模型自身的缺陷？

在这里，我们知道 MLlib 实现了多项式模型，并且该模型可以处理计数形式的数据。这包括二元表示的类别特征（比如前面提到的 k 之一表示）或者频率数据（比如一个文档中单词出现的频率）。我们开始时使用的数值特征并不符合假定的输入分布，所以模型性能不好也在意料之中。

为了更好地说明，我们仅仅使用类别特征，而 k 之一编码的类别特征更符合朴素贝叶斯模型。我们用如下代码构建数据集：

```
val dataNB = records.map { r =>
  val trimmed = r.map(_.replaceAll("\"", ""))
  val label = trimmed(r.size - 1).toInt
  val categoryIdx = categories(r(3))
  val categoryFeatures = Array.ofDim[Double](numCategories)
  categoryFeatures(categoryIdx) = 1.0
  LabeledPoint(label, Vectors.dense(categoryFeatures))
}
```

接下来，我们重新训练朴素贝叶斯模型并对它的性能进行评估：

```
val nbModelCats = NaiveBayes.train(dataNB)
val nbTotalCorrectCats = dataNB.map { point =>
  if (nbModelCats.predict(point.features) == point.label) 1 else 0
}.sum
val nbAccuracyCats = nbTotalCorrectCats / numData
val nbPredictionsVsTrueCats = dataNB.map { point =>
  (nbModelCats.predict(point.features), point.label)
}
```

```
val nbMetricsCats = new BinaryClassificationMetrics(nbPredictionsVsTrueCats)
val nbPrCats = nbMetricsCats.areaUnderPR
val nbRocCats = nbMetricsCats.areaUnderROC
println(f"${nbModelCats.getClass.getSimpleName}\nAccuracy:
${nbAccuracyCats * 100}%2.4f%%\nArea under PR: ${nbPrCats *
100.0}%2.4f%%\nArea under ROC: ${nbRocCats * 100.0}%2.4f%%")
```

计算结果如下：

```
NaiveBayesModel
Accuracy: 60.9601%
Area under PR: 74.0522%
Area under ROC: 60.5138%
```

可见，使用格式正确的输入数据后，朴素贝叶斯模型的性能从 58% 提高到了 60%。

6.5.4 模型参数调优

前几节展示了模型性能的影响因素：特征提取、特征选择、输入数据的格式和模型对数据分布的假设。但是到目前为止，我们对模型参数的讨论只是一笔带过，而实际上它对于模型性能影响很大。

MLlib 默认的 `train` 方法对每个模型的参数都使用默认值。接下来让我们深入了解一下这些参数。

1. 线性模型

logistic 回归和 SVM 模型有相同的参数，原因是它们都使用**随机梯度下降**（SGD）作为基础优化技术。不同点在于二者采用的损失函数不同。MLlib 中关于 logistic 回归类的定义如下：

```
class LogisticRegressionWithSGD private (
  private var stepSize: Double,
  private var numIterations: Int,
  private var regParam: Double,
  private var miniBatchFraction: Double)
  extends GeneralizedLinearAlgorithm[LogisticRegressionModel] ...
```

可以看到，`stepSize`、`numIterations`、`regParam` 和 `miniBatchFraction` 能通过参数传递到构造函数中。这些变量中除了 `regParam` 以外都和基本的优化技术相关。

下面是 logistic 回归实例化的代码，代码初始化了 `Gradient`、`Updater` 和 `Optimizer`，以及 `Optimizer` 相关的参数（这里是 `GradientDescent`）：

```
private val gradient = new LogisticGradient()
private val updater = new SimpleUpdater()
override val optimizer = new GradientDescent(gradient, updater)
  .setStepSize(stepSize)
  .setNumIterations(numIterations)
```

```
.setRegParam(regParam)
.setMiniBatchFraction(miniBatchFraction)
```

LogisticGradient 建立了定义 logistic 回归模型的 logistic 损失函数。

> 对优化技巧的详细描述已经超出本书的范围，MLlib 为线性模型提供了两种优化技术：SGD 和 L-BFGS。L-BFGS 通常来说更精确，要调的参数较少。
> SGD 是所有模型默认的优化技术，而 L-BGFS 当前只能通过 LogisticRegressionWithLBFGS 直接用于 logistic 回归。你可以动手实现并比较一下二者的不同。更多细节可以访问 http://spark.apache.org/docs/latest/mllib-optimization.html。

为了研究其他参数的影响，我们需要创建一个辅助函数，在给定参数之后训练 logistic 回归模型。首先需要引入必要的类：

```
import org.apache.spark.rdd.RDD
import org.apache.spark.mllib.optimization.Updater
import org.apache.spark.mllib.optimization.SimpleUpdater
import org.apache.spark.mllib.optimization.L1Updater
import org.apache.spark.mllib.optimization.SquaredL2Updater
import org.apache.spark.mllib.classification.ClassificationModel
```

然后，定义辅助函数，根据给定输入训练模型：

```
def trainWithParams(input: RDD[LabeledPoint], regParam: Double,
numIterations: Int, updater: Updater, stepSize: Double) = {
  val lr = new LogisticRegressionWithSGD
  lr.optimizer.setNumIterations(numIterations).
  setUpdater(updater).setRegParam(regParam).setStepSize(stepSize)
  lr.run(input)
}
```

最后，定义第二个辅助函数，并根据输入数据和分类模型，计算相关的 AUC：

```
def createMetrics(label: String, data: RDD[LabeledPoint], model:
ClassificationModel) = {
  val scoreAndLabels = data.map { point =>
    (model.predict(point.features), point.label)
  }
  val metrics = new BinaryClassificationMetrics(scoreAndLabels)
  (label, metrics.areaUnderROC)
}
```

为了加快多次模型训练的速度，可以缓存标准化的数据（包括类别信息）：

```
scaledDataCats.cache
```

(1) 迭代

大多数机器学习的方法需要迭代训练，并且经过一定次数的迭代之后收敛到某个解（即最小化损失函数时的最优权重向量)。SGD 收敛到合适的解需要迭代的次数相对较少,但是要进一步提升性能则需要更多次迭代。为方便解释,这里设置不同的迭代次数 numIterations,然后比较 AUC 结果:

```
val iterResults = Seq(1, 5, 10, 50).map { param =>
  val model = trainWithParams(scaledDataCats, 0.0, param, new
SimpleUpdater, 1.0)
  createMetrics(s"$param iterations", scaledDataCats, model)
}
iterResults.foreach { case (param, auc) => println(f"$param, AUC =
${auc * 100}%2.2f%%") }
```

应该可以看到如下的输出:

```
1 iterations, AUC = 64.97%
5 iterations, AUC = 66.62%
10 iterations, AUC = 66.55%
50 iterations, AUC = 66.81%
```

我们可以发现,一旦完成特定次数的迭代,再增大迭代次数对结果的影响较小。

(2) 步长

在 SGD 中,在训练每个样本并更新模型的权重向量时,步长用来控制算法在最陡的梯度方向上应该前进多远。较大的步长收敛较快,但是步长太大可能导致收敛到局部最优解。学习速率确定了达到(本地或全局)最小值过程中每步的大小。这个过程可理解为,在目标函数确定的表面,沿着表面的斜率所指向的方向下降,直到到达谷底。

下面计算不同步长的影响:

```
val stepResults = Seq(0.001, 0.01, 0.1, 1.0, 10.0).map { param =>
  val model = trainWithParams(scaledDataCats, 0.0, numIterations, new
SimpleUpdater, param)
  createMetrics(s"$param step size", scaledDataCats, model)
}
stepResults.foreach { case (param, auc) => println(f"$param, AUC =
${auc * 100}%2.2f%%") }
```

得到的结果如下。可以看出步长增长过大对性能有负面影响。

```
0.001 step size, AUC = 64.95%
0.01 step size, AUC = 65.00%
0.1 step size, AUC = 65.52%
1.0 step size, AUC = 66.55%
10.0 step size, AUC = 61.92%
```

(3) 正则化

前面 logistic 回归的代码中简单提及了 Updater 类,该类在 MLlib 中实现了正则化。正则化通过限制模型的复杂度避免模型在训练数据中过拟合。其具体做法是在损失函数中添加一个关于模型权重向量的函数，从而会使损失增加。

正则化在现实中几乎是必需的，当特征维度相对于训练样本数量非常高时（此时需要学习的变量权重的数量也非常大）尤其重要。

当正则化不存在或者非常低时，模型容易过拟合。大多数模型在没有正则化的情况下会在训练数据上过拟合。过拟合也是在模型拟合中使用交叉验证技术的关键原因，交叉验证会在后面详细介绍。

继续之前，我们先定义下什么是过拟合和欠拟合。过拟合指模型过于贴合数据中的细节和噪声，使得其在新数据上的表现欠佳。模型不应该过于贴合训练数据集。而当欠拟合时，模型在训练数据以及新数据上的表现都欠佳。

相反，虽然正则化可以得到一个简单模型，但正则化太高可能导致模型欠拟合，从而使模型性能变得很糟糕。

MLlib 中可用的正则化形式有如下几个。

- `SimpleUpdater`：相当于没有正则化，是 logistic 回归的默认配置。
- `SquaredL2Updater`：这个正则项基于权重向量的 L2 正则化，是 SVM 模型的默认值。
- `L1Updater`：这个正则项基于权重向量的 L1 正则化，会导致得到一个稀疏的权重向量（不重要的权重的值接近 0）。

> 正则化及其优化是一个广泛和重要的研究领域，下面给出一些相关的资料。
> - 通用的正则化综述：https://en.wikipedia.org/wiki/Regularization_(mathe-_matics)。
> - L2 正则化：https://en.wikipedia.org/wiki/Tikhonov_regularization。
> - 过拟合和欠拟合：https://en.wikipedia.org/wiki/Overfitting。
> 关于过拟合以及 L1 和 L2 正则化比较的详细介绍：http://citeseerx.ist.psu.edu/viewdoc/download?doi=10.1.1.92.9860&rep=rep1&type=pdf。

下面使用 `SquaredL2Updater` 研究正则化参数的影响：

```
val regResults = Seq(0.001, 0.01, 0.1, 1.0, 10.0).map { param =>
  val model = trainWithParams(scaledDataCats, param, numIterations,
new SquaredL2Updater, 1.0)
  createMetrics(s"$param L2 regularization parameter",
scaledDataCats, model)
}
regResults.foreach { case (param, auc) => println(f"$param, AUC =
${auc * 100}%2.2f%%") }
```

输出结果如下：

```
0.001 L2 regularization parameter, AUC = 66.55%
0.01 L2 regularization parameter, AUC = 66.55%
0.1 L2 regularization parameter, AUC = 66.63%
1.0 L2 regularization parameter, AUC = 66.04%
10.0 L2 regularization parameter, AUC = 35.33%
```

可以看出，低等级的正则化对模型性能的影响不大。然而，增大正则化时，欠拟合会导致较低的模型性能。

 你会发现使用 L1 正则项也会得到类似的结果。可以试试使用上述相同的评估方式，计算不同 L1 正则化参数下 AUC 的性能。

2. 决策树

决策树模型在一开始使用原始数据做训练时获得了最好的性能。当时设置了参数 `maxDepth` 来控制决策树的最大深度，进而控制模型的复杂度。而树的深度越大，得到的模型越复杂，但能够更好地拟合数据。

对于分类问题，我们需要为决策树模型选择以下两种不纯度度量方式：基尼不纯度或者熵。

- **树的深度和不纯度调优**

下面会用和 logistic 回归模型中类似的方式来说明树的深度的影响。

首先在 Spark shell 中创建一个辅助函数：

```
import org.apache.spark.mllib.tree.impurity.Impurity
import org.apache.spark.mllib.tree.impurity.Entropy
import org.apache.spark.mllib.tree.impurity.Gini

def trainDTWithParams(input: RDD[LabeledPoint], maxDepth: Int,
impurity: Impurity) = {
  DecisionTree.train(input, Algo.Classification, impurity, maxDepth)
}
```

接着，准备计算不同树深度配置下的 AUC。因为不需要对数据进行标准化，所以我们将使用样例中原始的数据。

 注意决策树通常不需要特征的标准化和归一化，也不要求将类型特征进行二元编码。

首先，通过使用熵不纯度并改变树的深度训练模型：

```
val dtResultsEntropy = Seq(1, 2, 3, 4, 5, 10, 20).map { param =>
  val model = trainDTWithParams(data, param, Entropy)
  val scoreAndLabels = data.map { point =>
    val score = model.predict(point.features)
    (if (score > 0.5) 1.0 else 0.0, point.label)
```

```
  }
  val metrics = new BinaryClassificationMetrics(scoreAndLabels)
  (s"$param tree depth", metrics.areaUnderROC)
}
dtResultsEntropy.foreach { case (param, auc) => println(f"$param,
AUC = ${auc * 100}%2.2f%%") }
```

计算结果如下:

```
1 tree depth, AUC = 59.33%
2 tree depth, AUC = 61.68%
3 tree depth, AUC = 62.61%
4 tree depth, AUC = 63.63%
5 tree depth, AUC = 64.88%
10 tree depth, AUC = 76.26%
20 tree depth, AUC = 98.45%
```

接下来，我们采用基尼不纯度进行类似的计算（代码比较类似，所以这里不给出具体代码实现，但可以在代码库中找到）。计算结果应该和下面类似：

```
1 tree depth, AUC = 59.33%
2 tree depth, AUC = 61.68%
3 tree depth, AUC = 62.61%
4 tree depth, AUC = 63.63%
5 tree depth, AUC = 64.89%
10 tree depth, AUC = 78.37%
20 tree depth, AUC = 98.87%
```

从结果中可以看出，增加树的深度可以得到更精确的模型（这和预期一致，因为模型在更大的树深度下会变得更加复杂）。然而树的深度越大，模型对训练数据过拟合的程度越严重。模型的泛化能力随树深度的增加而降低。这里泛化能力指模型在未接触过的数据上的表现。

另外，两种不纯度方法对性能的影响差异较小。

3. 朴素贝叶斯模型

最后，让我们看看 `lambda` 参数对朴素贝叶斯模型的影响。该参数可以控制相加式平滑（additive smoothing），解决数据中某个类别和某个特征值的组合没有同时出现的问题。

更多关于相加式平滑的内容请见：https://en.wikipedia.org/wiki/Additive_smoothing。

和之前的做法一样，首先需要创建一个方便调用的辅助函数，用来训练不同 `lambda` 级别下的模型：

```
def trainNBWithParams(input: RDD[LabeledPoint], lambda: Double) = {
  val nb = new NaiveBayes
  nb.setLambda(lambda)
  nb.run(input)
```

```
}
val nbResults = Seq(0.001, 0.01, 0.1, 1.0, 10.0).map { param =>
  val model = trainNBWithParams(dataNB, param)
  val scoreAndLabels = dataNB.map { point =>
    (model.predict(point.features), point.label)
  }
  val metrics = new BinaryClassificationMetrics(scoreAndLabels)
  (s"$param lambda", metrics.areaUnderROC)
}
nbResults.foreach { case (param, auc) => println(f"$param, AUC = 
${auc * 100}%2.2f%%")
}
```

训练的结果如下：

```
0.001 lambda, AUC = 60.51%
0.01 lambda, AUC = 60.51%
0.1 lambda, AUC = 60.51%
1.0 lambda, AUC = 60.51%
10.0 lambda, AUC = 60.51%
```

从结果中可以看出 lambda 的值对性能没有影响，由此可见数据中某个特征和某个类别的组合不存在时不是问题。

4. 交叉验证

到目前为止，本书只是简单提及了交叉验证和训练样本外的预测。交叉验证是实际机器学习中的关键部分，同时在多模型选择和参数调优中占有中心地位。

交叉验证的目的是测试模型在未知数据上的性能。不知道训练的模型在预测新数据时的性能，而直接放在实际数据（比如运行的系统）中进行评估是很危险的做法。正如前面提到的正则化实验中，我们的模型可能在训练数据中已经过拟合了，于是在未被训练的新数据中预测性能会很差。

交叉验证让我们使用一部分数据训练模型，将另外一部分用来评估模型性能。如果模型在训练以外的新数据中进行了测试，我们便可以由此估计模型对新数据的泛化能力。

我们把数据划分为训练数据和测试数据，实现一个简单的交叉验证过程。我们将数据分为两个不重叠的数据集。第一个数据集用来训练，称为**训练集**（training set）。第二个数据集称为**测试集**（test set）或者**保留集**（hold-out set），用来评估模型在给定评测方法下的性能。实际中常用的划分方法包括：50/50、60/40、80/20 等，只要训练模型的数据量不太小就行（通常，实际使用至少 50% 的数据用于训练）。

在很多情况下，会创建 3 个数据集：训练集、评估集（类似上述测试集，用于模型参数的调优，比如 lambda 和步长）和测试集（不用于模型的训练和参数调优，只用于估计模型在新数据中的性能）。

本书只简单地将数据分为训练集和测试集,但实际中存在很多更加复杂的交叉验证技术。

一种流行的方法是 **K-折叠交叉验证**(*K*-fold cross-validation),其中数据集被分成 *K* 个不重叠的部分。用数据中的 *K*−1 份训练模型,剩下一部分用于测试模型。如此重复 *K* 次,并将所得结果的平均值作为交叉验证的得分。而只分训练集和测试集的方法可以看作 2-折叠交叉验证。

其他方法包括"留一交叉验证"和"随机采样"。更多资料详见 https://en.wikipedia.org/wiki/Cross-validation_(statistics)。

首先将数据集分成 60% 的训练集和 40% 的测试集(为了方便解释,这里会在代码中使用一个固定的随机种子 123 来保证每次实验能得到相同的结果):

```
val trainTestSplit = scaledDataCats.randomSplit(Array(0.6, 0.4), 123)
val train = trainTestSplit(0)
val test = trainTestSplit(1)
```

接下来在不同的正则化参数下评估模型的性能(这里依然使用 AUC)。注意,我们在正则化参数之间设置了很小的步长,为的是更好地解释 AUC 在各个正则化参数下的变化,同时这个例子的 AUC 的变化也很小:

```
val regResultsTest = Seq(0.0, 0.001, 0.0025, 0.005, 0.01).map { param =>
  val model = trainWithParams(train, param, numIterations, new SquaredL2Updater, 1.0)
  createMetrics(s"$param L2 regularization parameter", test, model)
}
regResultsTest.foreach { case (param, auc) => println(f"$param, AUC = ${auc * 100}%2.6f%%")
}
```

上述代码计算了在测试集上的模型性能,具体结果如下:

```
0.0 L2 regularization parameter, AUC = 66.480874%
0.001 L2 regularization parameter, AUC = 66.480874%
0.0025 L2 regularization parameter, AUC = 66.515027%
0.005 L2 regularization parameter, AUC = 66.515027%
0.01 L2 regularization parameter, AUC = 66.549180%
```

接着,让我们比较一下在训练集上的模型性能(类似之前对所有数据进行训练和测试时所做的)。因为代码类似,所以这里就不具体给出代码了(可以在代码库中找到):

```
0.0 L2 regularization parameter, AUC = 66.260311%
0.001 L2 regularization parameter, AUC = 66.260311%
0.0025 L2 regularization parameter, AUC = 66.260311%
0.005 L2 regularization parameter, AUC = 66.238294%
0.01 L2 regularization parameter, AUC = 66.238294%
```

从上面的结果可以看出，当我们的训练集和测试集相同时，通常在正则化参数比较小的情况下可以得到最高的性能。这是因为我们的模型在较低的正则化下学习了所有的数据，即可以在过拟合的情况下达到更高的性能。

相反，当训练集和测试集不同时，通常较高的正则化可以得到较高的测试性能。

在交叉验证中，我们一般选择在测试集中性能表现最好的参数设置（包括正则化以及步长等各种各样的参数）。然后用这些参数在所有的数据集上重新训练模型，最后用于新数据集的预测。

第 5 章使用 Spark 构建推荐系统时并没有讨论交叉验证。但是你也可以用本章介绍的方法将 `ratings` 数据集划分成训练集和测试集。然后在训练集中测试不同的参数设置，同时在测试集上评估 MSE 和 MAP 的性能。建议尝试一下！

6.6 小结

本章介绍了 Spark MLlib 中提供的各种分类模型，讨论了如何在给定输入数据中训练模型，以及在标准评测指标下评估模型的性能。还讨论了如何用之前介绍的技术来处理特征以得到更好的性能。最后讨论了正确的数据格式和数据分布、更多的训练数据、模型参数调优以及交叉验证对模型性能的影响。

下一章将使用类似的方法研究 MLlib 的回归模型。

第 7 章 Spark 构建回归模型

本章将基于第 6 章的内容继续讨论回归模型。分类模型处理表示类别的离散变量，而回归模型则处理可以取任意实数的目标变量。但是二者基本的原则类似，都是通过确定一个模型，将输入特征映射到预测的目标变量。回归模型和分类模型都是监督学习的一种形式。

回归模型可以用来预测任何目标变量，下面是几个例子。

- 预测股票收益和其他经济相关的因素。
- 预测贷款违约造成的损失（可以和分类模型相结合，分类模型预测违约概率，回归模型预测违约损失）。
- 推荐系统（第 5 章中的交替最小二乘分解模型在每次迭代时都使用了线性回归）。
- 基于用户的行为和消费模式，预测顾客对于零售、移动或者其他商业形态的存在价值。

接下来的几节，我们将：

- 介绍 MLlib 中的各种回归模型；
- 讨论回归模型的特征提取和目标变量的变换；
- 使用 MLlib 训练回归模型；
- 介绍如何用训练好的模型做预测；
- 使用交叉验证研究设置不同的参数对性能的影响。

7.1 回归模型的种类

线性回归模型的核心思想是对样本的预测结果（通常称为目标变量或者因变量）进行建模，即对输入变量（特征或者自变量）应用简单的线性预测函数：

$$y = f(w^T x)$$

其中，y 是目标变量，w 是参数向量（权重向量），x 是输入特征向量。$(w^T x)$ 是关于权重向量 w 和特征向量 x 的线性预测器（又称向量点积）。对这个线性预测器，我们应用了一个函数 f（又称连接函数）。

实际上，线性模型既可用于分类也可用于回归，两者只是所用的连接函数不同。标准线性回归会使用对等连接函数（即直接表达为 $y = f\mathbf{w}^T\mathbf{x}$ ），而二分类会使用其他之前已讨论过的连接函数。

Spark MLlib 提供了多种回归模型：

- 线性回归
- 广义线性回归
- logistic 回归
- 决策树
- 随机森林回归
- 梯度提升树
- 生存回归（survival regression）
- 保序回归（isotonic regression）
- 岭回归

回归模型定义一个因变量与一个或多个自变量之间的关系。它旨在构建能最好地拟合特征或自变量值的模型。

线性回归模型与分类模型（如 SVM 和 logistic 回归）不同，它预测的是广义上的因变量值，而非具体的类别。

线性回归模型本质上和对应的线性分类模型一样，唯一的区别是线性回归模型使用的损失函数、相关连接函数和决策函数不同。MLlib 提供了标准的最小二乘回归模型（其他广义线性回归模型也正在计划当中）。

7.1.1 最小二乘回归

第 6 章将各种各样的损失函数应用于广义线性模型。最小二乘回归的损失函数是平方损失，定义如下：

$$\frac{1}{2}(\mathbf{w}^T\mathbf{x} - y)^2$$

上面的公式和分类模型的定义类似，其中 y 是目标变量（这里是实数），$\mathbf{w}$ 是权重变量，$\mathbf{x}$ 是特征向量。

相关的连接函数和决策函数是对等连接函数。回归模型通常不用设置阈值，因此模型的预测函数就是简单的 $y = \mathbf{w}^T\mathbf{x}$。

在 MLlib 中，标准的最小二乘回归不使用正则化。正则化是用于解决过拟合问题的。但是应用到错误预测值的损失函数会将错误做平方，从而放大损失。这也意味着最小二乘回归对数据中的异常点和过拟合非常敏感。因此对于分类器，我们通常在实际中必须应用一定程度的正则化。

线性回归在应用 L2 正则化时通常称为岭回归（ridge regression），应用 L1 正则化时称为 lasso（least absolute shrinkage and selection operator）。

当数据集不大或样本很少时，模型过拟合的可能性很大。因此，十分建议使用如 L1、L2 或 elastic net regularization 这样的正则表达式。

更多关于线性最小二乘回归模型的资料，请查看 Spark MLlib 文档：http://spark.apache.org/docs/latest/mllib-linear-methods.html#linear-least-squares-lasso-and-ridge-regression。

7.1.2 决策树回归

类似于线性回归模型需要使用对应的损失函数，决策树在用于回归时也要使用对应的不纯度度量方法。这里，不纯度用**方差**（variance）度量，和最小二乘线性回归模型定义平方损失的方式一样。

更多关于决策树和不纯度度量方法的资料，详见 Spark 文档中 MLlib 决策树部分：http://spark.apache.org/docs/latest/mllib-decision-tree.html。

下图是一个回归问题的示例图，其中输入变量为 x 轴，目标变量为 y 轴。图中线性预测函数用（向右上方倾斜的）红色虚线表示，决策树预测函数用（拆线型的）绿色虚线表示。可以看出，决策树可以使用较复杂的非线性模型来拟合数据。

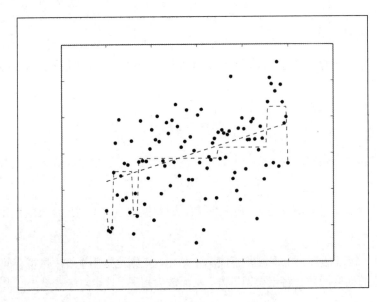

7.2 评估回归模型的性能

第 6 章评估分类模型时仅仅关注预测输出的类别和实际类别。特别是对于所有预测的二元结果，某个样本预测的正确与否并不重要，我们更关心预测结果中正确或者错误的总数。

对回归模型而言，因为目标变量是任意实数，所以我们的模型不大可能精确预测到目标变量。然而，我们可以计算预测值和实际值的误差，并用某种度量方式进行评估。

一些用于评估回归模型性能的标准方法包括：**均方误差**（MSE，mean squared error）、**均方根误差**（RMSE，root mean squared error）、**平均绝对误差**（MAE，mean absolute error）、*R*-**平方系数**（*R*-squared coefficient）等。

7.2.1 均方误差和均方根误差

均方误差（MSE）是平方误差的均值，用作最小二乘回归的损失函数，公式如下：

$$\sum_{i=1}^{n} \frac{\left(\mathbf{w}^{\mathrm{T}} \mathbf{x}(i) - y(i)\right)^2}{n}$$

这个公式计算的是所有样本的预测值和实际值平方差之和，最后除以样本总数。

均方根误差（RMSE）是 MSE 的平方根。将各对预测值和实际值的差的平方求和，该和的平均数就是 MSE，RMSE 则是该平均的平方根。它从二次损失函数推导而出。可从公式看出，对于越大的误差，它的惩罚越重。

为了计算模型预测的平均误差，我们首先预测 RDD 实例 `LabeledPoint` 中的每个特征向量，然后计算预测值与实际值的误差并组成一个 `Double` 数组的 RDD，最后使用 `mean` 方法计算所有 `Double` 值的平均值。

计算平方误差函数的 Scala 实现如下：

```
def squaredError(actual: Double, pred: Double): Double ={
  return Math.pow( (pred - actual), 2.0 )
}
```

7.2.2 平均绝对误差

平均绝对误差（MAE）是预测值和实际值的差的绝对值的平均值。

$$\sum_{i=1}^{n} \frac{\left|\mathbf{w}^{\mathrm{T}} \mathbf{x}(i) - y(i)\right|}{n}$$

MAE 和 MSE 大体类似，区别在于 MAE 对大的误差没有惩罚。

计算 MAE 的 Scala 代码如下：

```
def abs_error(actual: Double, pred: Double): Double = {
  return Math.abs( (pred - actual) )
}
```

7.2.3 均方根对数误差

这种度量方法虽然没有 MSE 和 MAE 使用得广，但被用于 Kaggle 中以 bike sharing 作为数据集的比赛。均方根对数误差（RMSLE，root mean squared log error）可以认为是对预测值和目标值进行对数变换后的 RMSE。这种度量方法适用于目标变量值域很大，并且没有必要在预测值和目标值本身很大时对较大误差进行惩罚的情况。另外，它也适用于计算误差的百分率而不是误差的绝对值。

 Kaggle 竞赛的评测页面：https://www.kaggle.com/c/bike-sharing-demand#evaluation。

计算 RMSLE 的 Scala 代码如下：

```
def squared_log_error(actual: Double, pred: Double): Double = {
  return (np.log(pred + 1) - np.log(actual + 1))**2
  return Math.pow( (Math.log(pred +1) - Math.log(actual +1)),2.0)
}
```

7.2.4 R-平方系数

R-平方系数，也称判定系数（coefficient of determination），用来评估模型拟合数据的好坏，常用于统计学中。R-平方系数具体测量目标变量的变异度（degree of variation），最终结果为 0~1 的一个值，1 表示模型能够完美地拟合数据。

7.3 从数据中抽取合适的特征

因为回归的基础模型和分类模型一样，所以我们可以使用同样的方法来处理输入的特征。实际中唯一的不同是，回归模型的预测目标是实数变量，而分类模型的预测目标是类别变量。为了满足两种情况，MLlib 中的 LabeledPoint 类已经考虑了这一点，类中的 label 字段使用 Double 类型。

从 bike sharing 数据集抽取特征

为了阐述本章的一些概念，我们选择了用 bike sharing 数据集做实验。这个数据集记录了 bike sharing 系统每小时自行车的出租次数，另外还包括日期、时间、天气、季节和节假日等相关信息。

7.3 从数据中抽取合适的特征

这个数据集的下载地址：http://archive.ics.uci.edu/ml/datasets/Bike+Sharing+Dataset。

点击 Data Folder 链接下载 Bike-Sharing-Datase.zip 文件。

波尔图大学的 Hadi Fanaee-T 在 bike sharing 数据集中补充了大量天气和季节相关的数据，相关论文见：

FANAEE-T H，GAMA J. Event labeling combining ensemble detectors and background knowledge [J]. Progress in Artificial Intelligence, 2014, 2(2-3): 113-127.

下载并解压 Bike-Sharing-Dataset.zip，会出现一个名为 Bike-Sharing-Dataset 的文件夹，里面包含 day.csv、hour.csv 和 Readme.txt 等文件。

其中 Readme.txt 文件有数据集的相关信息，包括变量名和描述。打开文件，可以看到如下信息。

- `instant`：记录 ID
- `dteday`：日期
- `season`：四季信息，如 spring、summer、winter 和 fall
- `yr`：年份（2011 或者 2012）
- `mnth`：月份
- `hr`：当天时刻
- `holiday`：是否节假日
- `weekday`：周几
- `workingday`：当天是否为工作日
- `weathersit`：表示天气类型的参数
- `temp`：气温
- `atemp`：体感温度
- `hum`：湿度
- `windspeed`：风速
- `cnt`：目标变量，每小时的自行车租用量

下面使用包含小时级数据的 hour.csv。打开文件，第一行是每一列的关键字。如下代码段会打印首行和前 20 行数据：

```
val spark = SparkSession
  .builder
  .appName("BikeSharing")
  .master("local[1]")
  .getOrCreate()
// 读取 csv 文件
val df = spark.read.format("csv").option("header", "true")
  .load("/dataset/BikeSharing/hour.csv")
```

```
df.cache()
df.registerTempTable("BikeSharing")
print(df.count())
spark.sql("SELECT * FROM BikeSharing").show()
```

对应输出如下代码及图片：

```
root
 |-- instant: integer (nullable = true)
 |-- dteday: timestamp (nullable = true)
 |-- season: integer (nullable = true)
 |-- yr: integer (nullable = true)
 |-- mnth: integer (nullable = true)
 |-- hr: integer (nullable = true)
 |-- holiday: integer (nullable = true)
 |-- weekday: integer (nullable = true)
 |-- workingday: integer (nullable = true)
 |-- weathersit: integer (nullable = true)
 |-- temp: double (nullable = true)
 |-- atemp: double (nullable = true)
 |-- hum: double (nullable = true)
 |-- windspeed: double (nullable = true)
 |-- casual: integer (nullable = true)
 |-- registered: integer (nullable = true)
 |-- cnt: integer (nullable = true
```

```
|instant|          dteday|season|yr|mnth|hr|holiday|weekday|workingday|weathersit|temp|atemp| hum|windspeed|casual|registered|cnt|
|      1|2011-01-01 00:00:...|     1| 0|   1| 0|      0|      6|         0|         1|0.24|0.2879|0.81|      0.0|     3|        13| 16|
|      2|2011-01-01 00:00:...|     1| 0|   1| 1|      0|      6|         0|         1|0.22|0.2727| 0.8|      0.0|     8|        32| 40|
|      3|2011-01-01 00:00:...|     1| 0|   1| 2|      0|      6|         0|         1|0.22|0.2727| 0.8|      0.0|     5|        27| 32|
|      4|2011-01-01 00:00:...|     1| 0|   1| 3|      0|      6|         0|         1|0.24|0.2879|0.75|      0.0|     3|        10| 13|
|      5|2011-01-01 00:00:...|     1| 0|   1| 4|      0|      6|         0|         1|0.24|0.2879|0.75|      0.0|     0|         1|  1|
|      6|2011-01-01 00:00:...|     1| 0|   1| 5|      0|      6|         0|         2|0.24|0.2576|0.75|   0.0896|     0|         1|  1|
|      7|2011-01-01 00:00:...|     1| 0|   1| 6|      0|      6|         0|         1|0.22|0.2727| 0.8|      0.0|     2|         0|  2|
|      8|2011-01-01 00:00:...|     1| 0|   1| 7|      0|      6|         0|         1| 0.2|0.2576|0.86|      0.0|     1|         2|  3|
|      9|2011-01-01 00:00:...|     1| 0|   1| 8|      0|      6|         0|         1|0.24|0.2879|0.75|      0.0|     1|         7|  8|
|     10|2011-01-01 00:00:...|     1| 0|   1| 9|      0|      6|         0|         1|0.32|0.3485|0.76|      0.0|     8|         6| 14|
|     11|2011-01-01 00:00:...|     1| 0|   1|10|      0|      6|         0|         1|0.38|0.3939|0.76|   0.2537|    12|        24| 36|
|     12|2011-01-01 00:00:...|     1| 0|   1|11|      0|      6|         0|         1|0.36|0.3333|0.81|   0.2836|    26|        30| 56|
|     13|2011-01-01 00:00:...|     1| 0|   1|12|      0|      6|         0|         1|0.42|0.4242|0.77|   0.2836|    29|        55| 84|
|     14|2011-01-01 00:00:...|     1| 0|   1|13|      0|      6|         0|         2|0.46|0.4545|0.72|   0.2836|    47|        47| 94|
|     15|2011-01-01 00:00:...|     1| 0|   1|14|      0|      6|         0|         2|0.46|0.4545|0.72|   0.2836|    35|        71|106|
|     16|2011-01-01 00:00:...|     1| 0|   1|15|      0|      6|         0|         2|0.44|0.4394|0.77|   0.2985|    40|        70|110|
|     17|2011-01-01 00:00:...|     1| 0|   1|16|      0|      6|         0|         2|0.42|0.4242|0.82|   0.2985|    41|        52| 93|
|     18|2011-01-01 00:00:...|     1| 0|   1|17|      0|      6|         0|         2|0.44|0.4394|0.82|   0.2836|    15|        52| 67|
|     19|2011-01-01 00:00:...|     1| 0|   1|18|      0|      6|         0|         3|0.42|0.4242|0.88|   0.2537|     9|        26| 35|
|     20|2011-01-01 00:00:...|     1| 0|   1|19|      0|      6|         0|         3|0.42|0.4242|0.88|   0.2537|     6|        31| 37|
only showing top 20 rows
```

本章后续内容会使用 Scala 来编写代码样例。对应的源代码位于如下路径：https://github.com/ml-resources/spark-ml/tree/branch-ed2/Chapter_07。

首先载入数据，并查看数据集。继续之前的代码，获取记录条数的方法如下：

```
print(df.count())
```

其输出如下：

17,379

7.3 从数据中抽取合适的特征

故数据集中有 17 379 条小时级数据。我们之前已查看过列名。下面将会忽略 record ID（记录 ID）和各原始日期列，同时也会忽略 `casual` 和 `registered` 这两列的计数，但关注总的计数变量 `cnt` 列的值。`cnt` 即上述两列的和。这样会总共剩下 12 列，对应 12 个变量。前 8 个为类别值，后 4 个为正则化后的实数值。

```
// 丢弃 record id、date、casual 和 registered 列
val df1 = df.drop("instant")
  .drop("dteday")
  .drop("casual")
  .drop("registered")
df1.printSchema()
```

这部分代码的输出如下：

```
root
 |-- season: integer (nullable = true)
 |-- yr: integer (nullable = true)
 |-- mnth: integer (nullable = true)
 |-- hr: integer (nullable = true)
 |-- holiday: integer (nullable = true)
 |-- weekday: integer (nullable = true)
 |-- workingday: integer (nullable = true)
 |-- weathersit: integer (nullable = true)
 |-- temp: double (nullable = true)
 |-- atemp: double (nullable = true)
 |-- hum: double (nullable = true)
 |-- windspeed: double (nullable = true)
 |-- cnt: integer (nullable = true)
```

下面的代码进一步将所有列的值类型转为 Double 类型：

```
// 将各列转为 Double 类型
val df2 = df1.withColumn("season", df1("season").cast("double"))
  .withColumn("yr", df1("yr").cast("double"))
  .withColumn("mnth", df1("mnth").cast("double"))
  .withColumn("hr", df1("hr").cast("double"))
  .withColumn("holiday", df1("holiday").cast("double"))
  .withColumn("weekday", df1("weekday").cast("double"))
  .withColumn("workingday", df1("workingday").cast("double"))
  .withColumn("weathersit", df1("weathersit").cast("double"))
  .withColumn("temp", df1("temp").cast("double"))
  .withColumn("atemp", df1("atemp").cast("double"))
  .withColumn("hum", df1("hum").cast("double"))
  .withColumn("windspeed", df1("windspeed").cast("double"))
  .withColumn("label", df1("label").cast("double"))

df2.printSchema()
```

其对应输出如下：

```
root
 |-- season: double (nullable = true)
 |-- yr: double (nullable = true)
```

```
|-- mnth: double (nullable = true)
|-- hr: double (nullable = true)
|-- holiday: double (nullable = true)
|-- weekday: double (nullable = true)
|-- workingday: double (nullable = true)
|-- weathersit: double (nullable = true)
|-- temp: double (nullable = true)
|-- atemp: double (nullable = true)
|-- hum: double (nullable = true)
|-- windspeed: double (nullable = true)
|-- label: double (nullable = true)
```

该数据集本身是类别型，需要使用 Vector Assembler 和 Vector Indexer 参照如下步骤处理。

- Vector Assembler：一种将多个列合并为一个向量列的转换器。它将多个原始特征合并为一个特征向量，从而能用于训练线性回归和决策树之类的机器学习模型。
- Vector Indexer：对类别特征进行索引，这里指从 Vector Assembler 传来的那些类别特征。它会自动确定哪些特征是类别特征，并将实际的值转为类别索引。

这里，df2 中除 `label` 外的所有列都会经 `VectorAssembler` 转为 `rawFeatures`。

给定一个类型为 `Vector` 的输入列和一个参数 `maxCategories`，`VectorIndexer` 会根据不同的值来确定哪些特征应该为类别型。类别型的分类最多有 `maxCategories` 种。

```
// 丢弃 label 并创建特征向量
val df3 = df2.drop("label")
val featureCols = df3.columns
val vectorAssembler = new VectorAssembler()
  .setInputCols(featureCols)
  .setOutputCol("rawFeatures")
val vectorIndexer = new VectorIndexer()
  .setInputCol("rawFeatures")
  .setOutputCol("features").setMaxCategories(4)
```

完整代码位于：
https://github.com/ml-resources/spark-ml/blob/branch-ed2/Chapter_07/scala/2.0.0/scala-spark-app/src/main/scala/org/sparksamples/regression/bikesharing/BikeSharingExecutor.scala

7.4 回归模型的训练和应用

回归模型的训练过程和分类模型相同，将训练数据导入相关的训练函数即可。

7.4.1 BikeSharingExecutor

`BikeSharingExecutor` 可用于选择和运行相关的回归模型，比如运行 `LinearRegression`、

执行线性回归流程、设置程序参数为 LR_<type>，其中 type 是数据格式。其他命令可参见如下代码片段：

```
def executeCommand(arg: String, vectorAssembler: VectorAssembler
                 , vectorIndexer: VectorIndexer
                 , dataFrame: DataFrame
                 , spark: SparkSession) = arg match {
  case "LR_Vectors" => LinearRegressionPipeline
    .linearRegressionWithVectorFormat(vectorAssembler, vectorIndexer, dataFrame)
  case "LR_SVM" => LinearRegressionPipeline
    .linearRegressionWithSVMFormat(spark)
  case "GLR_Vectors" => GeneralizedLinearRegressionPipeline
    .genLinearRegressionWithVectorFormat(vectorAssembler, vectorIndexer, dataFrame)
  case "GLR_SVM" => GeneralizedLinearRegressionPipeline
    .genLinearRegressionWithSVMFormat(spark)
  case "DT_Vectors" => DecisionTreeRegressionPipeline
    .decTreeRegressionWithVectorFormat(vectorAssembler, vectorIndexer, dataFrame)
  case "DT_SVM" => GeneralizedLinearRegressionPipeline
    .genLinearRegressionWithSVMFormat(spark)
  case "RF_Vectors" => RandomForestRegressionPipeline
    .randForestRegressionWithVectorFormat(vectorAssembler
     , vectorIndexer, dataFrame)
  case "RF_SVM" => RandomForestRegressionPipeline
    .randForestRegressionWithSVMFormat(spark)
  case "GBT_Vectors" => GradientBoostedTreeRegressorPipeline
    .gbtRegressionWithVectorFormat(vectorAssembler, vectorIndexer, dataFrame)
  case "GBT_SVM" => GradientBoostedTreeRegressorPipeline
    .gbtRegressionWithSVMFormat(spark)
}
```

完整代码位于：
https://github.com/ml-resources/spark-ml/blob/branch-ed2/Chapter_07/scala/2.0.0/scala-spark-app/src/main/scala/org/sparksamples/regression/bikesharing/BikeSharingExecutor.scala

7.4.2 在 bike sharing 数据集上训练回归模型

1. 线性回归

线性回归是最常用的算法。回归分析的核心是用一条线来拟合数据点。线性方程表示为 $y = c + b \times x$，其中 y 为估计所得的因变量，c 为常数，b 为回归系数，而 x 为自变量。

下面将数据集按 8∶2 分为训练数据和测试数据，借助 Spark 中的回归评估用 LinearRegression 来创建模型，并在测试数据集上得到各评估指标。lineRegressionWithVectorFormat 函数使用分类数据，而 linearRegressionWithSVMFromat 使用 bike sharing 数据集的 libsvm 格式。

```
def linearRegressionWithVectorFormat(vectorAssembler: VectorAssembler
                                   , vectorIndexer: VectorIndexer
```

```scala
                                                , dataFrame: DataFrame) = {
    val lr = new LinearRegression()
      .setFeaturesCol("features")
      .setLabelCol("label")
      .setRegParam(0.1)
      .setElasticNetParam(1.0)
      .setMaxIter(10)

    val pipeline = new Pipeline().setStages(Array(vectorAssembler, vectorIndexer, lr))

    val Array(training, test) = dataFrame.randomSplit(Array(0.8, 0.2), seed = 12345)

    val model = pipeline.fit(training)

    val fullPredictions = model.transform(test).cache()
    val predictions = fullPredictions.select("prediction").rdd.map(_.getDouble(0))
    val labels = fullPredictions.select("label").rdd.map(_.getDouble(0))
    val RMSE = new RegressionMetrics(predictions.zip(labels)).rootMeanSquaredError
    println(s"  Root mean squared error (RMSE): $RMSE")
}

def linearRegressionWithSVMFormat(spark: SparkSession) = {
  // 导入训练数据
  val training = spark.read.format("libsvm")
    .load("./src/main/scala/org/sparksamples/regression/dataset/BikeSharing/lsvmHours.txt")

  val lr = new LinearRegression()
    .setMaxIter(10)
    .setRegParam(0.3)
    .setElasticNetParam(0.8)

  // 拟合模型
  val lrModel = lr.fit(training)

  // 打印线性回归模型的系数和截距
  println(s"Coefficients: ${lrModel.coefficients} Intercept: ${lrModel.intercept}")

  // 汇总模型在训练集上的表现，并打印一些指标
  val trainingSummary = lrModel.summary
  println(s"numIterations: ${trainingSummary.totalIterations}")
  println(s"objectiveHistory: ${trainingSummary.objectiveHistory.toList}")
  trainingSummary.residuals.show()
  println(s"RMSE: ${trainingSummary.rootMeanSquaredError}")

  println(s"r2: ${trainingSummary.r2}")
}
```

其输出如下。请注意，residuals 表示残差。

```
+------------------+
|         residuals|
+------------------+
| 32.92325797801143|
| 59.97614044359903|
```

```
|  35.80737062786482|
|-12.509886468051075|
|-25.979774633117792|
|-29.352862474201224|
|-5.9517346926691435|
| 18.453701019500947|
|-24.859327293384787|
| -47.14282080103287|
| -27.50652100848832|
| 21.865309097336535|
|  4.037722798853395|
|-25.691348213368343|
| -13.59830538387368|
|  9.336691727080336|
|  12.83461983259582|
| -20.5026155752185 |
| -34.83240621318937|
| -34.30229437825615|
+-------------------+
only showing top 20 rows
RMSE: 149.54567868651284
r2: 0.3202369690447968
```

完整代码位于：

https://github.com/ml-resources/spark-ml/blob/branch-ed2/Chapter_07/scala/2.0.0/scala-spark-app/src/main/scala/org/sparksamples/regression/bikesharing/LinearRegressionPipeline.scala。

2. 广义线性回归

线性回归服从高斯分布，但广义线性模型（GLM，generalized linear models）是一种特例，其响应变量服从指数分布家族中的某种分布。

下面将数据按 8∶2 分为训练和测试用数据集，借助 Spark 中的回归评估用 `Generalized-LinearRegression` 来创建模型，并在测试数据集上得到各评估指标。

```scala
object GeneralizedLinearRegressionPipeline {

  @transient lazy val logger = Logger.getLogger(getClass.getName)

  def genLinearRegressionWithVectorFormat(vectorAssembler: VectorAssembler
                                          , vectorIndexer: VectorIndexer
                                          , dataFrame: DataFrame) = {
    val lr = new GeneralizedLinearRegression()
      .setFeaturesCol("features")
      .setLabelCol("label")
      .setFamily("gaussian")
      .setLink("identity")
      .setMaxIter(10)
      .setRegParam(0.3)
```

```scala
    val pipeline = new Pipeline().setStages(Array(vectorAssembler, vectorIndexer, lr))

    val Array(training, test) = dataFrame.randomSplit(Array(0.8, 0.2), seed = 12345)

    val model = pipeline.fit(training)

    val fullPredictions = model.transform(test).cache()
    val predictions = fullPredictions.select("prediction").rdd.map(_.getDouble(0))
    val labels = fullPredictions.select("label").rdd.map(_.getDouble(0))
    val RMSE = new RegressionMetrics(predictions.zip(labels)).rootMeanSquaredError
    println(s"  Root mean squared error (RMSE): $RMSE")
  }

  def genLinearRegressionWithSVMFormat(spark: SparkSession) = {
    // 导入训练数据
    val training = spark.read.format("libsvm")
      .load("./src/main/scala/org/sparksamples/regression/dataset/BikeSharing/lsvmHours.txt")

    val lr = new GeneralizedLinearRegression()
      .setFamily("gaussian")
      .setLink("identity")
      .setMaxIter(10)
      .setRegParam(0.3)

    // 拟合模型
    val model = lr.fit(training)

    // 打印广义线性回归模型的系数和截距
    println(s"Coefficients: ${model.coefficients}")
    println(s"Intercept: ${model.intercept}")

    // 总结模型在训练集上的表现并打印一些指标
    val summary = model.summary
    println(s"Coefficient Standard Errors:
      ${summary.coefficientStandardErrors.mkString(",")}")
    println(s"T Values: ${summary.tValues.mkString(",")}")
    println(s"P Values: ${summary.pValues.mkString(",")}")
    println(s"Dispersion: ${summary.dispersion}")
    println(s"Null Deviance: ${summary.nullDeviance}")
    println(s"Residual Degree Of Freedom Null: ${summary.residualDegreeOfFreedomNull}")
    println(s"Deviance: ${summary.deviance}")
    println(s"Residual Degree Of Freedom: ${summary.residualDegreeOfFreedom}")
    println(s"AIC: ${summary.aic}")
    println("Deviance Residuals: ")
    summary.residuals().show()
  }
}
```

其输出如下。

如果 `GeneralizedLinearRegression.fitIntercept` 设为 `true`，则会对截距也拟合，最后返回的那项对应截距。

上述代码的系数标准差为：

```
1.1353970394903834,2.2827202289405677,0.5060828045490352,0.17353679457103457
 ,7.062338310890969,0.5694233355369813,2.5250738792716176,
2.0099641224706573,0.7596421898012983,0.6228803024758551,0.07358180718894239
 ,0.30550603737503224,12.369537640641184
```

预估系数和截距的 T 统计量（T-statistic）如下：

```
T Values: 15.186791802016964,33.26578339676457,-11.27632316133038
 ,8.658129103690262,-3.8034120518318013,2.6451862430890807
 ,0.9799958329796699,3.731755243874297,4.957582264860384
 ,6.02053185645345,-39.290272209592864,5.5283417898112726
 ,-0.7966500413552742
```

预估系数和截距的双侧 P 值（two-sided P-value）如下：

```
P Values: 0.0,0.0,0.0,0.0,1.4320532622846827E-4
 ,0.008171946193283652,0.3271018275330657
 ,1.907562616410008E-4,7.204877614519489E-7
 ,1.773422964035376E-9,0.0,3.2792739856901676E-8
 ,0.42566519676340153
```

离差（dispersion）如下：

```
Dispersion: 22378.414478769333
```

对于二项分布和泊松分布家族，拟合所得模型的 `Dispersion` 取值为 1.0。其他情况则为残余皮尔逊卡方（residual Pearson's chi-squared statistic）与残余自由度（residual degeress of freedom）的商。

上述代码中的 `Null deviance` 为：

```
Null Deviance: 5.717615910707208E8
```

残余自由度如下：

```
Residual Degree Of Freedom Null: 17378
```

在 logistic 回归分析中，偏差（deviance）对应线性回归中的平方和的计算。它用于衡量一个线性模型对数据拟合的差异程度。当存在一个饱和（saturated）的模型（理论上完美拟合数据）时，偏差由给定模型和该饱和模型的比较得出。

```
Deviance: 3.886235458383082E8
```

参见 https://en.wikipedia.org/wiki/Logistic_regression。

- 自由度

自由度是从部分样本来估计整体统计特征时的核心概念。其通常的定义为样本数与被限制变量个数的差值。通常简写为 df（degrees of freedom）。

可以将 df 视为从某一个统计量估算另一统计量时需要考虑的限制条件。上述代码的输出为：

```
Residual Degree Of Freedom: 17366
```

赤池信息准则（AIC，Akaike information criterion）是一种对给定数据集上不同统计模型相对效果的衡量。给定针对某一数据集的若干模型，AIC 估算各个模型之间的相对效果如何。由此，AIC 提供了一种模型选择的方法：

参见 https://en.wikipedia.org/wiki/Akaike_information_criterion。

对于上述模型，AIC 的输出如下：

```
AIC: 223399.95490762248
+-------------------+
|   devianceResiduals|
+-------------------+
|  32.385412453563546|
|    59.50791859941151|
|   34.98037491140896|
|-13.503450469022432|
|-27.005954440659032|
|-30.197952952158246|
|  -7.039656861683778|
|  17.320193923055445|
|    -26.0159703272054|
|  -48.69166247116218|
|  -29.50984967584955|
|  20.520222192742004|
|   1.6551311183207815|
|-28.524373674665213|
|-16.337935852841838|
|    6.441923904310045|
|     9.91072545492193|
|-23.418896074866524|
|-37.870797650696346|
|-37.373301622332946|
+-------------------+
only showing top 20 rows
```

完整代码位于：

https://github.com/ml-resources/spark-ml/blob/branch-ed2/Chapter_07/scala/2.0.0/scala-spark-app/src/main/scala/org/sparksamples/regression/bikesharing/GeneralizedLinearRegressionPipeline.scala。

3. 决策树回归

决策树是一种强大的、非概率的方法，它能捕捉更复杂的非线性模式和特征交互（feature interaction）。在许多任务上，决策树表现很好，相对容易理解和解释，能处理类别和数值型特征，而且不需要对数据进行缩放或标准化。它们在集成时的表现也很好（比如，决策树的集成，即决策森林）。

7.4 回归模型的训练和应用

决策树是一种自上而下的方法，从某个根节点（特征）开始，每一步都选择那个能对数据集进行最优分割（通过评估特征分割的信息增益）的特征。信息增益由该节点的不纯度（即节点标签不相似或不同质的程度）减去分割后的两个子节点的不纯度的加权和得到。

如下代码定义了两种方法，分别按 8∶2 和 7∶3 的比例，将 bike sharing 数据集分为训练和测试用数据集，借助 Spark 中的回归评估用 DecisionTreeRegression 来创建模型，并在测试数据集上得到各评估指标。

```
object DecisionTreeRegressionPipeline {

  @transient lazy val logger = Logger.getLogger(getClass.getName)

  def decTreeRegressionWithVectorFormat(vectorAssembler: VectorAssembler
                                        , vectorIndexer: VectorIndexer
                                        , dataFrame: DataFrame) = {
    val lr = new DecisionTreeRegressor()
      .setFeaturesCol("features")
      .setLabelCol("label")

    val pipeline = new Pipeline().setStages(Array(vectorAssembler, vectorIndexer, lr))

    val Array(training, test) = dataFrame.randomSplit(Array(0.8, 0.2), seed = 12345)

    val model = pipeline.fit(training)

    // 进行预测
    val predictions = model.transform(test)

    // 选择样本行来显示
    predictions.select("prediction", "label", "features").show(5)

    // Select (prediction, true label) and compute test error.
    val evaluator = new RegressionEvaluator()
      .setLabelCol("label")
      .setPredictionCol("prediction")
      .setMetricName("rmse")
    val rmse = evaluator.evaluate(predictions)
    println("Root Mean Squared Error (RMSE) on test data = " + rmse)

    val treeModel = model.stages(1).asInstanceOf[DecisionTreeRegressionModel]
    println("Learned regression tree model:\n" + treeModel.toDebugString)
  }

  def decTreeRegressionWithSVMFormat(spark: SparkSession) = {
    // 载入训练数据
    val training = spark.read.format("libsvm")
      .load("/Users/manpreet.singh/Sandbox/codehub/github/machinelearning/spark-ml/" +
        "Chapter_07/scala/2.0.0/scala-spark-app/src/main/scala/org/sparksamples/" +
        "regression/dataset/BikeSharing/lsvmHours.txt")

    // 自动确定类别特征，并建立索引
```

```scala
// 这里,有 4 个以上不同取值的特征视为连续特征
val featureIndexer = new VectorIndexer()
  .setInputCol("features")
  .setOutputCol("indexedFeatures")
  .setMaxCategories(4)
  .fit(training)

// 将数据按 7 : 3 分为训练和测试数据
val Array(trainingData, testData) = training.randomSplit(Array(0.7, 0.3))

// 训练一个 DecisioTree 模型
val dt = new DecisionTreeRegressor()
  .setLabelCol("label")
  .setFeaturesCol("indexedFeatures")

// 将 Indexer 和树衔接到一个 Pipeline 中
val pipeline = new Pipeline()
  .setStages(Array(featureIndexer, dt))

// 训练模型。这同样也会触发 Indexer 的运行
val model = pipeline.fit(trainingData)

// 进行预测
val predictions = model.transform(testData)

// 选择要显示的例子
predictions.select("prediction", "label", "features").show(5)

// 选择(预测值,真实值)对,并计算测试误差
val evaluator = new RegressionEvaluator()
  .setLabelCol("label")
  .setPredictionCol("prediction")
  .setMetricName("rmse")
val rmse = evaluator.evaluate(predictions)
println("Root Mean Squared Error (RMSE) on test data = " + rmse)

val treeModel = model.stages(1).asInstanceOf[DecisionTreeRegressionModel]
println("Learned regression tree model:\n" + treeModel.toDebugString)
}
```

其输出如下:

```
Coefficients:
[17.243038451366886,75.93647669134975,-5.7067532504873215,1.5025039716365927
,-26.86098264575616,1.5062307736563205,2.4745618796519953,7.500694154029075
,3.7659886477986215,3.7500707038132464,-2.8910492341273235,1.6889417934600353]
Intercept: -9.85419267296242

Coefficient Standard Errors:
1.1353970394903834,2.2827202289405677,0.5060828045490352,0.17353679457103457
,7.062338310890969,0.5694233355369813,2.5250738792716176,2.0099641224706573
,0.7596421898012983,0.6228803024758551,0.07358180718894239,0.30550603737503224
,12.369537640641184
T Values:
15.186791802016964,33.26578339676457,-11.27632316133038,8.658129103690262
,-3.8034120518318013,2.6451862430890807,0.9799958329796699,3.731755243874297
```

```
,4.957582264860384,6.02053185645345,-39.290272209592864,5.5283417898112726
,-0.7966500413552742
P Values:
0.0,0.0,0.0,0.0,1.4320532622846827E-4,0.008171946193283652,0.3271018275330657
,1.907562616410008E-4,7.204877614519489E-7,1.773422964035376E-9,0.0
,3.2792739856901676E-8,0.42566519676340153
Dispersion: 22378.414478769333

Null Deviance: 5.717615910707208E8
Residual Degree Of Freedom Null: 17378
Deviance: 3.886235458383082E8
Residual Degree Of Freedom: 17366

AIC: 223399.95490762248
Deviance Residuals:
+------------------+
|  devianceResiduals|
+------------------+
| 32.385412453563546|
|   59.5079185994115|
|   34.98037491140896|
|-13.503450469022432|
|-27.005954440659032|
|-30.197952952158246|
|  -7.039656861683778|
|  17.320193923055445|
|   -26.0159703272054|
|  -48.69166247116218|
|  -29.50984967584955|
|  20.520222192742004|
|  1.6551311183207815|
|-28.524373674665213|
|-16.337935852841838|
|  6.441923904310045|
|    9.91072545492193|
|-23.418896074866524|
|-37.870797650696346|
|-37.373301622332946|
+------------------+
only showing top 20 rows
```

关于如何解读结果，请参见前面的"广义线性回归"部分。

完整代码位于：
https://github.com/ml-resources/spark-ml/blob/branch-ed2/Chapter_07/scala/2.0.0/scala-spark-app/src/main/scala/org/sparksamples/regression/bikesharing/DecisionTreeRegressionPipeline.scala。

7.4.3 决策树集成

集成（ensemble）是一种机器学习算法，它会创建一个由多种基础模型构成的模型。Spark 支持两种主要的集成算法：随机森林和梯度提升树。

1. 随机森林回归模型

随机森林是由若干决策树集成而构成的。如决策树一样，随机森林也能处理类别特征、支持多分类且不需要特征缩放。

如下代码定义了两种方法，分别按 8:2 和 7:3 的比例，将 bike sharing 数据集分为训练和测试用数据集，借助 Spark 中的回归评估用 RandomForestRegressor 来创建模型，并在测试数据集上得到各评估指标。

```scala
object RandomForestRegressionPipeline {

  @transient lazy val logger = Logger.getLogger(getClass.getName)

  def randForestRegressionWithVectorFormat(vectorAssembler: VectorAssembler
                                           , vectorIndexer: VectorIndexe
                                           , dataFrame: DataFrame) = {
    val lr = new RandomForestRegressor()
      .setFeaturesCol("features")
      .setLabelCol("label")

    val pipeline = new Pipeline().setStages(Array(vectorAssembler, vectorIndexer, lr))

    val Array(training, test) = dataFrame.randomSplit(Array(0.8, 0.2), seed = 12345)

    val model = pipeline.fit(training)

    // 进行预测
    val predictions = model.transform(test)

    // 选择用于显示的样本行
    predictions.select("prediction", "label", "features").show(5)

    // 选择（预测值，真实值）对，并计算测试误差
    val evaluator = new RegressionEvaluator()
      .setLabelCol("label")
      .setPredictionCol("prediction")
      .setMetricName("rmse")
    val rmse = evaluator.evaluate(predictions)
    println("Root Mean Squared Error (RMSE) on test data = " + rmse)

    val treeModel = model.stages(1).asInstanceOf[RandomForestRegressionModel]
    println("Learned regression tree model:\n" + treeModel.toDebugString)
  }

  def randForestRegressionWithSVMFormat(spark: SparkSession) = {
    // 载入训练数据
    val training = spark.read.format("libsvm")
      .load("/Users/manpreet.singh/Sandbox/codehub/github/machinelearning/spark-ml/" +
        "Chapter_07/scala/2.0.0/scala-spark-app/src/main/scala/org/sparksamples/" +
        "regression/dataset/BikeSharing/lsvmHours.txt")
```

7.4 回归模型的训练和应用

```scala
    // 自动标识类别特征,并建立索引
    // 设置 maxCategories 的值,使得有 4 个以上不同取值的特征被视为连续特征
    val featureIndexer = new VectorIndexer()
      .setInputCol("features")
      .setOutputCol("indexedFeatures")
      .setMaxCategories(4)
      .fit(training)

    // 将数据按 7:3 分为训练和测试数据
    val Array(trainingData, testData) = training.randomSplit(Array(0.7, 0.3))

    // 训练一个 RandomForest 模型
    val rf = new RandomForestRegressor()
      .setLabelCol("label")
      .setFeaturesCol("indexedFeatures")

    // 将 Indexer 和上述模型衔接到一个 Pipeline 中
    val pipeline = new Pipeline()
      .setStages(Array(featureIndexer, rf))

    // 训练模型。这同样会触发 Indexer 的运行
    val model = pipeline.fit(trainingData)

    // 进行预测
    val predictions = model.transform(testData)

    // 选择用于显示的样本行
    predictions.select("prediction", "label", "features").show(5)

    // 选择(预测值,真实值)对,并计算测试误差
    val evaluator = new RegressionEvaluator()
      .setLabelCol("label")
      .setPredictionCol("prediction")
      .setMetricName("rmse")
    val rmse = evaluator.evaluate(predictions)
    println("Root Mean Squared Error (RMSE) on test data = " + rmse)

    val rfModel = model.stages(1).asInstanceOf[RandomForestRegressionModel]
    println("Learned regression forest model:\n" + rfModel.toDebugString)
  }
}
```

对应的输出为:

```
RandomForest: init: 2.114590873
total: 3.343042855
findSplits: 1.387490192
findBestSplits: 1.191715923
chooseSplits: 1.176991821
+------------------+-----+--------------------+
|        prediction|label|            features|
+------------------+-----+--------------------+
| 70.75171441904584|  1.0|(12,[0,1,2,3,4,5,...|
| 53.43733657257549|  1.0|(12,[0,1,2,3,4,5,...|
```

```
| 57.18242812368521| 1.0 |(12,[0,1,2,3,4,5,...|
| 49.73744636247659| 1.0 |(12,[0,1,2,3,4,5,...|
|56.433579398691144| 1.0 |(12,[0,1,2,3,4,5,...|
Root Mean Squared Error (RMSE) on test data = 123.03866156451954
Learned regression forest model:
RandomForestRegressionModel (uid=rfr_bd974271ffe6) with 20 trees
  Tree 0 (weight 1.0):
    If (feature 9 <= 40.0)
     If (feature 9 <= 22.0)
      If (feature 8 <= 13.0)
       If (feature 6 in {0.0})
        If (feature 1 in {0.0})
         Predict: 35.0945945945946
        Else (feature 1 not in {0.0})
         Predict: 63.3921568627451
       Else (feature 6 not in {0.0})
        If (feature 0 in {0.0,1.0})
         Predict: 83.05714285714286
        Else (feature 0 not in {0.0,1.0})
         Predict: 120.76608187134502
      Else (feature 8 > 13.0)
       If (feature 3 <= 21.0)
        If (feature 3 <= 12.0)
         Predict: 149.56363636363636
        Else (feature 3 > 12.0)
         Predict: 54.73593073593074
       Else (feature 3 > 21.0)
        If (feature 6 in {0.0})
         Predict: 89.63333333333334
        Else (feature 6 not in {0.0})
         Predict: 305.6588235294118
```

上述代码使用各个特征及不同的值来创建一个决策树。

完整代码位于：
https://github.com/ml-resources/spark-ml/blob/branch-ed2/Chapter_07/scala/2.0.0/scala-spark-app/src/main/scala/org/sparksamples/regression/bikesharing/RandomForestRegressionPipeline.scala。

2. 梯度提升树回归

梯度提升树是决策树的集成。它以最小化损失函数为目标，迭代式地训练决策树。它支持处理类别特征、支持多分类且不需要特征缩放。

Spark MLlib 借助现有的决策树实现来实现梯度提升树，并同时支持分类和回归。

如下代码分别定义了两种方法，分别按 8∶2 和 7∶3 的比例，将 bike sharing 数据集分为训练和测试用数据集，并在测试数据集上得到各评估指标。

7.4 回归模型的训练和应用

```scala
object GradientBoostedTreeRegressorPipeline {

  @transient lazy val logger = Logger.getLogger(getClass.getName)

  def gbtRegressionWithVectorFormat(vectorAssembler: VectorAssembler, vectorIndexer:
  VectorIndexer, dataFrame: DataFrame) = {
    val lr = new GBTRegressor()
      .setFeaturesCol("features")
      .setLabelCol("label")
      .setMaxIter(10)

    val pipeline = new Pipeline().setStages(Array(vectorAssembler, vectorIndexer, lr))

    val Array(training, test) = dataFrame.randomSplit(Array(0.8, 0.2), seed = 12345)

    val model = pipeline.fit(training)

    // 进行预测
    val predictions = model.transform(test)

    // 选择用于显示的样本行
    predictions.select("prediction", "label", "features").show(5)

    // 选择（预测值，真实值）对，并计算测试误差
    val evaluator = new RegressionEvaluator()
      .setLabelCol("label")
      .setPredictionCol("prediction")
      .setMetricName("rmse")
    val rmse = evaluator.evaluate(predictions)
    println("Root Mean Squared Error (RMSE) on test data = " + rmse)

    val treeModel = model.stages(1).asInstanceOf[GBTRegressionModel]
    println("Learned regression tree model:\n" + treeModel.toDebugString)
  }

  def gbtRegressionWithSVMFormat(spark: SparkSession) = {
    // 载入训练数据
    val training = spark.read.format("libsvm")
      .load("/Users/manpreet.singh/Sandbox/codehub/github/machinelearning/spark-ml/" +
        "Chapter_07/scala/2.0.0/scala-spark-app/src/main/scala/org/sparksamples/" +
        "regression/dataset/BikeSharing/lsvmHours.txt")

    // 自动识别类别特征，并建立索引
    // 设置 maxCategories 的值，使得有 4 个以上不同取值的特征被视为连续特征
    val featureIndexer = new VectorIndexer()
      .setInputCol("features")
      .setOutputCol("indexedFeatures")
      .setMaxCategories(4)
      .fit(training)

    // 将数据按 7：3 分为训练和测试数据集
    val Array(trainingData, testData) = training.randomSplit(Array(0.7, 0.3))

    // 训练一个 GBT 模型
```

```scala
    val gbt = new GBTRegressor()
      .setLabelCol("label")
      .setFeaturesCol("indexedFeatures")
      .setMaxIter(10)

    // 将Indexer和GBT模型衔接到一个Pipeline中
    val pipeline = new Pipeline()
      .setStages(Array(featureIndexer, gbt))

    // 训练模型。这同样会触发Indexer的运行
    val model = pipeline.fit(trainingData)

    // 进行预测
    val predictions = model.transform(testData)

    // 选择用于显示的样本行
    predictions.select("prediction", "label", "features").show(5)

    // 选择（预测值，真实值）对，并计算测试误差
    val evaluator = new RegressionEvaluator()
      .setLabelCol("label")
      .setPredictionCol("prediction")
      .setMetricName("rmse")
    val rmse = evaluator.evaluate(predictions)
    println("Root Mean Squared Error (RMSE) on test data = " + rmse)

    val gbtModel = model.stages(1).asInstanceOf[GBTRegressionModel]
    println("Learned regression GBT model:\n" + gbtModel.toDebugString)
  }
}
```

其输出如下：

```
RandomForest: init: 1.366356823
  total: 1.883186039
  findSplits: 1.0378687
  findBestSplits: 0.501171071
  chooseSplits: 0.495084674
+-------------------+-----+--------------------+
|         prediction|label|            features|
+-------------------+-----+--------------------+
|-20.753742348814352|  1.0|(12,[0,1,2,3,4,5,...|
|-20.760717579684087|  1.0|(12,[0,1,2,3,4,5,...|
| -17.73182527714976|  1.0|(12,[0,1,2,3,4,5,...|
| -17.73182527714976|  1.0|(12,[0,1,2,3,4,5,...|
|   -21.397094071362|  1.0|(12,[0,1,2,3,4,5,...|
+-------------------+-----+--------------------+
only showing top 5 rows
Root Mean Squared Error (RMSE) on test data = 73.62468541448783
Learned regression GBT model:
GBTRegressionModel (uid=gbtr_24c6ef8f52a7) with 10 trees
  Tree 0 (weight 1.0):
    If (feature 9 <= 41.0)
     If (feature 3 <= 12.0)
```

```
    If (feature 3 <= 3.0)
      If (feature 3 <= 2.0)
        If (feature 6 in {1.0})
          Predict: 24.50709219858156
        Else (feature 6 not in {1.0})
          Predict: 74.94945848375451
      Else (feature 3 > 2.0)
        If (feature 6 in {1.0})
          Predict: 122.1732283464567
        Else (feature 6 not in {1.0})
          Predict: 206.3304347826087
    Else (feature 3 > 3.0)
      If (feature 8 <= 18.0)
        If (feature 0 in {0.0,1.0})
          Predict: 137.29818181818183
        Else (feature 0 not in {0.0,1.0})
          Predict: 257.90157480314963
```

完整代码位于：

https://github.com/ml-resources/spark-ml/blob/branch-ed2/Chapter_07/scala/2.0.0/scala-spark-app/src/main/scala/org/sparksamples/regression/bikesharing/GradientBoostedTreeRegressorPipeline.scala

7.5 改进模型性能和参数调优

在第 6 章中，我们展示了特征转换和选择对模型性能有巨大的影响。本章将重点讨论另外一种变换方式：对目标变量进行变换。

7.5.1 变换目标变量

许多机器学习模型都会对输入数据和目标变量的分布做出假设，比如线性模型的假设为满足正态分布。

但是在许多实际情况中，线性回归的这种分布假设并不成立，比如本例中自行车被租的次数永远不可能为负。这也表明正态分布的假设存在问题。为了更好地理解目标变量的分布，通常最好的方法是画出目标变量的分布直方图。

下面的代码绘制了目标变量的分布图：

```
object PlotRawData {

  def main(args: Array[String]) {
    val records = Util.getRecords()._1
    val records_x = records.map(r => r(r.length - 1))
    var records_int = new Array[Int](records_x.collect().length)
    print(records_x.first())
```

```
val records_collect = records_x.collect()

for (i <- 0 until records_collect.length) {
  records_int(i) = records_collect(i).toInt
}
val min_1 = records_int.min
val max_1 = records_int.max

val min = min_1
val max = max_1
val bins = 40
val step = (max / bins).toInt

var mx = Map(0 -> 0)
for (i <- step until (max + step) by step) {
  mx += (i -> 0);
}

for (i <- 0 until records_collect.length) {
  for (j <- 0 until (max + step) by step) {
    if (records_int(i) >= (j) && records_int(i) < (j + step)) {
      print(mx(j))
      print(mx)
      mx = mx + (j -> (mx(j) + 1))
    }
  }
}
val mx_sorted = ListMap(mx.toSeq.sortBy(_._1): _*)
val ds = new org.jfree.data.category.DefaultCategoryDataset
var i = 0
mx_sorted.foreach { case (k, v) => ds.addValue(v, "", k) }

val chart = ChartFactories.BarChart(ds)
val font = new Font("Dialog", Font.PLAIN, 4);

chart.peer.getCategoryPlot.getDomainAxis().
  setCategoryLabelPositions(CategoryLabelPositions.UP_90);
chart.peer.getCategoryPlot.getDomainAxis.setLabelFont(font)
chart.show()
Util.sc.stop()
  }
}
```

其输出如下图所示：

7.5 改进模型性能和参数调优　　237

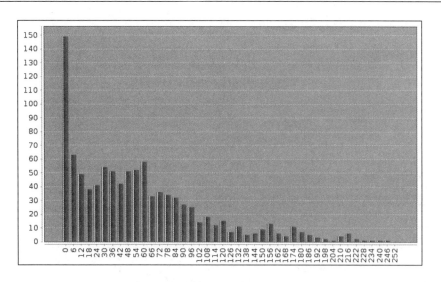

绘制原始数据的代码位于：

https://github.com/ml-resources/spark-ml/blob/branch-ed2/Chapter_07/scala/1.6.2/scala-spark-app/src/main/scala/org/sparksamples/PlotRawData.scala。

一种处理这种饱和的方法是对目标变量进行变换，取目标变量的对数值而不是原始值。这种方法常称为对数变换（该转换也能应用于各特征值）。

下面的代码对目标变量进行对数变换，并画出对数变换后的直方图：

```
object PlotLogData {

  def main(args: Array[String]) {
    val records = Util.getRecords()._1
    val records_x = records.map(r => Math.log(r(r.length - 1).toDouble))
    var records_int = new Array[Int](records_x.collect().length)
    print(records_x.first())
    val records_collect = records_x.collect()

    for (i <- 0 until records_collect.length) {
      records_int(i) = records_collect(i).toInt
    }
    val min_1 = records_int.min
    val max_1 = records_int.max

    val min = min_1.toFloat
    val max = max_1.toFloat
    val bins = 10
    val step = (max / bins).toFloat

    var mx = Map(0.0.toString -> 0)
    for (i <- step until (max + step) by step) {
```

```
      mx += (i.toString -> 0);
    }

    for (i <- 0 until records_collect.length) {
      for (j <- 0.0 until (max + step) by step) {
        if (records_int(i) >= (j) && records_int(i) < (j + step)) {
          mx = mx + (j.toString -> (mx(j.toString) + 1))
        }
      }
    }
    val mx_sorted = ListMap(mx.toSeq.sortBy(_._1.toFloat): _*)
    val ds = new org.jfree.data.category.DefaultCategoryDataset
    var i = 0
    mx_sorted.foreach { case (k, v) => ds.addValue(v, "", k) }

    val chart = ChartFactories.BarChart(ds)
    val font = new Font("Dialog", Font.PLAIN, 4);

    chart.peer.getCategoryPlot.getDomainAxis().
      setCategoryLabelPositions(CategoryLabelPositions.UP_90);
    chart.peer.getCategoryPlot.getDomainAxis.setLabelFont(font)
    chart.show()
    Util.sc.stop()
  }
}
```

其绘图如下：

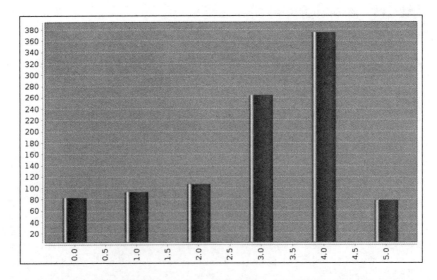

另外一种有用的变换是取平方根，适用于目标变量不为负数并且值域很大的情况。

下面的 Scala 代码对所有的目标变量取平方根，然后绘出相应的直方图：

```scala
object PlotLogData {

  def main(args: Array[String]) {
    val records = Util.getRecords()._1
    val records_x = records.map(r => Math.log(r(r.length - 1).toDouble))
    var records_int = new Array[Int](records_x.collect().length)
    print(records_x.first())
    val records_collect = records_x.collect()

    for (i <- 0 until records_collect.length) {
      records_int(i) = records_collect(i).toInt
    }
    val min_1 = records_int.min
    val max_1 = records_int.max

    val min = min_1.toFloat
    val max = max_1.toFloat
    val bins = 10
    val step = (max / bins).toFloat

    var mx = Map(0.0.toString -> 0)
    for (i <- step until (max + step) by step) {
      mx += (i.toString -> 0);
    }

    for (i <- 0 until records_collect.length) {
      for (j <- 0.0 until (max + step) by step) {
        if (records_int(i) >= (j) && records_int(i) < (j + step)) {
          mx = mx + (j.toString -> (mx(j.toString) + 1))
        }
      }
    }
    val mx_sorted = ListMap(mx.toSeq.sortBy(_._1.toFloat): _*)
    val ds = new org.jfree.data.category.DefaultCategoryDataset
    var i = 0
    mx_sorted.foreach { case (k, v) => ds.addValue(v, "", k) }

    val chart = ChartFactories.BarChart(ds)
    val font = new Font("Dialog", Font.PLAIN, 4);

    chart.peer.getCategoryPlot.getDomainAxis().
      setCategoryLabelPositions(CategoryLabelPositions.UP_90);
    chart.peer.getCategoryPlot.getDomainAxis.setLabelFont(font)
    chart.show()
    Util.sc.stop()
  }
}
```

从对数和平方根变换后的结果来看，得到的直方图（见下图）都比原始数据更均匀。虽然这两个分布依然不是正态分布，但是已经比原始目标变量更接近正态分布了。

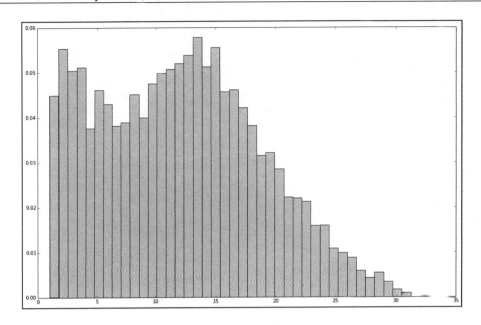

对数变换的影响

那这些变换对模型性能有哪些影响？下面用之前提到的指标来衡量下，但这里会对数据做对数变换。

先来看一下线性模型。具体会对每个 LabeledPoint RDD 的 label 列应用对数函数。这里只对目标变量做变换，不对任何特征做变换。

下面将在这个转换后的数据集上训练模型，并生成一个(预测值，真实值)对构成的 RDD。

注意我们变换了目标变量，模型得到的预测值也是取对数的值。因此，为了评估模型性能，需要将进行指数运算计算得到的预测值转换回原始的值，这里用 Math.exp() 实现。

最后会计算模型的 MSE、MAE 和 RMSE 指标。

Scala 代码如下：

```
object LinearRegressionWithLog {

  def main(args: Array[String]) {

    val recordsArray = Util.getRecords()
    val records = recordsArray._1
    val first = records.first()
    val numData = recordsArray._2

    println(numData.toString())
    records.cache()
```

7.5 改进模型性能和参数调优

```
    print("Mapping of first categorical feature column: "
      + Util.get_mapping(records, 2))
    var list = new ListBuffer[Map[String, Long]]()
    for (i <- 2 to 9) {
      val m = Util.get_mapping(records, i)
      list += m
    }
    val mappings = list.toList
    var catLen = 0
    mappings.foreach(m => (catLen += m.size))

    val numLen = records.first().slice(11, 15).size
    val totalLen = catLen + numLen

    print("Feature vector length for categorical features:" + catLen)
    print("Feature vector length for numerical features:" + numLen)
    print("Total feature vector length: " + totalLen)

    val data = {
      records.map(r => LabeledPoint(Math.log(Util.extractLabel(r))
        , Util.extractFeatures(r, catLen, mappings)))
    }
    val first_point = data.first()
    println("Linear Model feature vector:" + first_point.features.toString)
    println("Linear Model feature vector length: " + first_point.features.size)

    val iterations = 10
    val step = 0.025
    val intercept = true

    // LinearRegressionWithSGD.tr
    val linear_model = LinearRegressionWithSGD.train(data, iterations, step)
    val x = linear_model.predict(data.first().features)
    val true_vs_predicted = data.map(p => (Math.exp(p.label)
      , Math.exp(linear_model.predict(p.features))))
    val true_vs_predicted_csv = data.map(p => p.label + ","
      + linear_model.predict(p.features))
    val format = new java.text.SimpleDateFormat("dd-MM-yyyy-hh-mm-ss")
    val date = format.format(new java.util.Date())
    val save = false
    if (save) {
      true_vs_predicted_csv.saveAsTextFile("./output/linear_model_" + date + ".csv")
    }
    val true_vs_predicted_take5 = true_vs_predicted.take(5)
    for (i <- 0 until 5) {
      println("True vs Predicted: " + "i :" + true_vs_predicted_take5(i))
    }
    Util.calculatePrintMetrics(true_vs_predicted, "LinearRegressioWithSGD Log")
  }
}
```

代码输出如下:

```
LinearRegressioWithSGD Log - Mean Squared Error: 5055.089410453301
LinearRegressioWithSGD Log - Mean Absolute Error: 51.56719871511336
LinearRegressioWithSGD Log - Root Mean Squared Log
Error:1.7785399629180894
```

相应代码位于:

- https://github.com/ml-resources/spark-ml/blob/branch-ed2/Chapter_07/scala/2.0.0/scala-spark-app/src/main/scala/org/sparksamples/regression/linearregression/LinearRegressionWithLog.scala
- https://github.com/ml-resources/spark-ml/blob/branch-ed2/Chapter_07/scala/2.0.0/scala-spark-app/src/main/scala/org/sparksamples/regression/linearregression/LinearRegression.scala

如果将上述结果和使用原始目标变量时的结果相比,会发现3个指标均变差了:

```
LinearRegressioWithSGD - Mean Squared Error: 35817.9777663029
LinearRegressioWithSGD - Mean Absolute Error: 136.94887209426008
LinearRegressioWithSGD - Root Mean Squared Log Error:
    1.4482391780194306
LinearRegressioWithSGD Log - Mean Squared Error: 60192.54096079104
LinearRegressioWithSGD Log - Mean Absolute Error:
    170.82191606911752
LinearRegressioWithSGD Log - Root Mean Squared Log Error:
    1.9587586971094555
```

7.5.2 模型参数调优

到目前为止,本章谈论了在同一个数据集上对 MLlib 中的回归模型进行训练和评估的基本概念。接下来,我们使用交叉验证方法来评估不同参数对模型性能的影响。

1. 创建训练集和测试集来评估参数

第一步是为交叉验证创建训练集和测试集。

在 Scala 中,这种分割不难实现,另外还有一个现成的 randomSplit 函数来实现该功能:

```
val splits = data.randomSplit(Array(0.8, 0.2), seed = 11L)
val training = splits(0).cache()
val test = splits(1)
```

2. 分割决策树中的特征

最后一步是用同样的方法来分割从决策树模型中提取到的特征。

Scala 代码如下:

7.5 改进模型性能和参数调优

```
val splits = data_dt.randomSplit(Array(0.8, 0.2), seed = 11L)
val training = splits(0).cache()
val test = splits(1)
```

3. 参数设置对线性模型的影响

前面已经准备好了训练集和测试集，现在可以研究不同的参数设置对模型性能的影响了。下面先研究参数设置对线性模型的影响。为此会创建一个辅助函数来评估不同参数设置下，模型经训练集训练后，在测试集数据上的各种性能指标。

我们会使用 RMSLE 来评估。它是 Kaggle 比赛中在该数据集上使用的指标，这样，我们可以将我们模型的结果和比赛排行榜上的成绩相比较。

评估函数的 Scala 定义如下：

```
def evaluate(train: RDD[LabeledPoint], test: RDD[LabeledPoint]
             , iterations: Int, step: Double
             , intercept: Boolean): Double = {
  val linReg = new LinearRegressionWithSGD().setIntercept(intercept)
  linReg.optimizer.setNumIterations(iterations).setStepSize(step)
  val linear_model = linReg.run(train)

  val true_vs_predicted = test
    .map(p => (p.label, linear_model.predict(p.features)))
  val rmsle = Math.sqrt(true_vs_predicted
    .map { case (t, p) => Util.squaredLogError(t, p) }.mean())
  return rmsle
}
```

 在接下来的几节中，我们将使用 SGD 进行迭代训练。随机初始化可能得到略微不同的结果，但是依然可比较。

(1) 迭代次数

从前面对分类模型的评估来看，通常在使用 SGD 训练模型的过程中，随着迭代次数的增加可以实现更好的性能，但是性能在迭代次数达到一定数目时会提升得越来越慢。下面的代码设置步长为 0.01，目的是为了更好地说明迭代次数的影响。

下列的 Scala 代码中使用了不同的迭代次数：

```
val data = LinearRegressionUtil.getTrainTestData()
val train_data = data._1
val test_data = data._2
val iterations = 10
// LinearRegressionCrossValidationStep$
// params = [1, 5, 10, 20, 50, 100, 200]
val iterations_param = Array(1, 5, 10, 20, 50, 100, 200)
val step = 0.01
// val steps_param = Array(0.01, 0.025, 0.05, 0.1, 1.0)
```

```
val intercept = false
val i = 0
val results = new Array[String](5)
val resultsMap = new scala.collection.mutable.HashMap[String, String]
val dataset = new DefaultCategoryDataset()
for (i <- 0 until iterations_param.length) {
  val iteration = iterations_param(i)
  val rmsle = LinearRegressionUtil
    .evaluate(train_data, test_data, iteration, step, intercept)
  // results(i) = step + ":" + rmsle
  resultsMap.put(iteration.toString, rmsle.toString)
  dataset.addValue(rmsle, "RMSLE", Math.log(iteration))
}
```

Scala 的实现使用了 JFreeChart 对应的 Scala 版本。该实现在 20 次迭代后取到最小 RMSLE：

```
Map(5 -> 0.8403179051522236, 200 -> 0.35682322830872604, 50 ->
  0.07224447567763903, 1 -> 1.6381266770967882, 20 ->
  0.23992956602621263, 100 -> 0.2525579338412989, 10 ->
  0.5236271681647611)
```

上述代码的输出如下图所示：

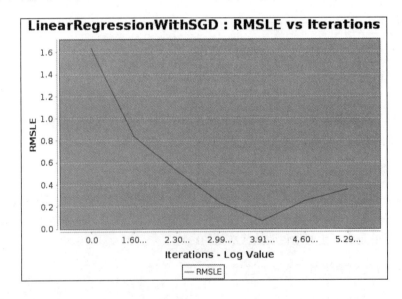

(2) 步长

我们使用如下代码对步长进行同样的分析。

Scala 代码如下：

```
val steps_param = Array(0.01, 0.025, 0.05, 0.1, 1.0)
val intercept =false
```

```
val i = 0
val results = new Array[String](5)
val resultsMap = new scala.collection.mutable.HashMap[String, String]
val dataset = new DefaultCategoryDataset()
for(i <- 0 until steps_param.length) {
  val step = steps_param(i)
  val rmsle = LinearRegressionUtil.evaluate(train_data,
    test_data,iterations,step,intercept)
  resultsMap.put(step.toString,rmsle.toString)
  dataset.addValue(rmsle, "RMSLE", step)
}
```

该代码的输出如下：

```
[1.7904244862988534, 1.4241062778987466, 1.3840130355866163,
  1.4560061007109475, nan]
```

对上述结果的可视化如下图所示：

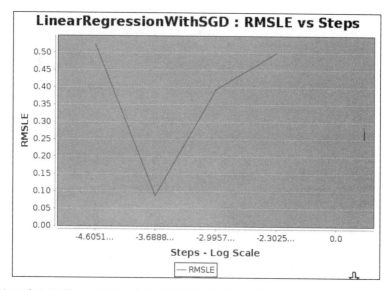

从结果可以看出为什么不使用默认步长来训练线性模型。其中默认步长为 1.0，得到的 RMSLE 结果为 nan。这通常意味着 SGD 模型收敛到了一个非常差的局部最优解。这种情况在步长较大的时候容易出现，原因是算法收敛太快而不能得到最优解。

另外，小步长与相对较小的迭代次数（比如上面的 10 次）对应的训练模型性能一般较差。而较小的步长与较大的迭代次数下通常可以收敛得到较好的解。

通常来讲，步长和迭代次数的设定需要权衡。较小的步长意味着收敛速度慢，需要较大的迭代次数。但是较大的迭代次数更加耗时，特别是在大数据集上。

> 选择合适的参数是一个复杂的过程,需要在不同的参数组合下训练模型并选择最好的结果。每次模型的训练都需要迭代,这个过程计算量大且非常耗时,在大数据集上尤其明显。模型的初始化对结果的影响也很大,具体会影响取得全局最小值和取得梯度下降图上的局部最优最小解这两个过程。

(3) L2 正则化

第 6 章提到过,正则化是添加一个关于模型权重向量的函数作为损失项,来对模型的复杂度进行惩罚。其中 L2 正则化则是对权重向量进行 L2-范数惩罚,而 L1 正则化进行 L1-范数惩罚。

我们知道,随着正则化的提高,训练集的预测性能会下降,因为模型不能很好地拟合数据。但是,我们希望设置合适的正则化参数,能够在测试集上达到最好的性能,最终得到一个泛化能力最优的模型。

我们在下面的 Python 代码中评估不同 L2 正则化参数对性能的影响:

```
params = [0.0, 0.01, 0.1, 1.0, 5.0, 10.0, 20.0]
metrics = [evaluate(train_data, test_data, 10, 0.1, param, 'l2',
    False) for param in params]
print params
print metrics
plot(params, metrics)
fig = matplotlib.pyplot.gcf()
pyplot.xscale('log')
```

正如前面所分析的,存在一个使得测试集上 RMSLE 性能最优的正则化参数:

```
[0.0, 0.01, 0.1, 1.0, 5.0, 10.0, 20.0]
[1.5384660954019971, 1.5379108106882864, 1.5329809395123755,
    1.4900275345312988, 1.4016676336981468, 1.40998359211149,
    1.5381771283158705]
```

为了更清晰地展示结果,我们使用下图,其中横轴的正则化参数进行了对数缩放:

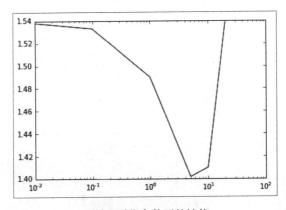

不同正则化参数下的性能

(4) L1 正则化

以下 Python 代码使用同样的方法测试不同 L1 正则化参数对性能的影响:

```
params = [0.0, 0.01, 0.1, 1.0, 10.0, 100.0, 1000.0]
metrics = [evaluate(train_data, test_data, 10, 0.1, param, 'l1',
   False) for param in params]
print params
print metrics
plot(params, metrics)
fig = matplotlib.pyplot.gcf()
pyplot.xscale('log')
```

同样,为了更清晰地展示结果,我们使用如下图片。从图中可以看到,RMSELE 取值在后半部有一个十分平缓的下降。之后随着 params 取值增加,有一个极大的跳跃回升。所需的 L1 正则化参数比 L2 要大,但是总体性能较差。

```
[0.0, 0.01, 0.1, 1.0, 10.0, 100.0, 1000.0]
[1.5384660954019971, 1.5384518080419873, 1.5383237472930684,
   1.5372017600929164, 1.5303809928601677, 1.4352494587433793,
   4.75512500732686141]
```

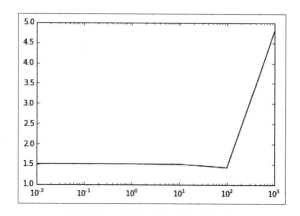

不同的 L1 正则化参数对性能的影响

另外,使用 L1 正则化可以得到稀疏的权重向量。为了在本例中验证,我们来统计随着正则化的提高,权重向量中 0 的个数:

```
model_l1 = LinearRegressionWithSGD.train(train_data, 10, 0.1
   , regParam = 1.0, regType = 'l1 ', intercept = False)
model_l1_10 = LinearRegressionWithSGD.train(train_data, 10, 0.1
   , regParam = 10.0, regType = 'l1 ', intercept = False)
model_l1_100 = LinearRegressionWithSGD.train(train_data, 10, 0.1
   , regParam = 100.0, regType = 'l1 ', intercept = False)
print "L1 (1.0) number of zero weights: "
   +str(sum(model_l1.weights.array == 0))
print "L1 (10.0) number of zeros weights: "
```

```
  +str(sum(model_l1_10.weights.array == 0))
print "L1 (100.0) number of zeros weights: "
  +str(sum(model_l1_100.weights.array == 0))
```

从下面的结果可以看出，和我们预料的一致，随着 L1 的正则化参数越来越大，模型的权重向量中 0 的数目也越来越大。

```
L1 (1.0) number of zero weights: 4
L1 (10.0) number of zeros weights: 20
L1 (100.0) number of zeros weights: 55
```

(5) 截距

线性模型最后可以设置的参数表示是否拟合截距（intercept）。截距是添加到权重向量的常数项，可以有效地影响目标变量的均值。如果数据已经被归一化，截距则没有必要。但是理论上，截距的使用并不会带来坏处。

下面的 Scala 代码用来评估截距项对模型的影响：

```scala
object LinearRegressionCrossValidationIntercept {
  def main(args: Array[String]) {
    val data = LinearRegressionUtil.getTrainTestData()
    val train_data = data._1
    val test_data = data._2

    val iterations = 10
    val step = 0.1
    val paramsArray = new Array[Boolean](2)
    paramsArray(0) = false
    paramsArray(1) = true
    val i = 0
    val results = new Array[String](2)
    val resultsMap = new scala.collection.mutable.HashMap[String, String]
    val dataset = new DefaultCategoryDataset()
    for (i <- 0 until 2) {
      val intercept = paramsArray(i)
      val rmsle = LinearRegressionUtil
        .evaluate(train_data, test_data, iterations, step, intercept)
      results(i) = intercept + ":" + rmsle
      resultsMap.put(intercept.toString, rmsle.toString)
      dataset.addValue(rmsle, "RMSLE", intercept.toString)
    }

    val chart = new LineChart(
      "Intercept",
      "LinearRegressionWithSGD : RMSLE vs Intercept")
    chart.exec("Steps", "RMSLE", dataset)
    chart.lineChart.getCategoryPlot().getRangeAxis().setRange(1.56, 1.58)

    chart.pack()

    RefineryUtilities.centerFrameOnScreen(chart)
```

```
            chart.setVisible(true)
            println(results)
        }
    }
```

上述输出对应的可视化效果如下图所示：

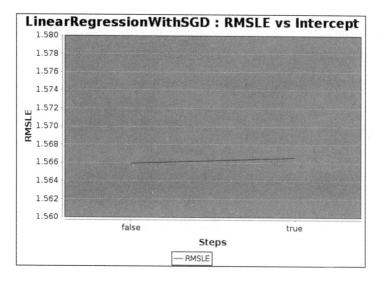

从上图可知，当 `intercept=true` 时对应的 RMSLE 比 `intercept=false` 时略高。

上述评估函数、迭代和步进部分的代码均位于如下目录内：
https://github.com/ml-resources/spark-ml/tree/branch-ed2/Chapter_07/scala/1.6.2/scala-spark-app/src/main/scala/org/sparksamples/linearregression。
它分别对应 LinearRegressionUtil.scala、LinearRegressionCrossValidationIterations.scala 和 LinearRegressionCrossValidationStep.scala 这 3 份源码。

4. 参数设置对决策树性能的影响

决策树提供了两个主要的参数：最大的树深度和最大分块数。下面用与之前类似的方法来评估不同的参数下决策树模型的性能。为此，首先需要创建一个模型的评估函数，这与之前线性回归模型中使用的相似。对应的 Scala 代码如下：

```
def evaluate(train: RDD[LabeledPoint], test: RDD[LabeledPoint],
             categoricalFeaturesInfo: scala.Predef.Map[Int, Int],
             maxDepth: Int, maxBins: Int): Double = {
    val impurity = "variance"
    val decisionTreeModel = DecisionTree
```

```
    .trainRegressor(train, categoricalFeaturesInfo, impurity, maxDepth, maxBins)
  val true_vs_predicted = test
    .map(p => (p.label, decisionTreeModel.predict(p.features)))
  val rmsle = Math.sqrt(true_vs_predicted
    .map { case (t, p) => Util.squaredLogError(t, p) }.mean())
  return rmsle
}
```

(1) 树深度

我们通常希望用更复杂（更深）的决策树提升模型的性能。而较小的树深度类似正则化形式，如线性模型的 L2 和 L1 正则化，存在一个最优的树深度能在测试集上获得最优的性能。

下面，我们尝试增加树的深度，测试树的深度对测试集上 RMSLE 性能的影响，固定划分数为默认值 32。

Scala 代码如下：

```
val data = DecisionTreeUtil.getTrainTestData()
val train_data = data._1
val test_data = data._2
val iterations = 10
// params = [2, 4, 8, 16, 32, 64, 100]
// val steps_param = Array(0.01, 0.025, 0.05, 0.1, 1.0)
// DecisionTreeMaxBins$ params = [1, 2, 3, 4, 5, 10, 20]
val bins_param = Array(2, 4, 8, 16, 32, 64, 100)
val depth_param = Array(1, 2, 3, 4, 5, 10, 20)
// val maxDepth = 5
val bin = 32
val categoricalFeaturesInfo = scala.Predef.Map[Int, Int]()
val i = 0
val results = new Array[String](7)
val resultsMap = new scala.collection.mutable.HashMap[String, String]
val dataset = new DefaultCategoryDataset()
for (i <- 0 until depth_param.length) {
  val depth = depth_param(i)
  val rmsle = DecisionTreeUtil.evaluate(train_data, test_data
    , categoricalFeaturesInfo, depth, bin)
  resultsMap.put(depth.toString, rmsle.toString)
  dataset.addValue(rmsle, "RMSLE", depth)
}
val chart = new LineChart(
  "MaxDepth",
  "DecisionTree : RMSLE vs MaxDepth")
chart.exec("MaxDepth", "RMSLE", dataset)
chart.pack()
RefineryUtilities.centerFrameOnScreen(chart)
chart.setVisible(true)
print(resultsMap)
```

上述结果的可视化效果如下图所示：

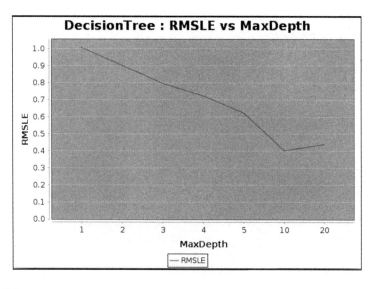

(2) 最大分区数

最后来评估分区数对决策树性能的影响。和树的深度一样，更多的分区数会使模型变复杂，并且有助于提升特征维度较大的模型的性能。分区数达到一定程度之后，对性能的提升帮助不大，实际上，由于过拟合的原因会导致测试集的性能变差。

Scala 代码如下：

```scala
object DecisionTreeMaxBins {
  def main(args: Array[String]) {

    val data = DecisionTreeUtil.getTrainTestData()
    val train_data = data._1
    val test_data = data._2
    val iterations = 10
    val bins_param = Array(2, 4, 8, 16, 32, 64, 100)
    val maxDepth = 5
    val categoricalFeaturesInfo = scala.Predef.Map[Int, Int]()
    val i = 0
    val results = new Array[String](5)
    val resultsMap = new scala.collection.mutable.HashMap[String, String]
    val dataset = new DefaultCategoryDataset()
    for (i <- 0 until bins_param.length) {
      val bin = bins_param(i)
      val rmsle = {
        DecisionTreeUtil
          .evaluate(train_data, test_data, categoricalFeaturesInfo, 5, bin)
      }

      resultsMap.put(bin.toString, rmsle.toString)
      dataset.addValue(rmsle, "RMSLE", bin)
```

```
    }
    val chart = new LineChart(
      "MaxBins",
      "DecisionTree : RMSLE vs MaxBins")
    chart.exec("MaxBins", "RMSLE", dataset)
    chart.pack()
    RefineryUtilities.centerFrameOnScreen(chart)
    chart.setVisible(true)
    print(resultsMap)
  }
}
```

对应输出的可视化效果如下图所示：

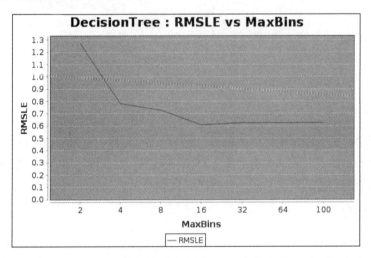

从中可看出，本例中使用小分区数目会有损性能，而当分区数目达到 30 后对性能几乎没有影响。从结果中来看，最优的分区数配置范围在 16~20 以内。

上述各参数设置对应的代码均位于如下目录内：
https://github.com/ml-resources/spark-ml/tree/branch-ed2/Chapter_07/scala/1.6.2/scala-spark-app/src/main/scala/org/sparksamples/decisiontree。
它分别对应 DecisionTreeUtil.scala、DecisionTreeMaxDepth.scala 和 DecisionTreeMaxBins.scala 这 3 份源码。

5. 参数设置对梯度提升树的影响

梯度提升树有 3 个主要参数：迭代次数 `iteration`、最大分区数 `maxBins` 和最大树深 `maxDepth`。下面看下它们取值不同时的影响如何。

(1) 迭代次数

Scala 代码如下：

```
object GradientBoostedTreesIterations {

  def main(args: Array[String]) {
    val data = GradientBoostedTreesUtil.getTrainTestData()
    val train_data = data._1
    val test_data = data._2

    val iterations_param = Array(1, 5, 10, 15, 18)
    val maxDepth = 5
    val maxBins = 16

    val i = 0
    val resultsMap = new scala.collection.mutable.HashMap[String, String]
    val dataset = new DefaultCategoryDataset()
    for (i <- 0 until iterations_param.length) {
      val iteration = iterations_param(i)
      val rmsle = GradientBoostedTreesUtil
        .evaluate(train_data, test_data, iteration, maxDepth, maxBins)
      resultsMap.put(iteration.toString, rmsle.toString)
      dataset.addValue(rmsle, "RMSLE", iteration)
    }
    val chart = new LineChart(
      "Iterations",
      "GradientBoostedTrees : RMSLE vs Iterations")
    chart.exec("Iterations", "RMSLE", dataset)
    chart.pack()
    chart.lineChart.getCategoryPlot().getRangeAxis().setRange(1.32, 1.37)
    RefineryUtilities.centerFrameOnScreen(chart)
    chart.setVisible(true)
    print(resultsMap)
  }
}
```

其输出可视化的效果如下图所示：

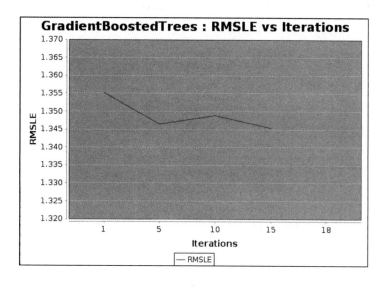

(2) 最大分区数

下面看下不同的最大分区数对 RMSLE 值的影响。

下面的 Scala 代码依次取最大分区数 10、16、32 和 64 来评估上述影响：

```
object GradientBoostedTreesMaxBins {

  def main(args: Array[String]) {
    val data = GradientBoostedTreesUtil.getTrainTestData()
    val train_data = data._1
    val test_data = data._2

    val maxBins_param = Array(10, 16, 32, 64)
    val iteration = 10
    val maxDepth = 3

    val i = 0
    val resultsMap = new scala.collection.mutable.HashMap[String, String]
    val dataset = new DefaultCategoryDataset()
    for (i <- 0 until maxBins_param.length) {
      val maxBin = maxBins_param(i)
      val rmsle = GradientBoostedTreesUtil
        .evaluate(train_data, test_data, iteration, maxDepth, maxBin)
      resultsMap.put(maxBin.toString, rmsle.toString)
      dataset.addValue(rmsle, "RMSLE", maxBin)
    }
    val chart = new LineChart(
      "Max Bin",
      "GradientBoostedTrees : RMSLE vs MaxBin")
    chart.exec("MaxBins", "RMSLE", dataset)
    chart.pack()
    chart.lineChart.getCategoryPlot().getRangeAxis().setRange(1.35, 1.37)
    RefineryUtilities.centerFrameOnScreen(chart)
    chart.setVisible(true)
    print(resultsMap)
  }
}
```

对应的结果的可视化效果如下图所示：

7.5 改进模型性能和参数调优

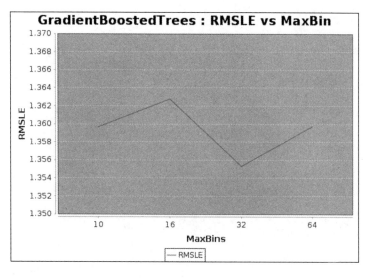

(3) 最大树深

下面的 Scala 代码分别求了 4 种不同的 `maxBin` 值对应的 RMSLE 值：

```
object GradientBoostedTreesMaxDepth {

  def main(args: Array[String]) {
    val data = GradientBoostedTreesUtil.getTrainTestData()
    val train_data = data._1
    val test_data = data._2

    val iterations_param = Array(1, 5, 10, 15, 18)
    val iteration = 5
    val maxDepth_param = Array(1, 5, 7, 10)
    val maxBin = 10

    val i = 0
    val resultsMap = new scala.collection.mutable.HashMap[String, String]
    val dataset = new DefaultCategoryDataset()
    for (i <- 0 until maxDepth_param.length) {
      val maxDepth = maxDepth_param(i)
      val rmsle = GradientBoostedTreesUtil
        .evaluate(train_data, test_data, iteration, maxDepth, maxBin)
      resultsMap.put(maxDepth.toString, rmsle.toString)
      dataset.addValue(rmsle, "RMSLE", maxDepth)
    }
    val chart = new LineChart(
      "MaxDepth",
      "GradientBoostedTrees : RMSLE vs MaxDepth")
    chart.exec("MaxDepth", "RMSLE", dataset)
    chart.pack()
    chart.lineChart.getCategoryPlot().getRangeAxis().setRange(1.32, 1.5)
    RefineryUtilities.centerFrameOnScreen(chart)
```

```
        chart.setVisible(true)
        print(resultsMap)
    }
}
```

结果的可视化效果如下图所示:

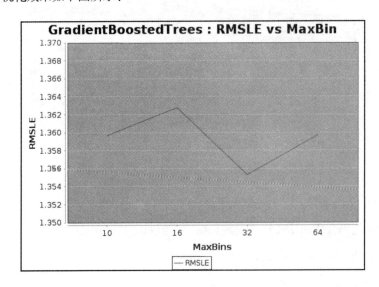

上述各参数设置对应的代码均位于如下目录内:
https://github.com/ml-resources/spark-ml/tree/branch-ed2/Chapter_07/scala/1.6.2/scala-spark-app/src/main/scala/org/sparksamples/gradientboosted。
它分别对应 GradientBoostedTreesIterations.scala、GradientBoostedTreesMaxBins.scala 和 GradientBoostedTreesMaxDepth.scala 这 3 份源码。

7.6 小结

本章展示了如何借助 Spark ML 库对线性模型、决策树和梯度提升树的支持,用 Scala 构建相关的回归模型。内容涉及类别特征的提取,以及对目标变量进行变换对回归的影响。最后,实现了各种性能评估指标,并用它们来设计了交叉验证实验,研究线性模型和决策树模型的不同参数设置对测试集上性能的影响。

下一章将讨论一种新的机器学习方法:无监督学习,特别是聚类模型。

第 8 章 Spark 构建聚类模型

前面几章，我们介绍了监督学习，其中训练数据都标注了需要被预测的真实值（比如推荐系统的打分、分类的类别，或者回归预测为实数的目标变量）。

接下来，我们将考虑数据没有标注的情况，具体模型称作**无监督学习**（ unsupervised learning ），即模型训练过程中没有被目标标签监督。实际应用中，无监督的例子非常常见，原因是在许多真实场景中，标注数据的获取非常困难，或者代价非常大（比如，人工为分类模型标注训练数据）。但是，我们仍然想要从数据中学习基本的结构用来做预测。

这就是无监督学习方法发挥作用的情形。通常无监督学习和监督模型会相结合，比如使用无监督技术为监督模型生成新的输入特征来作为输入。

在很多情况下，聚类（ clustering ）模型等价于分类模型的无监督形式。用分类的方法，我们可以学习分类模型，预测给定训练样本属于哪个类别。这个模型本质上就是一系列特征到类别的映射。

在聚类中，我们对数据进行分割，这样每个数据样本就会属于某个部分，称为**类簇**（ cluster ）。类簇相当于类别，只不过不知道真实的类别。

聚类模型的很多应用和分类模型一样，比如：

- 基于行为特征或者元数据将用户或者客户分成不同的组；
- 对网站的内容或者零售店中的商品进行分组；
- 找到相似基因的类；
- 在生态学中进行群体分割；
- 创建图像分割用于图像分析的应用，比如物体检测。

本章，我们将：

- 简略讨论一些聚类模型的类型；
- 从数据中提取特征，具体来说就是将某个模型的输出当作聚类模型的输入特征；

- 训练聚类模型并且做预测；
- 应用性能评估和参数选择技术来选择最优的类簇个数。

8.1 聚类模型的类型

聚类模型有很多种，从简单到复杂都有。Spark MLlib 库目前提供了 K-均值聚类算法，这是最简单的聚类算法之一，但也非常有效，而简单通常意味着相对容易理解和扩展。

8.1.1 K-均值聚类

K-均值算法试图将一系列样本分割成 K 个不同的类簇（其中 K 是模型的输入参数）。

具体来说，K-均值聚类的目的是最小化所有类簇中的方差之和，其形式化的目标函数称为**类簇内的方差和**（WCSS，within cluster sum of squared errors）：

$$\sum_{i=1}^{n}\sum_{j=1}^{n}(x(j)-u(i))^2$$

换句话说，就是计算每个类簇中样本与类中心的平方差，再求和。

标准的 K-均值算法初始化 K 个类中心（为每个类簇中所有样本的平均向量），后面的过程不断重复迭代下面两个步骤。

(1) 将样本分到 WCSS 最小的类簇中。因为方差之和为欧氏距离的平方，所以最后等价于将每个样本分配到欧氏距离**最近**的类中心。

(2) 根据第一步类分配情况重新计算每个类簇的类中心。

K-均值迭代算法结束条件为达到最大的迭代次数或者收敛（convergence）。**收敛**意味着第一步类分配之后没有改变，因此 WCSS 的值也没有改变。

要了解更多信息，请查阅 Spark 文档中关于聚类的部分（http://spark.apache.org/docs/latest/mllib-clustering.html）或者维基百科（https://en.wikipedia.org/wiki/K-means_clustering）。

为了说明 K-均值的基础知识，我们使用第 6 章的多类别分类中的简单数据集，其中有 5 个类，如下图所示。

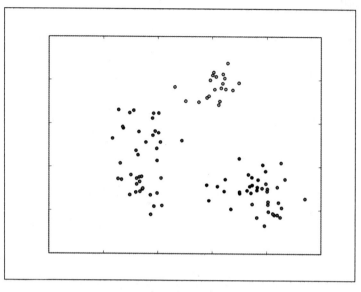

多类别数据集

于是，假定我们不知道真实的分类，然后应用 5 个类簇的 K-均值算法，经过一次迭代，得到如下图所示模型的类簇标记。

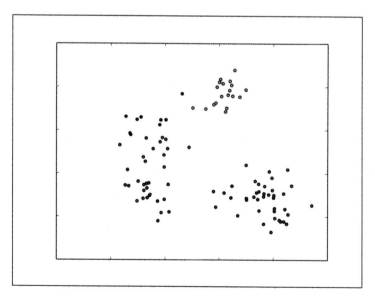

第一次迭代后的类簇标记

可以看到 K-均值已经可以很好地找到每个类簇的中心。下一次迭代后，类簇的标记应该如下图所示。

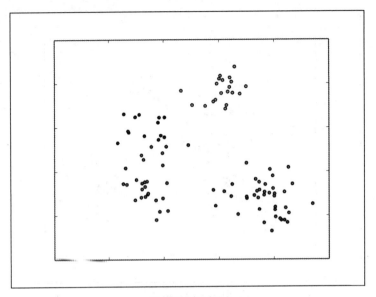

第二次迭代后的类簇标记

第二次迭代之后类簇开始变得稳定，但是类簇标记大致和第一次迭代相同。一旦模型收敛，最终类簇标注大概如下图所示。

K-均值最后聚类结果

可以看出，K-均值聚类模型对 5 个类簇分割的结果还不错。其中，左边的 3 个类簇比较准确（部分错误），但是右下角的两个类簇却不是很准确。

这说明：

- *K*-均值本质是个迭代过程；
- 模型依赖初始化时类中心的选择（这里指随机选择类中心）；
- 最后的类簇分配可以很好地分割数据，但是对于较难的数据分割也会不好。

1. 初始化方法

K-均值的标准初始化方法通常称为随机方法，即在开始时给每个样本随机分配一个类簇。

Spark MLlib 内置了该初始化方法的并行实现版本，叫 *K*-means++，这也是默认的初始化方法。

更多资料请查看 https://en.wikipedia.org/wiki/K-means_clustering#Initialization_methods 和 https://en.wikipedia.org/wiki/K-means%2B%2B。

使用 *K*-means++的结果如下图所示。从结果来看，右下角的大部分样本聚类正确。

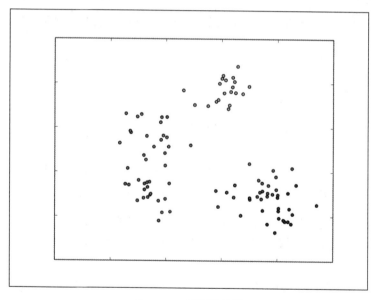

K-means++的聚类结果

2. *K*-均值变种

K-均值算法存在许多变种，它们的重点集中于初始化方法或者核心模型。其中一个最常见的变种是**模糊 *K*-均值**（fuzzy *K*-means）。这个模型没有像 *K*-均值那样对每个样本分配一个类簇（或者称为硬分配），相反，它是 *K*-均值的软分配版本，即每个样本可以属于多个类簇并被表示为样本与每个类簇的相对关系。于是，当类簇数为 *K* 时，每个样本会被表示为 *K* 维的关系向量，向量中的每一项表示对应的类簇。

8.1.2 混合模型

混合模型本质上是模糊 K-均值的扩展，但是它假设样本的数据是由某种概率分布产生的。比如，我们可以假设样本是由 K 个独立的高斯概率分布生成的。类簇的分配是软分配，所以每个样本由 K 个概率分布的权重表示。

更多细节和混合模型数学的描述见 https://en.wikipedia.org/wiki/Mixture_model。

8.1.3 层次聚类

层次聚类（hierarchical clustering）是一种结构化的聚类方法，最终可以得到多层的聚类结果，其中每个类簇可能包含多个子类簇。因为每个子类簇和父类簇连接，所以这种形式也称为**树形聚类**（tree clustering）。

层次聚类分为两种：**凝聚聚类**（agglomerative clustering）和**分裂式聚类**（divisive clustering）。

凝聚聚类的方法是自下而上的：

- 每个样本自身作为一个类簇；
- 计算与其他类簇的相似度（或距离）；
- 找到最相似的类簇，然后合并组成新的类簇；
- 重复上述过程，直到最上层只留下一个类簇。

分裂式聚类是自上而下的方法，过程刚好和凝聚聚类相反。刚开始所有样本属于一个类簇，接下来每一步将每个类簇一分为二，最后直到所有的样本在底层独自为一个类簇。

自上而下的聚类因为每层分类时都需要引入二级扁平聚类算法，所以会比自下而上的聚类复杂。它的优势在于，当不需要聚类到单个样本各成一类的水平时，其效率会更高。

更多资料请参考 https://en.wikipedia.org/wiki/Hierarchical_clustering。

8.2 从数据中提取正确的特征

类似于大多数机器学习模型，K-均值聚类需要数值向量作为输入，于是用于分类和回归的特征提取和变换方法也适用于聚类。

K-均值和最小方差回归一样，使用方差函数作为优化目标，因此容易受到离群值（outlier）和较大方差的特征的影响。

离群值会引发众多问题，而聚类能用于该类值的检测。

对于回归和分类问题来说，上述问题可以通过特征的归一化和标准化来解决，这同时可能有助于提升性能。但是某些情况下，我们可能不希望数据被标准化，比如根据某个特定的特征找到对应的类簇。

从 MovieLens 数据集提取特征

本章会用到第 5 章推荐引擎所用的电影评级数据集。这个数据集主要分为用户评级数据（u.data）、用户数据（u.user）和电影数据（u.item）3 个部分。

下面会用 ALS 算法提取用户和电影的数值型特征，然后对其进行聚类分析。

(1) 首先将 u.data 导入到一个 DataFrame 中：

```
val ratings = spark.sparkContext
  .textFile(DATA_PATH + "/u.data")
  .map(_.split("\t"))
  .map(lineSplit => Rating(lineSplit(0).toInt
    , lineSplit(1).toInt
    , lineSplit(2).toFloat
    , lineSplit(3).toLong))
  .toDF()
ratings.show(5)
```

(2) 将数据集按 8∶2 比例分为训练数据集和测试数据集：

```
val Array(training, test) = ratings.randomSplit(Array(0.8, 0.2))
```

(3) 初始化 ALS 对象，设置最大迭代次数为 5，正则化参数为 0.01：

```
val als = new ALS()
  .setMaxIter(5)
  .setRegParam(0.01)
  .setUserCol("userId")
  .setItemCol("movieId")
  .setRatingCol("rating")
```

(4) 创建模型并计算预测值：

```
val model = als.fit(training)
val predictions = model.transform(test)
```

(5) 计算用户因子和物品因子，即 userFactors 和 itemFactors：

```
val evaluator = new RegressionEvaluator()
  .setMetricName("rmse")
  .setLabelCol("rating")
  .setPredictionCol("prediction")
```

```
val rmse = evaluator.evaluate(predictions)
println(s"Root-mean-square error = $rmse")

val itemFactors = model.itemFactors
itemFactors.show()

val userFactors = model.userFactors
userFactors.show()
```

(6) 将用户因子和物品因子转为 libsvm 格式,然后持久化存储到一个文件中。注意,这里会持久化所有的特征,包括上述两个特征。

```
val itemFactorsOrdererd = itemFactors.orderBy("id")
val itemFactorLibSVMFormat = itemFactorsOrdererd.rdd
  .map(x => x(0) + " " + getDetails(x(1)
    .asInstanceOf[scala.collection.mutable.WrappedArray[Float]]))
println("itemFactorLibSVMFormat.count() : "
  + itemFactorLibSVMFormat.count())
print("itemFactorLibSVMFormat.first() ; "
  + itemFactorLibSVMFormat.first())

itemFactorLibSVMFormat.coalesce(1)
  .saveAsTextFile(output + "/" + date_time + "/movie_lens_items_libsvm")
```

movie_lens_items_libsvm 的输出如下:

```
1 1:0.44353345 2:-0.7453435 3:-0.55146646 4:-0.40894786
5:-0.9921601 6:1.2012635 7:0.50330496 8:-0.23256435
9:0.55483425 10:-1.4781344
...
9:0.2220822
10:-0.70235217
```

(7) 下面将前两个特征(含最大偏差)持久化到一个文件中:

```
var itemFactorsXY = itemFactorsOrdererd.rdd.map(x => getXY(x(1)
  .asInstanceOf[scala.collection.mutable.WrappedArray[Float]]))
itemFactorsXY.first()
itemFactorsXY.coalesce(1)
  .saveAsTextFile(output + "/" + date_time + "/movie_lens_items_xy")
```

movie_lens_items_xy 的输出如下:

```
2.254384458065033, 0.5487040132284164
-2.0540390759706497, 0.5557805597782135
-2.303591560572386, -0.047419726848602295
...
-1.4234793484210968, 0.6246072947978973
-0.04958712309598923, 0.14585793018341064
```

(8) 再计算 userFactors,并将其转为 libsvm 格式:

```
val userFactorsOrdererd = userFactors.orderBy("id")
```

```
val userFactorLibSVMFormat = userFactorsOrdererd.rdd.map(x => x(0) + " " +
    getDetails(x(1).asInstanceOf[scala.collection.mutable.WrappedArray[Float]]))
println("userFactorLibSVMFormat.count() : " + userFactorLibSVMFormat.count())
print("userFactorLibSVMFormat.first() : " + userFactorLibSVMFormat.first())

userFactorLibSVMFormat.coalesce(1)
    .saveAsTextFile(output + "/" + date_time + "/movie_lens_users_libsvm")
```

`movie_lens_users_libsvm` 的输出如下：

```
1 1:0.75239724 2:0.31830165 3:0.031550772 4:-0.63495475
5:-0.719721 6:0.5437525 7:0.59800273 8:-0.4264512
9:0.6661331
...
5:-0.61448336 6:0.5506227 7:0.2809167 8:-0.08864456
9:0.57811487 10:-1.1085391
```

(9) 提取前两个特征，并持久化到一个文件中：

```
var userFactorsXY = userFactorsOrdererd.rdd.map(
    x => getXY(x(1).asInstanceOf[scala.collection.mutable.WrappedArray[Float]]))
userFactorsXY.first()
userFactorsXY.coalesce(1)
    .saveAsTextFile(output + "/" + date_time + "/movie_lens_user_xy")
```

`movie_lens_user_xy` 的输出如下：

```
-0.2524261102080345, 0.4112294316291809
-1.7868174277245998, 1.435323253273964
-0.8313295543193817, 0.09025487303733826
...
-1.9222962260246277, 2.8779889345169067
-1.3799060583114624, 0.21247059851884842
```

后续会用到 xy 特征来对这两个特征进行聚类，然后将聚类结果可视化到一个二维平面上。

上述代码位于：

https://github.com/ml-resources/spark-ml/blob/branch-ed2/Chapter_08/scala/2.0.0/src/main/scala/org/sparksamples/als/ALSMovieLens.scala。

8.3　K-均值训练聚类模型

在 Spark MLlib 中训练 K-均值的方法和其他模型类似，只要把包含训练数据的 DataFrame 传入 `KMeans` 对象的拟合函数即可。

 这里会使用 `libsvm` 的数据格式。

8.3.1 训练 K-均值聚类模型

下面将对之前构建推荐模型时所生成的电影和用户因子生成相应的聚类模型。

模型运行时，需要传入两个参数：类簇的个数 K 和最大可迭代次数。若某次迭代与其上一次迭代对应的目标函数的差值小于某个容许限度（默认为 0.0001），模型将停止训练，此时实际迭代次数将会小于或等于最大可迭代次数。

Spark MLlib 的 K-均值提供了随机和 K-means|| 两种初始化方法，后者是默认初始化。因为两种方法都是随机初始化，所以每次模型训练的结果都不一样。

K-均值通常不能收敛到全局最优解，所以实际应用中需要多次训练并选择最优的模型。MLlib 提供了完成多次模型训练的方法。经过损失函数的评估，将性能最好的一次训练选定为最终的模型。

(1) 首先创建一个 `SparkSession` 实例，并用它来载入 `movie_lens_users_libsvm` 数据：

```
val spConfig = (new SparkConf).setMaster("local[1]").setAppName("SparkApp")
  .set("spark.driver.allowMultipleContexts", "true")

val spark = SparkSession
  .builder()
  .appName("Spark SQL Example")
  .config(spConfig)
  .getOrCreate()

val datasetUsers = spark.read.format("libsvm").load(
  BASE + "/movie_lens_2f_users_libsvm/part-00000")
datasetUsers.show(3)
```

输出如下：

```
+-----+--------------------+
|label|            features|
+-----+--------------------+
|  1.0|(10,[0,1,2,3,4,5,...|
|  2.0|(10,[0,1,2,3,4,5,...|
|  3.0|(10,[0,1,2,3,4,5,...|
+-----+--------------------+
only showing top 3 rows
```

(2) 然后创建一个模型：

```
val kmeans = new KMeans().setK(5).setSeed(1L)
kmeans.setMaxIter(20)
```

(3) 最后使用用户向量数据集来训练一个 K-均值模型：

```
val modelUsers = kmeans.fit(datasetUsers)
```

8.3.2 用聚类模型来预测

该已训练 K-均值模型使用简便，和之前介绍过的分类和回归等模型类似。

将相应的 DataFrame 对象传给该模型的 `tranform` 函数，即可对多个输入进行预测：

```
val predictedDataSetUsers = modelUsers.transform(datasetUsers)
predictedDataSetUsers.show(5)
```

其输出是对各个数据点的类标识，该标识位于 `prediction` 列：

```
+-----+--------------------+----------+
|label|            features|prediction|
+-----+--------------------+----------+
|  1.0|(10,[0,1,2,3,4,5,...|         2|
|  2.0|(10,[0,1,2,3,4,5,...|         0|
|  3.0|(10,[0,1,2,3,4,5,...|         0|
|  4.0|(10,[0,1,2,3,4,5,...|         2|
|  5.0|(10,[0,1,2,3,4,5,...|         2|
+-----+--------------------+----------+
only showing top 5 rows
```

注意，由于随机初始化，任意两次训练的模型预测的类别可能都不一样，因此你自己训练的结果可能也和上面的不一样。需要说明的是，类簇的 ID 没有内在含义，都是从 0 开始任意生成的。

上述及以下解读有关的完整代码参见：https://github.com/ml-resources/spark-ml/blob/branch-ed2/Chapter_08/scala/2.0.0/src/main/scala/org/sparksamples/kmeans/MovieLensKMeansPersist.scala。

8.3.3 解读预测结果

前面介绍了如何对一系列输入数据进行预测，但是如何对预测的结果进行评估呢？接下来将讨论性能评测指标，但是先来看看如何通过人工观察来解释 K-均值模型做的类别分配。

尽管无监督方法具有不用提供带标注的训练数据的优势，但它的不足是需要人工来解释结果。为了进一步检验聚类的结果，通常还需要为每个类簇标注一些标签或者类别来帮助解释。

比如，为了检验电影聚类的结果，我们尝试观察是否每个类簇具有可以解释的含义，比如题材或者主题。具体方法有很多，这里重点解释每个类簇中靠近类中心的一些电影。我们认为选择的这些电影对所分配的类簇争议最小，并且最能代表所述类簇中的其他电影。通过检查上述电影，我们可以获得每个类簇中电影的共有属性。

作为例子，下面列出了第一个类簇下所包含的电影名，具体做法是对包含电影名的数据集和上述预测输出数据集做连接（`join`）操作。输出如下：

```
Cluster : 0
------------------------
+-------------------+
|               name|
+-------------------+
|    GoldenEye (1995)|
|    Four Rooms (1995)|
|Shanghai Triad (Y...|
|Twelve Monkeys (1...|
|Dead Man Walking ...|
|Usual Suspects, T...|
|Mighty Aphrodite ...|
|Antonia's Line (1...|
|    Braveheart (1995)|
|    Taxi Driver (1976)|
+-------------------+
only showing top 10 rows
...
```

下面会对每个标签的类簇进行预测，并将结果保存在一个文本文件中，最后绘制出相应的二维散点图。

该代码总共会绘制两幅散点图，分别对应用户和物品（即电影）。后文将列出用户的情况。

```
object MovieLensKMeansPersist {
  val BASE = "./data/movie_lens_libsvm_2f"
  val time = System.currentTimeMillis()
  val formatter = new SimpleDateFormat("dd_MM_yyyy_hh_mm_ss")

  import java.util.Calendar

  val calendar = Calendar.getInstance()
  calendar.setTimeInMillis(time)
  val date_time = formatter.format(calendar.getTime())

  def main(args: Array[String]): Unit = {

    val spConfig = (new SparkConf).setMaster("local[1]")
      .setAppName("SparkApp").
      set("spark.driver.allowMultipleContexts", "true")

    val spark = SparkSession
      .builder()
      .appName("Spark SQL Example")
      .config(spConfig)
      .getOrCreate()

    val datasetUsers = spark.read.format("libsvm")
      .load(BASE + "/movie_lens_2f_users_libsvm/part-00000")
    datasetUsers.show(3)

    val kmeans = new KMeans().setK(5).setSeed(1L)
    kmeans.setMaxIter(20)
```

```scala
  val modelUsers = kmeans.fit(datasetUsers)

  // 用 Within Set Sum of Squared Errors 评估聚类结果
  val predictedDataSetUsers = modelUsers.transform(datasetUsers)
  print(predictedDataSetUsers.first())
  print(predictedDataSetUsers.count())
  val predictionsUsers = predictedDataSetUsers
    .select("prediction").rdd.map(x => x(0))
  predictionsUsers
    .saveAsTextFile(BASE + "/prediction/" + date_time + "/kmeans-users")

  val datasetItems = spark.read.format("libsvm").load(
    BASE + "/movie_lens_2f_items_libsvm/part-00000")
  datasetItems.show(3)

  val kmeansItems = new KMeans().setK(5).setSeed(1L)
  val modelItems = kmeansItems.fit(datasetItems)
  // 用 Within Set Sum of Squared Errors (WSSSE) 评估聚类结果
  val WSSSEItems = modelItems.computeCost(datasetItems)
  println(s"Items : Within Set Sum of Squared Errors = $WSSSEItems")

  // 打印结果
  println("Items - Cluster Centers: ")
  modelUsers.clusterCenters.foreach(println)
  val predictedDataSetItems = modelItems.transform(datasetItems)
  val predictionsItems = predictedDataSetItems
    .select("prediction").rdd.map(x => x(0))
  predictionsItems
    .saveAsTextFile(BASE + "/prediction/" + date_time + "/kmeans-items")

  spark.stop()
}

def loadInLibSVMFormat(line: String, noOfFeatures: Int): LabeledPoint = {
  val items = line.split(' ')
  val label = items.head.toDouble
  val (indices, values) = items.tail.filter(_.nonEmpty).map { item =>
    val indexAndValue = item.split(':')
    // 将从 1 开始的索引转为从 0 开始
    val index = indexAndValue(0).toInt - 1
    val value = indexAndValue(1).toDouble
    (index, value)
  }.unzip

  // 检查索引是否是从 1 开始升序编号的
  var previous = -1
  var i = 0
  val indicesLength = indices.length
  while (i < indicesLength) {
    val current = indices(i)
    require(current > previous
      , "indices should be one-based and in ascending order")
    previous = current
    i += 1
```

```
        }
    (label, indices.toArray, values.toArray)

    import org.apache.spark.mllib.linalg.Vectors
    val d = noOfFeatures
    LabeledPoint(label, Vectors.sparse(d, indices, values))
  }
}
```

下图显示了用户数据的 *K*-均值类簇划分情况。

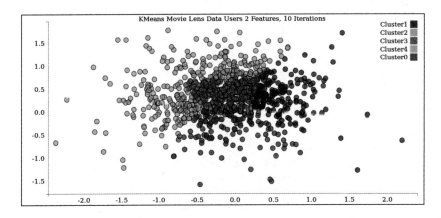

下图显示了物品数据的 *K*-均值类簇划分情况。

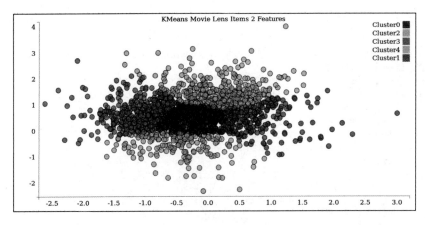

下图显示了对用户数据取两个特征，在一次迭代后的 *K*-均值类簇划分情况。

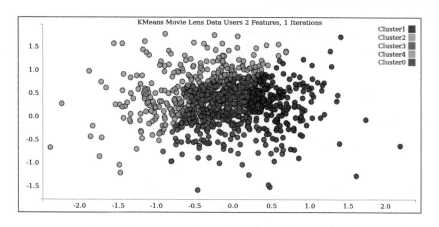

下图显示了对用户数据取两个特征,在 10 次迭代后的 K-均值类簇划分情况。与上一幅图对比,注意类簇边界的变动。

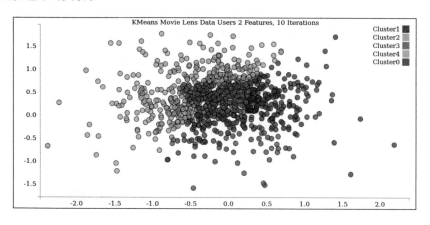

8.4 评估聚类模型的性能

与回归、分类和推荐引擎等模型类似,聚类模型也有很多评估方法用于分析模型性能,以及评估模型对样本的拟合度。聚类的评估通常分为两部分:内部评估和外部评估。内部评估指评估过程使用训练模型时使用的训练数据,外部评估则使用训练数据之外的数据。

8.4.1 内部评估指标

常用的内部评估指标包括 WCSS(之前提过的 K-均值的目标函数)、Davies-Bouldin 指数、Dunn 指数和轮廓系数(silhouette coefficient)。所有这些度量指标都是使类簇内部的样本距离尽可能接近,不同类簇的样本相对较远。

更多细节请参见维基百科：https://en.wikipedia.org/wiki/Cluster_analysis#Internal_evaluation。

8.4.2 外部评估指标

因为聚类被认为是无监督分类，所以如果有一些带标注的数据，便可以用这些标签来评估聚类模型。可以使用聚类模型预测类簇（类标签），使用分类模型中类似的方法评估预测值和真实标签的误差（即真假阳性率和真假阴性率）。

具体方法包括 Rand measure、F-measure、雅卡尔系数（Jaccard index）等。

更多关于聚类外部评估的内容，请参考 https://en.wikipedia.org/wiki/Cluster_analysis#External_evaluation。

8.4.3 在 MovieLens 数据集上计算性能指标

Spark MLlib 提供的 `computeCost` 函数可以方便地计算出给定 DataFrame 的 WCSS。下面我们使用这个方法计算电影和用户训练数据的性能：

```
val WSSSEUsers = modelUsers.computeCost(datasetUsers)
println(s"Users : Within Set Sum of Squared Errors = $WSSSEUsers")
val WSSSEItems = modelItems.computeCost(datasetItems)
println(s"Items : Within Set Sum of Squared Errors = $WSSSEItems")
```

输出结果如下：

```
Users : Within Set Sum of Squared Errors = 2261.3086181660324
Items : Within Set Sum of Squared Errors = 5647.825222497311
```

衡量 WSSSE 有效性的最佳方法是绘制出不同迭代次数下该指标的变化情况，参见下节。

8.4.4 迭代次数对 WSSSE 的影响

下面看下迭代次数对 MovieLens 数据集上 WSSSE 的影响。我们来计算不同迭代次数下的 WSSSE 值，并绘制这些结果。

Scala 实现如下：

```
object MovieLensKMeansMetrics {

  case class RatingX(userId: Int, movieId: Int, rating: Float, timestamp: Long)

  val DATA_PATH = "../../../data/ml-100k"
  val PATH_MOVIES = DATA_PATH + "/u.item"
```

```
val dataSetUsers = null

def main(args: Array[String]): Unit = {

  val spConfig = (new SparkConf).setMaster("local[1]").setAppName("SparkApp").
    set("spark.driver.allowMultipleContexts", "true")

  val spark = SparkSession
    .builder()
    .appName("Spark SQL Example")
    .config(spConfig)
    .getOrCreate()

  val datasetUsers = spark.read.format("libsvm").load(
    "./data/movie_lens_libsvm/movie_lens_users_libsvm/part-00000")
  datasetUsers.show(3)

  val k = 5
  val itr = Array(1, 10, 20, 50, 75, 100)
  val result = new Array[String](itr.length)
  for (i <- 0 until itr.length) {
    val w = calculateWSSSE(spark, datasetUsers, itr(i), 5, 1L)
    result(i) = itr(i) + "," + w
  }
  println("----------Users----------")
  for (j <- 0 until itr.length) {
    println(result(j))
  }
  println("------------------------")

  val datasetItems = spark.read.format("libsvm").load(
    "./data/movie_lens_libsvm/movie_lens_items_libsvm/part-00000")
  val resultItems = new Array[String](itr.length)
  for (i <- 0 until itr.length) {
    val w = calculateWSSSE(spark, datasetItems, itr(i), 5, 1L)
    resultItems(i) = itr(i) + "," + w
  }

  println("----------Items----------")
  for (j <- 0 until itr.length) {
    println(resultItems(j))
  }
  println("------------------------")


  spark.stop()
}

import org.apache.spark.sql.DataFrame

def calculateWSSSE(spark: SparkSession, dataset: DataFrame, iterations: Int, k: Int,
                   seed: Long): Double = {
  val x = dataset.columns
```

```
        val kmeans = new KMeans().setK(k).setSeed(seed).setMaxIter(iterations)

        val model = kmeans.fit(dataset)
        val WSSSEUsers = model.computeCost(dataset)
        return WSSSEUsers

    }
}
```

其输出如下:

```
----------Users----------
1,2429.214784372865
10,2274.362593105573
20,2261.3086181660324
50,2261.015660051977
75,2261.015660051977
100,2261.015660051977
-----------------------
----------Items----------
1,5851.444935665099
10,5720.505597821477
20,5647.825222497311
50,5637.7439669472005
75,5637.7439669472005
100,5637.7439669472005
```

> 上述代码位于:
> https://github.com/ml-resources/spark-ml/blob/branch-ed2/Chapter_08/scala/2.0.0/src/main/scala/org/sparksamples/kmeans/MovieLensKMeansMetrics.scala。

下面将结果可视化,以便更直观地理解(见下图):

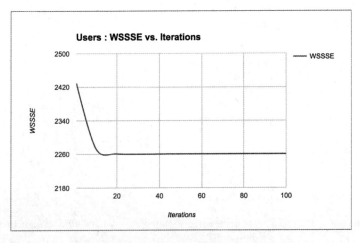

用户数据上 WSSSE 与迭代次数之间的关系

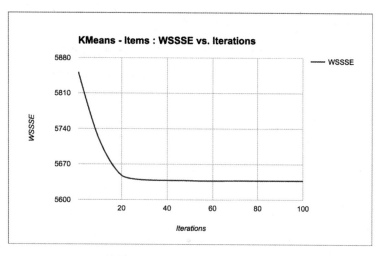

电影数据上 WSSSE 与迭代次数之间的关系

从图中可见,对用户和电影数据而言,迭代次数分别从 18 和 20 开始,WSSSE 便接近平稳。

8.5 二分 K-均值

二分 K-均值（bisecting K-means）是 K-均值的一种衍生算法。

 该算法的细节可参考 https://archive.siam.org/meetings/sdm01/pdf/sdm01_05.pdf。

其步骤如下。

(1) 随机选择一个点,比如 $c_R \in \Re^p$,计算 M 的簇心点（centroid）w,然后计算:

$$c_R \in \Re^p, \ c_R = w - (c_L - w)$$

簇心点是类簇的中心点。簇心点是一个向量,每个元素对应一个变量,各个元素值则为该类簇下所观察到的对应变量的均值。

(2) 将 $M = [x_1, x_2, \cdots, x_n]$ 分为两个子类 M_L 和 M_R,划分规则如下:

$$\begin{cases} x_i \in M_L & if \quad \|x_i - c_L\| \leqslant \|x_i - c_R\| \\ x_i \in M_R & if \quad \|x_i - c_L\| > \|x_i - c_R\| \end{cases}$$

(3) 如第 2 步,计算 M_L 和 M_R 的簇心点,w_L 和 w_R。

(4) 如果 $w_L = c_L$ 且 $w_R = c_R$,训练结束。否则,令 $c_L = w_L$,$c_R = w_R$,然后继续第 2 步。

8.5.1 二分 K-均值——训练一个聚类模型

用 Spark ML 来训练一个二分 K-均值模型和训练其他模型类似,即将包含训练数据的 DataFrame 传给 BisectingKMeans 对象的拟合函数。注意,下面数据用的是 libsvm 格式。

(1) 初始化 Spark 集群:

```
val spConfig = (new SparkConf)
  .setMaster("local[1]")
  .setAppName("SparkApp")
  .set("spark.driver.allowMultipleContexts", "true")

val spark = SparkSession
  .builder()
  .appName("Spark SQL Example")
  .config(spConfig)
  .getOrCreate()

val datasetUsers = spark.read.format("libsvm").load(
  BASE + "/movie_lens_2f_users_libsvm/part-00000")
datasetUsers.show(3)
```

show(3) 函数的输出如下:

```
+-----+--------------------+
|label|            features|
+-----+--------------------+
|  1.0|(2,[0,1],[0.37140...|
|  2.0|(2,[0,1],[-0.2131...|
|  3.0|(2,[0,1],[0.28579...|
+-----+--------------------+
only showing top 3 rows
```

创建 BisectingKMeans 对象,并设置相关参数:

```
val bKMeansUsers = new BisectingKMeans()
bKMeansUsers.setMaxIter(10)
bKMeansUsers.setMinDivisibleClusterSize(4)
```

(2) 训练模型:

```
val modelUsers = bKMeansUsers.fit(datasetUsers)
val movieDF = Util.getMovieDataDF(spark)
val predictedUserClusters = modelUsers.transform(datasetUsers)
predictedUserClusters.show(5)
```

输出如下:

```
+-----+--------------------+----------+
|label|            features|prediction|
+-----+--------------------+----------+
|  1.0|(2,[0,1],[0.37140...|         3|
|  2.0|(2,[0,1],[-0.2131...|         3|
|  3.0|(2,[0,1],[0.28579...|         3|
```

```
|  4.0|(2,[0,1],[-0.6541...|         1|
|  5.0|(2,[0,1],[0.90333...|         2|
+-----+--------------------+----------+
only showing top 5 rows
```

(3) 按类簇列出电影：

```
val joinedMovieDFAndPredictedCluster =
  movieDF.join(predictedUserClusters
    , predictedUserClusters("label") === movieDF("id"))
print(joinedMovieDFAndPredictedCluster.first())
joinedMovieDFAndPredictedCluster.show(5)
```

输出如下：

```
+--+----------------+-----------+-----+--------------------+----------+
|id|            name|       date|label|            features|prediction|
+--+----------------+-----------+-----+--------------------+----------+
| 1| Toy Story (1995)|01-Jan-1995| 1.0|(2,[0,1],[0.37140...|         3|
| 2| GoldenEye (1995)|01-Jan-1995| 2.0|(2,[0,1],[-0.2131...|         3|
| 3|Four Rooms (1995)|01-Jan-1995| 3.0|(2,[0,1],[0.28579...|         3|
| 4|Get Shorty (1995)|01-Jan-1995| 4.0|(2,[0,1],[-0.6541...|         1|
| 5|   Copycat (1995)|01-Jan-1995| 5.0|(2,[0,1],[0.90333...|         2|
+--+----------------+-----------+-----+--------------------+----------+
only showing top 5 rows
```

不妨按类簇序号打印各类的前 10 部电影：

```
for (i <- 0 until 5) {
  val prediction0 = joinedMovieDFAndPredictedCluster
    .filter("prediction == " + i)
  println("Cluster : " + i)
  println("-------------------------")
  prediction0.select("name").show(10)
}
```

其中第一个类簇对应的输出如下：

```
Cluster : 0
+--------------------+
|                name|
+--------------------+
|Antonia's Line (1...|
|Angels and Insect...|
|Rumble in the Bro...|
|Doom Generation, ...|
|     Mad Love (1995)|
| Strange Days (1995)|
|       Clerks (1994)|
|  Hoop Dreams (1994)|
|Legends of the Fa...|
|Professional, The...|
+--------------------+
only showing top 10 rows
...
```

计算 WSSSE：

```
val WSSSEUsers = modelUsers.computeCost(datasetUsers)
println(s"Users : Within Set Sum of Squared Errors = $WSSSEUsers")

println("Users : Cluster Centers: ")
modelUsers.clusterCenters.foreach(println)
```

输出如下：

```
Users : Within Set Sum of Squared Errors = 220.213984126387
Users : Cluster Centers:
[-0.5152650631965345,-0.17908608684257435]
[-0.7330009110582011,0.5699292831746033]
[0.4657482296168242,0.07541218866995708]
[0.07297392612510972,0.7292946749843259]
```

下面对各电影进行预测：

```
// 读取数据并打印输出 3 个样本
val datasetItems = spark.read.format("libsvm").load(
  BASE + "/movie_lens_2f_items_libsvm/part-00000")
datasetItems.show(3)

val kmeansItems = new BisectingKMeans().setK(5).setSeed(1L)
val modelItems = kmeansItems.fit(datasetItems)

// 通过簇内误差平方和来评估聚类效果
val WSSSEItems = modelItems.computeCost(datasetItems)
println(s"Items : Within Set Sum of Squared Errors = $WSSSEItems")

// 输出结果
println("Items - Cluster Centers: ")
modelUsers.clusterCenters.foreach(println)
spark.stop()
```

对应的输出如下：

```
Items: within Set Sum of Squared Errors = 538.4272487824393
Items - Cluster Centers:
[-0.5152650631965345,-0.17908608684257435]
[-0.7330009110582011,0.5699292831746033]
[0.4657482296168242,0.07541218866995708]
[0.07297392612510972,0.7292946749843259]
```

上述代码位于：

https://github.com/ml-resources/spark-ml/blob/branch-ed2/Chapter_08/scala/2.0.0/src/main/scala/org/sparksamples/kmeans/BisectingKMeans.scala。

(4) 可视化用户和电影类簇。

下面提取两个特征并绘制各用户和电影的相应的类簇：

8.5 二分 K-均值

```scala
object BisectingKMeansPersist {
  val PATH = "/home/ubuntu/work/spark-2.0.0-bin-hadoop2.7/"
  val BASE = "./data/movie_lens_libsvm_2f"

  val time = System.currentTimeMillis()
  val formatter = new SimpleDateFormat("dd_MM_yyyy_hh_mm_ss")

  import java.util.Calendar

  val calendar = Calendar.getInstance()
  calendar.setTimeInMillis(time)
  val date_time = formatter.format(calendar.getTime())

  def main(args: Array[String]): Unit = {

    val spConfig = (new SparkConf)
      .setMaster("local[1]")
      .setAppName("SparkApp")
      .set("spark.driver.allowMultipleContexts", "true")
    val spark = SparkSession
      .builder()
      .appName("Spark SQL Example")
      .config(spConfig)
      .getOrCreate()
    val datasetUsers = spark.read.format("libsvm").load(
      BASE + "/movie_lens_2f_users_xy/part-00000")
    datasetUsers.show(3)
    val bKMeansUsers = new BisectingKMeans()
    bKMeansUsers.setMaxIter(10)
    bKMeansUsers.setMinDivisibleClusterSize(5)

    val modelUsers = bKMeansUsers.fit(datasetUsers)
    val predictedUserClusters = modelUsers.transform(datasetUsers)

    modelUsers.clusterCenters.foreach(println)
    val predictedDataSetUsers = modelUsers.transform(datasetUsers)
    val predictionsUsers = predictedDataSetUsers
      .select("prediction")
      .rdd.map(x => x(0))
    predictionsUsers
      .saveAsTextFile(BASE + "/prediction/" + date_time + "/bkmeans_2f_users")

    val datasetItems = spark.read.format("libsvm").load(BASE +
      "/movie_lens_2f_items_xy/part-00000")
    datasetItems.show(3)

    val kmeansItems = new BisectingKMeans().setK(5).setSeed(1L)
    val modelItems = kmeansItems.fit(datasetItems)

    val predictedDataSetItems = modelItems.transform(datasetItems)
    val predictionsItems = predictedDataSetItems
      .select("prediction")
      .rdd.map(x => x(0))
    predictionsItems
```

```
        .saveAsTextFile(BASE + "/prediction/" + date_time + "/bkmeans_2f_items")
    spark.stop()
  }
}
```

下图显示了取用户的两个特征后类簇的分布情况。

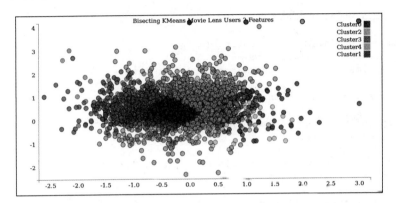

下图显示了取物品的两个特征后类簇的分布情况。

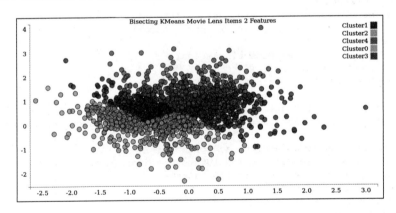

8.5.2　WSSSE 和迭代次数

这一节看一下迭代次数对二分 K-均值模型的 WSSSE 的影响。

Scala 源码如下：

```
object BisectingKMeansMetrics {

  case class RatingX(userId: Int, movieId: Int
                    , rating: Float, timestamp: Long)

  val DATA_PATH = "../../../data/ml-100k"
```

```scala
val PATH_MOVIES = DATA_PATH + "/u.item"
val dataSetUsers = null

def main(args: Array[String]): Unit = {
  val spConfig = (new SparkConf)
    .setMaster("local[1]")
    .setAppName("SparkApp")
    .set("spark.driver.allowMultipleContexts", "true")

  val spark = SparkSession
    .builder()
    .appName("Spark SQL Example")
    .config(spConfig)
    .getOrCreate()

  val datasetUsers = spark.read.format("libsvm")
    .load("./data/movie_lens_libsvm/movie_lens_users_libsvm/part-00000")
  datasetUsers.show(3)

  val k = 5
  val itr = Array(1, 10, 20, 50, 75, 100)
  val result = new Array[String](itr.length)
  for (i <- 0 until itr.length) {
    val w = calculateWSSSE(spark, datasetUsers, itr(i), 5)
    result(i) = itr(i) + "," + w
  }
  println("----------Users----------")
  for (j <- 0 until itr.length) {
    println(result(j))
  }
  println("-----------------------")

  val datasetItems = spark.read.format("libsvm")
    .load("./data/movie_lens_libsvm/movie_lens_items_libsvm/part-00000")
  val resultItems = new Array[String](itr.length)
  for (i <- 0 until itr.length) {
    val w = calculateWSSSE(spark, datasetItems, itr(i), 5)
    resultItems(i) = itr(i) + "," + w
  }

  println("----------Items----------")
  for (j <- 0 until itr.length) {
    println(resultItems(j))
  }
  println("-----------------------")

  spark.stop()
}

import org.apache.spark.sql.DataFrame

def calculateWSSSE(spark: SparkSession, dataset: DataFrame
                   , iterations: Int, k: Int): Double = {
  val x = dataset.columns

  val bKMeans = new BisectingKMeans()
```

```
bKMeans.setMaxIter(iterations)
bKMeans.setMinDivisibleClusterSize(k)

val model = bKMeans.fit(dataset)
val WSSSE = model.computeCost(dataset)
return WSSSE

    }
}
```

数据可视化效果如下图所示:

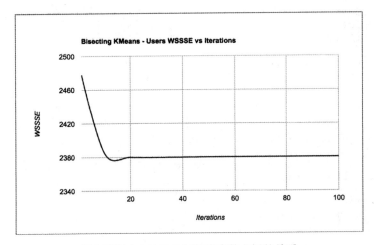

用户数据上 WSSSE 与迭代次数之间的关系

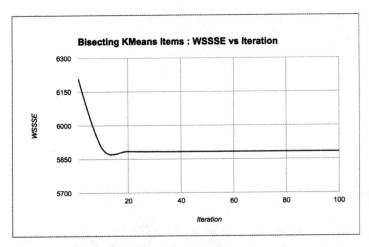

电影数据上 WSSSE 与迭代次数之间的关系

不难看出，在用户和电影数据上，迭代次数为 20 时便达到了最优 WSSSE。

8.6 高斯混合模型

混合模型是求一个群体中子群体的最可能归属的概率模型。这类模型根据已知的抽样群体来求一个子群体的统计推断。

高斯混合模型（GMM，Gaussian mixture model）是一种混合模型，它用多个高斯密度函数（Gaussian component densities）的线性加权和来表示分布概率。其中每个函数称为一个组件（component）。各加权系数通过迭代式**期望最大法**（EM，expectation-maximization）或**后验概率最大法**（MAP，maximum a posteriori estimation）在训练数据上训练得出。

Spark ML 使用 EM 算法来实现 GMM。

其参数如下。

- k：期望的类簇个数。
- convergenceTol：收敛阈值，当相邻两次迭代的损失的差小于该值时，便认为模型已经收敛，训练完成。
- maxIterations：最大迭代次数。即若一直未收敛，最多迭代训练多少次。
- initModel：可选参数，EM 初始化方法。若未指定，则会随机从数据创建一个点来开始训练。

8.6.1 GMM 聚类分析

下面分别对用户和电影创建类簇，以更好地理解算法对它们分组的情况。

具体步骤如下。

(1) 载入用户对应的 libsvm 文件。
(2) 创建 GMM 实例。该实例的可配置参数如下：

```
final val featuresCol: Param[String],
    Param for features column name.
final val k: IntParam
    Number of independent Gaussians in the mixture model.
final val maxIter: IntParam
    Param for maximum number of iterations (>= 0).
final val predictionCol: Param[String]
    Param for prediction column name.
final val probabilityCol: Param[String]
    Param for Column name for predicted class conditional probabilities.
final val seed: LongParam
    Param for random seed.
final val tol: DoubleParam
    max threshold for convergence
```

第 8 章　Spark 构建聚类模型

(3) 这里只设置高斯分布的个数和种子数：

```
val gmmUsers = new GaussianMixture().setK(5).setSeed(1L)
```

(4) 创建用户模型：

```
for (i <- 0 until modelUsers.gaussians.length) {
  println("Users : weight=%f\ncov=%s\nmean=\n%s\n" format
    (modelUsers.weights(i), modelUsers.gaussians(i).cov
      , modelUsers.gaussians(i).mean))
}
```

完整代码如下：

```
object GMMClustering {

  def main(args: Array[String]): Unit = {
    val spConfig = (new SparkConf)
      .setMaster("local[1]")
      .setAppName("SparkApp").
      set("spark.driver.allowMultipleContexts", "true")

    val spark = SparkSession
      .builder()
      .appName("Spark SQL Example")
      .config(spConfig)
      .getOrCreate()

    val datasetUsers = spark.read.format("libsvm").load(
      "./data/movie_lens_libsvm/movie_lens_users_libsvm/part-00000")
    datasetUsers.show(3)

    val gmmUsers = new GaussianMixture().setK(5).setSeed(1L)
    val modelUsers = gmmUsers.fit(datasetUsers)

    for (i <- 0 until modelUsers.gaussians.length) {
      println("Users : weight=%f\ncov=%s\nmean=\n%s\n" format
        (modelUsers.weights(i), modelUsers.gaussians(i).cov
          , modelUsers.gaussians(i).mean))
    }

    val dataSetItems = spark.read.format("libsvm").load(
      "./data/movie_lens_libsvm/movie_lens_items_libsvm/part-00000")

    val gmmItems = new GaussianMixture().setK(5).setSeed(1L)
    val modelItems = gmmItems.fit(dataSetItems)

    for (i <- 0 until modelItems.gaussians.length) {
      println("Items : weight=%f\ncov=%s\nmean=\n%s\n" format
        (modelUsers.weights(i), modelUsers.gaussians(i).cov
          , modelUsers.gaussians(i).mean))
    }

    spark.stop()
```

8.6 高斯混合模型

```
  }

  def loadInLibSVMFormat(line: String, noOfFeatures: Int): LabeledPoint = {
    val items = line.split(' ')
    val label = items.head.toDouble
    val (indices, values) = items.tail.filter(_.nonEmpty).map { item =>
      val indexAndValue = item.split(':')
      val index = indexAndValue(0).toInt - 1 // 将从 1 开始的索引转为从 0 开始
      val value = indexAndValue(1).toDouble
      (index, value)
    }.unzip

    // 检查索引是否从 1 开始，且为升序
    var previous = -1
    var i = 0
    val indicesLength = indices.length
    while (i < indicesLength) {
      val current = indices(i)
      require(current > previous
        , "indices should be one-based and in ascending order")
      previous = current
      i += 1
    }

    (label, indices.toArray, values.toArray)

    import org.apache.spark.mllib.linalg.Vectors
    val d = noOfFeatures
    LabeledPoint(label, Vectors.sparse(d, indices, values))
  }
}
```

8.6.2 可视化 GMM 类簇分布

下面提取两个特征并绘制各用户和电影的相应类簇，如下图所示。

下图为 GMM 模型下用户类簇分配情况。

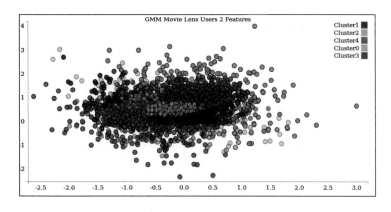

下图为 GMM 模型下电影类簇分配情况。

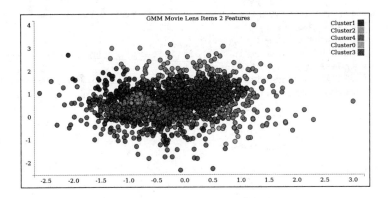

8.6.3 迭代次数对类簇边界的影响

接下来看看 GMM 迭代次数的增加对类簇边界的影响：

下图展示了单次迭代后用户的类簇划分。

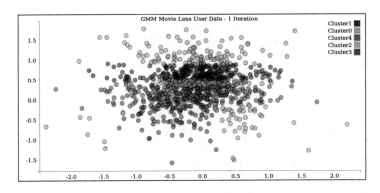

下图展示了 10 次迭代后用户的类簇划分。

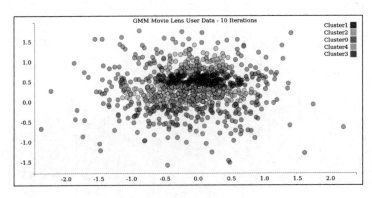

下图展示了 20 次迭代后用户的类簇划分。

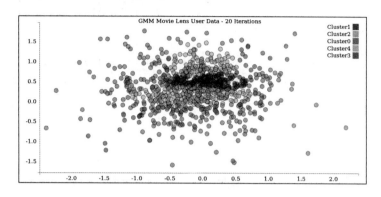

8.7 小结

本章研究了一种新的模型，它可在无标注数据中进行学习，即无监督学习。我们学习了如何处理需要的输入数据、特征提取，以及如何将一个模型（我们用的是推荐模型）的输出作为另外一个模型（K-均值聚类模型）的输入。最后，我们评估聚类模型的性能时，不仅进行了类簇的人工解释，也使用了具体的数学方法进行性能度量。

下一章将讨论另一种类型的无监督学习，在数据中选择保留最重要的特征或者应用其他降维模型。

第 9 章 Spark 应用于数据降维

本章将继续学习无监督学习模型中**数据降维**（dimensionality reduction）的方法。

不同于我们之前学习的回归、分类和聚类，降维方法并不是用来做模型预测的。降维方法从一个 D 维（特征向量的长度）的数据输入提取出 k 维表示，k 一般远远小于 D。因此，降维方法本身是一种预处理方法，或者说是一种特征转换的方法，而不是模型预测的方法。

降维尤为重要的一点是，被抽取出的维度表示应该仍能保留原始数据大部分的可变性和结构。这源于一个基本想法：大部分数据源包含某种内部结构，这种结构一般来说是未知的（常称为隐含特征或潜在特征），但如果能发现结构中的一些特征，我们的模型就可以学习这种结构并从中预测，而不用从充满大量噪声特征的原始数据中去学习预测。换言之，降维可以排除数据中的噪声，并保留数据原有的隐含结构。

有时候，原始数据的维度远高于数据点个数。不降维，直接使用分类、回归等方法进行机器学习建模将非常困难，因为需要拟合的参数数目远大于训练样本的数目（从这个意义上讲，这种方法与我们在分类和回归中用的正则化方法相似）。

以下是一些使用降维技术的场景：

- 探索性数据分析；
- 提取特征去训练其他机器学习模型；
- 降低大型模型在预测阶段的存储和计算需求（例如，一个执行预测的生产系统）；
- 把大量文档缩减为一组隐含话题或概念；
- 当数据维度很高时，使得学习和推广模型更加容易（例如，当处理文本、声音、图像、视频等非常高维的数据时）。

本章中，我们将：

- 介绍在 MLlib 中可以使用的降维模型；
- 对面部图像数据提取合适的特征进行降维；
- 使用 MLlib 训练降维模型；

- 可视化模型结果并评价;
- 对于降维模型进行参数选择。

9.1 降维方法的种类

MLlib 提供了两种密切相关的降维模型:**主成分分析法**(PCA,principal components analysis)和**奇异值分解法**(SVD,singular value decomposition)。

9.1.1 主成分分析

PCA 处理一个数据矩阵,抽取矩阵中 k 个主向量,主向量彼此不相关。计算结果中,第一个主向量表示输入数据的最大变化方向。之后的每个主向量依次代表不考虑之前计算过的所有方向时最大的变化方向。

因此,返回的 k 个主成分向量代表了输入数据可能的最大变化。事实上,每一个主成分向量上有着和原始数据矩阵相同的特征维度。因此需要使用映射来做一次降维,原来的数据被投影到主向量表示的 k 维空间。

9.1.2 奇异值分解

SVD 试图将一个 $m \times n$ 维的矩阵 X 分解为 3 个主成分矩阵:
- $m \times m$ 维矩阵 U
- $m \times n$ 维对角阵 S,S 中的元素是**奇异值**
- $n \times n$ 维矩阵 V^T

$$X = U \times S \times V^T$$

观察前面的公式,我们一点也没有降低问题的维度,因为通过将 U、S 和 V 相乘,重新构建了原始的矩阵。事实上,一般计算截断的 SVD。也就是说,只保留前 k 个奇异值,它们能代表数据的最主要变化,而剩余的奇异值被丢弃。基于成分矩阵重建 X 的公式大概是:

$$X \sim U_k \times S_k \times V_{kT}$$

一个截断 SVD 的例子如下图所示。

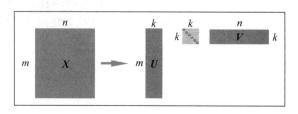

保留前 k 个奇异值和在 PCA 中保留前 k 个主成分类似。事实上，SVD 和 PCA 是有直接联系的，本章后续会提到这一点。

PCA 和 SVD 的详细数学推导超出了本书范围。

可以在下面的 Spark 文档中找到降维方法的综述：http://spark.apache.org/docs/latest/mllib-dimensionality-reduction.html。

下面的链接分别包含了与 PCA 和 SVD 相关的更加详细的数学知识：https://en.wikipedia.org/wiki/Principal_component_analysis 和 https://en.wikipedia.org/wiki/Singular-value_decomposition。

9.1.3 和矩阵分解的关系

PCA 和 SVD 都是矩阵分解技术，从某种意义上来说，它们都把原来的矩阵分解成一些维度（或秩）较低的矩阵。很多降维技术都是基于矩阵分解的。

你也许记得矩阵分解的另一个例子，就是协同过滤，在第 6 章我们看到过。在协同过滤的例子中，矩阵分解负责把评分矩阵分解成两部分：用户矩阵和商品矩阵。两者都具有比原始数据更低的维度，所以这些方法也是减少维度的模型。

很多非常好的协同过滤算法都包含 SVD 分解。Simon Funk 就以这样的方法获得了 Netflix 奖，参见：http://sifter.org/~simon/journal/20061211.html。

9.1.4 聚类作为降维的方法

上一章我们讲的聚类方法也可以用来做降维。可以通过下面的方式做到：

- 假设我们对高维的特征向量使用 K-均值聚类成 k 个类簇，结果就是 k 个类中心组成的集合；
- 我们可以根据原始数据与这 k 个中心的远近（也就是计算出每个点到每个类中心的距离）表示这些数据，结果就是每个点的一组 k 元距离；
- 这 k 个距离可以形成一个新的 k 维向量，我们就用比原来数据维度较低的新向量表示了原来的数据。

通过使用不同的距离矩阵，我们可以实现数据降维和非线性转换，这可以让我们通过高效、可扩展的线性模型计算学习更复杂的模型。例如使用高斯和指数距离函数可以实现非常复杂的非线性特征转换。

9.2 从数据中抽取合适的特征

和我们到目前为止所学的所有机器学习模型一样,降维模型还可以产生数据的特征向量表示。

本章我们将利用户外面部标注集(LFW,labeled faces in the wild)深入到图像处理的世界。这个数据集包含 13 000 多张主要从互联网上获得的公众人物的面部图片。这些图片用人名进行了标注。

从 LFW 数据集中提取特征

为了避免下载和处理非常大的数据集,我们只处理图片集的一个子集,选择名字以字母 A 开头的人的面部图片。通过下面的链接可以下载这个数据集:http://vis-www.cs.umass.edu/lfw/lfw-a.tgz。

想获得更多的细节和其他字母对应的数据集,请访问网址:http://vis-www.cs.umass.edu/lfw/。

原始的研究报告:

HUANG G B,RAMESH M,BERG T,et al. Labeled faces in the wild: a database for studying face recognition in unconstrained environments [R]. Amherst:University of Massachusetts,Amherst,2007.

通过下面的命令解压数据:

```
> tar xfvz lfw-a.tgz
```

这会创建一个叫 lfw 的文件夹,其中包含大量子文件夹,每个子文件夹对应一个人。

1. 查看面部数据

下面会用 Spark 程序来分析数据。请确保数据解压到如下的 data 目录下:

```
Chapter_09
|-- 2.0.x
|    |-- python
|    |-- scala
|-- data
```

除作图有关代码位于 python 目录外,实际的代码位于 scala 目录内:

```
scala
|-- src
|    |-- main
|    |    |-- java
|    |    |-- resources
|    |    |-- scala
|    |    |    |-- org
|    |    |    |    |-- sparksamples
```

```
|   |   |   |-- ImageProcessing.scala
|   |   |   |-- Util.scala
|   |   |-- scala-2.11
|   |-- test
```

现在我们已经解压好了数据，但面临一个小挑战：虽然 Spark 提供了读取文本文件和 Hadoop 输入源的方法，但是并没有提供读取图片文件的内置功能。

Spark 提供了一个名为 `wholeTextFiles` 的方法，允许我们同时操作整个文件，它不同于我们一直在使用的 `TextFile` 方法，后者只能在一个或多个文本文件中进行逐行处理。

我们将使用 `wholeTextFile` 方法访问每个文件存储的位置。通过这些文件路径，我们可以用自定义代码加载和处理图像。在下面的示例代码中，我们使用 `PATH` 代表解压 lfw 子文件夹后的路径。

使用通配符的路径标识（下面的代码片段中的 * ）来告诉 Spark 在 lfw 文件夹中访问每个文件夹以获取文件：

```
val spConfig = (new SparkConf)
  .setMaster("local[1]")
  .setAppName("SparkApp")
  .set("spark.driver.allowMultipleContexts", "true")
val sc = new SparkContext(spConfig)
val path = PATH + "/lfw/*"
val rdd = sc.wholeTextFiles(path)
val first = rdd.first
println(first)
```

因为 Spark 首先会为了获取所有可访问的文件而检索这个目录的结构，所以运行 `first` 命令可能会花费一些时间。一旦完成，应该可以看到如下的输出：

first: (String, String) = (file:/PATH/lfw/Aaron_Eckhart /Aaron_Eckhart_0001.jpg,??JFIF????? ...

`wholeTextFiles` 将返回一个由键值对组成的 RDD，其中键是文件位置，值是整个文件的内容。对我们来说，只需要文件路径，因为我们不能直接以字符串形式处理图片数据（注意，数据被展示为"无意义的二元形式"）。

我们从 RDD 抽取文件路径。同时要注意，文件路径格式以 "file:" 开始，这个前缀是 Spark 用来区分从不同的文件系统读取文件的标识（例如，file:// 是本地文件系统，hdfs:// 是 hdfs，s3n:// 是 Amazon S3 文件系统，等等）。

我们的例子将使用自定义代码来读取图片，所以我们不需要文件路径这部分。因此我们通过下面的 map 函数删除前面的部分：

```
val files = rdd.map { case (fileName, content) =>
  fileName.replace("file:", "") }
```

9.2 从数据中抽取合适的特征

这将显示移除了 file:前缀的文件路径：

`/PATH/lfw/Aaron_Eckhart/Aaron_Eckhart_0001.jpg`

下面会显示我们将有多少个文件要处理：

`println(files.count)`

运行这个命令会在 Spark 的 shell 里产生很多噪声输出，因为所有读取的文件路径都会被输出。尽管应该被忽略，但命令执行完后的输出看起来像下面这样：

```
..., /PATH/lfw/Azra_Akin/Azra_Akin_0003.jpg:0+19927,
  /PATH/lfw/Azra_Akin/Azra_Akin_0004.jpg:0+16030
...
14/09/18 20:36:25 INFO SparkContext: Job finished: count at
  <console\>:19, took 1.151955 s
1055
```

这里我们看到有 1055 个文件要处理。

2. 可视化面部数据

尽管 Scala 和 Java 有一些可用工具来展示图片，但这是 Python 和 `matplotlib` 更擅长的。我们将使用 Scala 来处理并提取图像数据并运行模型，然后在 IPython 中展示实际的图片。

可以打开新的浏览器窗口来独立运行一个 IPython NoteBook：

`> ipython notebook`

注意，如果你在使用 Python NoteBook，首先应该执行下面的代码片段来保证图片可以被每个 `notebook` 单元格（包含%字符）内嵌显示：`%pylab inline`。

也可以启动没有浏览器的简单 IPython 终端，用下面的命令开启 `pylab` 绘制功能：

`> ipython -pylab`

在写本书的时候，降维技术在 MLlib 中只支持 Scala 和 Java 语言，所以我们继续使用 Scala Sparkshell 来运行模型。因此，你不需要在控制台中运行 PySpark。

本章我们以 Python 脚本和 IPython NoteBook 的形式提供了所有的 Python 代码。关于安装 IPython 的教程，请参照 IPython 代码包。

使用 `matplotlib` 的 `imread` 和 `imshow` 方法，通过我们之前提取的路径，可以展示出图片：

```
from PIL import Image, ImageFilter
path = "/PATH/lfw/PATH/lfw/Aaron_Eckhart/Aaron_Eckhart_0001.jpg"
ae = imread(path)
imshow(ae)
```

你应该能看到如下所示的截屏：

```
def main():
    path = PATH + "/lfw/Aaron_Eckhart/Aaron_Eckhart_0001.jpg"
    
    im = Image.open(path)
    im.show()
    
    tmp_path = PATH + "/aeGray.jpg"
    ae_gary = Image.open(tmp_path)
    ae_gary.show()
    
    pc = np.loadtxt(PATH + "/pc.csv", delimiter=",")
    print(pc.shape)
    # (2500, 10)
    
    plot_gallery(pc, 50, 50)
```

3. 提取面部图片作为向量

图像处理的整个方法超出了本书的讨论范围，但我们需要知道一些基础知识来继续学习。每一个彩色图片可以表示成一个三维的像素数组或矩阵。前两维，即 x、y 坐标，表示每个像素的位置，第三个维度表示每个像素的红、蓝、绿（RGB）三元色的值。

一个灰度图片的每个像素仅仅需要一个值（不需要 RGB 值）来表示，因此可以简单表示为二维矩阵。很多图像处理和与图片相关的机器学习任务经常只处理灰度图片。我们将通过先把彩色图片转换为灰度图片来达到这个目的。

在机器学习任务中，还有一种常用的方式是把图片表示成一个向量，而不是矩阵。我们通过连接矩阵的每一行（或者每一列）来形成一个长向量（称为**重塑**）。这样每一个灰度图片矩阵会被转换为特征向量，作为机器学习模型的输入。

我们很幸运，Java 集成的 AWT（**抽象窗口工具库**）包含很多基本的图像处理函数。我们将使用 `java.awt` 类定义一些功能函数来处理图片。

(1) 载入图片

第一个函数从文件中读取图片：

```
import java.awt.image.BufferedImage
def loadImageFromFile(path: String): BufferedImage = {
  import javax.imageio.ImageIO
  import java.io.File
  ImageIO.read(new File(path))
}
```

上述代码位于 Util.scala 中。

这将返回一个 `java.awt.image.BufferedImage` 类的实例，它存储图片数据并提供很多

9.2 从数据中抽取合适的特征

有用的方法。我们在 Spark shell 中加载第一幅图片来测试它：

```
val aePath = "/PATH/lfw/Aaron_Eckhart/Aaron_Eckhart_0001.jpg"
val aeImage = loadImageFromFile(aePath)
```

你将会看到 shell 中显示的图片细节：

```
aeImage: java.awt.image.BufferedImage = BufferedImage@f41266e: type =
5 ColorModel: #pixelBits = 24 numComponents = 3 color space =
java.awt.color.ICC_ColorSpace@7e420794 transparency = 1 has alpha =
false isAlphaPre = false ByteInterleavedRaster: width = 250 height =
250 #numDataElements 3 dataOff[0] = 2
```

这里有很多信息。对我们来说特别有意义的是图片的宽和高都是 250 像素。并且我们可以看到，颜色组件（就是 RGB 值）数为 3。

(2) 转换为灰度图片并改变图片尺寸

我们定义的下一个函数将读取前一个函数加载的图片，把图片从彩色变为灰度，并改变图片的宽和高。

这一步并不是必需的，但是为了效率在很多场景下这两步都会涉及。使用 RGB 彩色图片而不是灰度图片会使处理的数据量增加三倍。类似地，较大的图片也大大增加了处理和存储的负担。我们原始的 250 × 250 图片每幅包含 187 500 个使用三原色的数据点。对于 1055 幅图片而言，就是 197 812 500 个数据点。即使以整数值存储，每一个值占用 4 字节内存，也会占用 800 MB 内存。你会看到，图像处理任务很容易成为消耗大量内存的任务。

如果转换成灰度图片，并改变图片尺寸，比如 50 像素 × 50 像素大小，我们仅仅需要 2500 个数据点来存储每幅图片。1055 张图片大概等同于 10 MB 的内存，更适合我们演示的需要。

下面定义一个处理函数。我们将使用 `java.awt.image` 包一步做完灰度转换和尺寸改变：

```
def processImage(image: BufferedImage, width: Int, height: Int):
BufferedImage = {
  val bwImage = new BufferedImage
  (width, height, BufferedImage.TYPE_BYTE_GRAY)
  val g = bwImage.getGraphics()
  g.drawImage(image, 0, 0, width, height, null)
  g.dispose()
  bwImage
}
```

函数的第一行创建了一个指定宽、高和灰度颜色模型的新图片。第三行从原始图片绘制出灰度图片。drawImage 方法负责颜色转换和尺寸变化。最后我们返回了一个新的处理过的图片。

测试示例图片的输出。转换为灰度图片并将尺寸改变为 100 像素 × 100 像素：

```
val grayImage = processImage(aeImage, 100, 100)
```

控制台中应该出现以下输出：

```
grayImage: java.awt.image.BufferedImage = BufferedImage@21f8ea3b:
type = 10 ColorModel: #pixelBits = 8 numComponents = 1 color space =
java.awt.color.ICC_ColorSpace@5cd9d8e9 transparency = 1 has alpha =
false isAlphaPre = false ByteInterleavedRaster: width = 100 height =
100 #numDataElements 1 dataOff[0] = 0
```

正如输出所示，图片的高和宽确实是 100，颜色组件数也变成了 1。

然后将处理过的图片文件存储到临时路径，这样我们可以在 Python 应用中读取回来并显示。

```
import javax.imageio.ImageIO
import java.io.File
ImageIO.write(grayImage, "jpg", new File("/tmp/aeGray.jpg"))
```

你应该看到控制台显示了 true，说明我们成功把灰度图片 aeGrey.jpg 保存到了 /tmp 文件夹。

最后在 Python 中使用 matplotlib 读取并显示图片。在 IPython NoteBook 或者 shell 中输入下面的代码（这些操作会打开新的终端窗口）：

```
tmpPath = "/tmp/aeGray.jpg"
aeGary = imread(tmpPath)
imshow(aeGary, cmap=plt.cm.gray)
```

这样就会显示出图片（再次注意，我们这里就不展示图片了）。可以看到灰度图片的质量比原来的图片稍差。另外，你会发现坐标的尺度也是不同的，250×250 的原始尺寸已经被更新为 100×100 的新尺寸。

对应的图片如下：

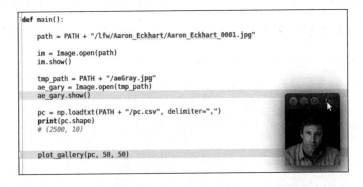

(3) 提取特征向量

处理流程的最后一步是提取真实的特征向量作为我们降维模型的输入。正如之前提到的，纯灰度像素数据将作为特征。我们将通过打平二维的像素矩阵来构造一维的向量。BufferedImage 类为此提供了一个工具方法，可以在我们的函数中使用：

```
def getPixelsFromImage(image: BufferedImage): Array[Double] = {
  val width = image.getWidth
  val height = image.getHeight
  val pixels = Array.ofDim[Double](width * height)
  image.getData.getPixels(0, 0, width, height, pixels)
}
```

之后,我们在一个功能函数中组合这 3 个函数,接受一个图片文件位置以及期望的宽和高,返回一个包含像素数据的 `Array[Doubel]` 值:

```
def extractPixels(path: String, width: Int, height: Int):
Array[Double] = {
  val raw = loadImageFromFile(path)
  val processed = processImage(raw, width, height)
  getPixelsFromImage(processed)
}
```

把这个函数应用到包含图片路径的 RDD 的每一个元素上将产生一个新的 RDD,新的 RDD 包含每张图片的像素数据。让我们通过下面的代码看看开始的几个元素:

```
val pixels = files.map(f => extractPixels(f, 50, 50))
println(pixels.take(10).map(_.take(10)
    .mkString("", ",", ", ...")).mkString("\n"))
```

你会看到如下的输出:

```
0.0,0.0,0.0,0.0,0.0,0.0,1.0,1.0,0.0,0.0, ...
241.0,243.0,245.0,244.0,231.0,205.0,177.0,160.0,150.0,147.0, ...
253.0,253.0,253.0,253.0,253.0,253.0,254.0,254.0,253.0,253.0, ...
240.0,240.0,240.0,240.0,240.0,240.0,240.0,240.0,240.0,240.0, ...
0.0,0.0,0.0,0.0,0.0,0.0,0.0,0.0,0.0,0.0, ...
```

最后一步是为每一张图片创建 MLlib 向量对象。我们将缓存 RDD 来加速之后的计算:

```
import org.apache.spark.mllib.linalg.Vectors
// setName 函数会生成一个直观的名称,该名称会显示在 Spark Web UI 上
val vectors = pixels.map(p => Vectors.dense(p))
vectors.setName("image-vectors")
// 记得缓存该变量来提速
vectors.cache
```

我们曾使用 `setName` 函数来给 RDD 指定一个名字。这里,我们起名为 image-vectors。这会使之后在 Spark 的 Web 界面中更容易识别它。

4. 正则化

在运行降维模型(尤其是 PCA)之前,通常会对输入数据进行标准化。正如我们在第 6 章使用 Spark 创建分类模型时做的,我们将使用 MLlib 的特征包提供的内建 `StandardScaler` 函数。在这个例子中,我们将只从数据中提取平均值:

```
import org.apache.spark.mllib.linalg.Matrix
import org.apache.spark.mllib.linalg.distributed.RowMatrix
import org.apache.spark.mllib.feature.StandardScaler
val scaler = new StandardScaler(withMean = true, withStd = false).fit(vectors)
```

> Standard Scalar：借助从训练数据集中抽样的按列统计信息，会对每一个特征值减去其所在列的均值，再缩放到单位方差（unit variance）。
>
> withMean 参数：默认为 False。对应缩放前是否要将数据按平均值对齐。其目标输出是稠密的，故输入不可为稀疏矩阵，否则会引发异常。
>
> withStd 参数：默认为 True。该参数对应是否按单位方差缩放数据。

StandardScalar 类的定义如下：

```
class StandardScaler @Since("1.1.0") (withMean: Boolean,withStd: Boolean)
    extends Logging
```

调用 fit 函数会导致基于 RDD[Vector] 的计算。你应该可以看到如下的输出：

```
...
14/09/21 11:46:58 INFO SparkContext: Job finished: reduce at
RDDFunctions.scala:111, took 0.495859 s

scaler: org.apache.spark.mllib.feature.StandardScalerModel =
org.apache.spark.mllib.feature.StandardScalerModel@6bb1a1a1
```

> 注意，对于稠密的输入数据可以提取平均值。在图像处理中，输入数据总是稠密的，因为每个像素都有一个值。但是对于稀疏数据，提取平均值将会使之变稠密。对于很高维度的输入，这将很可能耗尽可用内存资源，所以是不建议使用的。

最后，我们将使用返回的 scaler 来转换原始的图像向量，让所有向量减去当前列的平均值：

```
val scaledVectors = vectors.map(v => scaler.transform(v))
```

我们之前提到改变尺寸的灰度图像将会占用大概 10 MB 的内存。事实上，你可以在 Spark 应用监控台存储页面中看到内存使用情况：http://localhost:4040/storage/。

因为我们给了图像向量 RDD 一个友好的名字 image-vectors，所以你应该会看到如下图所示的信息（注意我们正在使用的是 Vector[Double]，每一个元素占用 8 字节数据而不是 4 字节，因此实际需要 20 MB 的内存）。

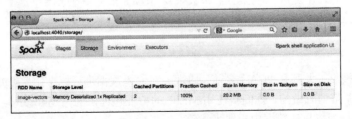

内存中图像向量的大小

9.3 训练降维模型

MLlib 中的降维模型需要向量作为输入。但是，并不像聚类直接处理 `RDD[Vector]`，PCA 和 SVD 的计算是通过提供基于 `RowMatrix` 的方法实现的（区别主要是语法不同，`RowMatrix` 也仅仅是一个 `RDD[Vector]` 的简单封装）。

在 LFW 数据集上运行 PCA

因为我们已经从图片的像素数据中提取出了向量，现在可以初始化一个新的 `RowMatrix`，并调用 `computePrincipalComponents` 来计算我们的分布式矩阵的前 k 个主成分。

调用 `computePrincipalComponents` 函数时，矩阵的各行对应不同的观察（样本），各列代表不同的变量（特征）。矩阵的行数据并不需要实现中心对齐，各列数据的平均值也不需要一定为 0。但矩阵的列数不能超过 65 535。该函数的参数 K 对应返回前 k 个主成分，返回值为一个 n 行 k 列的矩阵。该返回值矩阵存储在本地。其每一列对应一个主成分，且各列按其系数降序排列。Scala 调用如下：

```
import org.apache.spark.mllib.linalg.Matrix
import org.apache.spark.mllib.linalg.distributed.RowMatrix
val matrix = new RowMatrix(scaledVectors)
val K = 10
val pc = matrix.computePrincipalComponents(K)
```

运行模型的时候，将会在控制台看到大量的输出。

如果看到这样的警告，WARN LAPACK: Failed to load implementation from: com.github.fommil.netlib.NativeSystemLAPACK 或者 WARN LAPACK: Failed to load implementation from: com.github.fommil.netlib.NativeRefLAPACK，你可以放心地忽略掉。

这段警告是说 MLlib 使用的线性代数库不能加载本地库。这时，基于 Java 的备选库会被使用，虽然会慢一点，但对我们的例子来说一点都不用担心。

模型训练结束后，应该会在控制台看到类似下面的结果：

```
pc: org.apache.spark.mllib.linalg.Matrix =
-0.023183157256614906    -0.010622723054037303    ... (10 total)
-0.023960537953442107    -0.011495966728461177    ...
-0.024397470862198022    -0.013512219690177352    ...
-0.02463158818330343     -0.014758658113862178    ...
-0.024941633606137027    -0.014788587729655142    ...
-0.02525998879466241     -0.014602750644394844    ...
-0.025494722450369593    -0.014678013626511024    ...
-0.02604194423255582     -0.01439561589951032     ...
-0.025942214214865228    -0.013907665261197633    ...
```

```
-0.026151551334429365   -0.014707035797934148   ...
-0.026106572186134578   -0.016701471378568943   ...
-0.026242986173995755   -0.016254664123732318   ...
-0.02573628754284022    -0.017185663918352894   ...
-0.02545319635905169    -0.01653357295561698    ...
-0.025325893980995124   -0.0157082218373399...
```

1. 可视化特征脸

现在我们已经训练了自己的 PCA 模型，但结果如何？让我们分析一下结果矩阵的不同维度：

```
val rows = pc.numRows
val cols = pc.numCols
println(rows, cols)
```

正如你从控制台输出看到的结果，主成分矩阵有 2500 行、10 列：

```
(2500,10)
```

因为每张图片的维度是 50×50，所以我们得到了前 10 个主成分向量，每一个向量的维度都和输入图片的维度一样。可以认为这些主成分是一组包含了原始数据主要变化的隐含（隐藏）特征。

 在面部识别和图像处理中，这些主成分经常被称为**特征脸**，这是因为 PCA 和原始数据的协方差矩阵的特征值分解密切相关。参见 https://en.wikipedia.org/wiki/Eigenface 获得更多细节。

因为每一个主成分都有和原始图片相同的维度，所以每一个成分本身可以看作一张图片，这使得我们下面要做的可视化特征脸成为可能。

正如之前本书中经常做的，我们使用 Breeze 线性函数库以及 Python 的 `numpy` 及 `matplotlib` 的函数来可视化特征脸。

首先，我们使用变量 pc（一个 MLlib 矩阵）创建一个 Breeze `DenseMatrix`：

```
import breeze.linalg.DenseMatrix
val pcBreeze = new DenseMatrix(rows, cols, pc.toArray)
```

Breeze 的 `linalg` 包中提供了一个实用的函数，可以把矩阵写到 CSV 文件中。我们将使用它把主成分保存为一个临时 CSV 文件：

```
import breeze.linalg.csvwrite
csvwrite(new File("/tmp/pc.csv"), pcBreeze)
```

之后，我们将在 IPython 中加载矩阵，并以图片的形式可视化主成分。幸运的是，`numpy` 提供了从 CSV 文件中读取矩阵的功能函数：

```
pcs = np.loadtxt("/tmp/pc.csv", delimiter=",")
print(pcs.shape)
```

你应该看到下面的输出,确认读取的矩阵和保存的矩阵维度相同:

```
(2500, 10)
```

我们需要使用功能函数显示图片。像这样定义函数:

```
def plot_gallery(images, h, w, n_row=2, n_col=5):
    """Helper function to plot a gallery of portraits"""
    plt.figure(figsize=(1.8 * n_col, 2.4 * n_row))
    plt.subplots_adjust(bottom=0, left=.01, right=.99, top=.90,
    hspace=.35)
    for i in range(n_row * n_col):
        plt.subplot(n_row, n_col, i + 1)
        plt.imshow(images[:, i].reshape((h, w)), cmap=plt.cm.gray)
        plt.title("Eigenface %d" % (i + 1), size=12)
        plt.xticks(())
        plt.yticks(())
```

 这个函数取自 scikit-learn 文档的 LFW 数据集样例代码,网址为:http://scikit-learn.org/stable/auto_examples/applications/plot_face_recognition.html。

现在,我们将使用这个函数绘制前 10 个特征脸:

```
plot_gallery(pcs, 50, 50)
```

结果如下图所示:

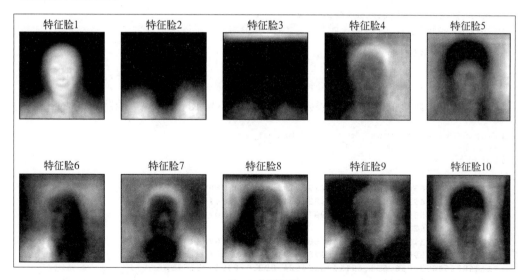

前 10 个特征脸

2. 解读特征脸

通过观察处理过的图片,我们可以看到 PCA 模型有效地提取出了反复出现的变化模式,表现了面部图片的各种特征。就像聚类模型一样，每个主成分都是可以解释的。

和聚类一样，并不总能直接精确地解释每个主成分代表的意义。

从这些图片中我们可以看出，有些图像好像选择了方向性的特征（例如图像 6 和图像 9），有些集中表现了发型（例如图像 4、图像 5、图像 7 和图像 10），而其他的似乎和面部特征更相关，比如眼睛、鼻子和嘴（例如图像 1、图像 7 和图像 9）。

9.4　使用降维模型

用这种方式可视化一个模型的结果是很有意思的；但是降维方法最终的目标则是要得到数据更加压缩化的表示，并能包含原始数据之中重要的特征和变化。为了做到这一点，我们需要通过使用训练好的模型，把原始数据投影到用主成分表示的新的低维空间上。

9.4.1　在 LFW 数据集上使用 PCA 投影数据

我们将通过把每一个 LFW 图像投影到 10 维的向量上来演示这个概念。用矩阵乘法把图像矩阵和主成分矩阵相乘来实现投影。因为图像矩阵是分布式的 MLlib `RowMatrix`，所以 Spark 帮助我们实现了分布式计算的 `multiply` 函数：

```
val projected = matrix.multiply(pc)
println(projected.numRows, projected.numCols)
```

这将产生下面的输出：

```
(1055,10)
```

注意每幅 2500 维度的图像已经被转换成为一个大小为 10 的向量。让我们看看前几个向量：

```
println(projected.rows.take(5).mkString("\n"))
```

输出如下：

```
[2648.9455749636277,1340.3713412351376,443.67380716760965,
-353.0021423043161,52.53102289832631,423.39861446944354,
413.8429065865399,-484.18122999722294,87.98862070273545,
-104.62720604921965]
[172.67735747311974,663.9154866829355,261.0575622447282,
-711.4857925259682,462.7663154755333,167.3082231097332,
-71.44832640530836,624.4911488194524,892.3209964031695,
-528.0056327351435]
[-1063.4562028554978,388.3510869550539,1508.2535609357597,
361.2485590837186,282.08588829583596,-554.3804376922453,
604.6680021092125,-224.16600191143075,-228.0771984153961,
-110.21539201855907]
[-4690.549692385103,241.83448841252638,-153.58903325799685,
```

```
-28.26215061165965,521.8908276360171,-442.0430200747375,
-490.1602309367725,-456.78026845649435,-78.79837478503592,
70.62925170688868]
[-2766.7960144161225,612.8408888724891,-405.76374113178616,
-468.56458995613974,863.1136863614743,-925.0935452709143,
69.24586949009642,-777.3348492244131,504.54033662376435,
257.0263568009851]
```

这些以向量形式表示的投影后的数据可以作为另一个机器学习模型的输入。例如，我们可以通过使用这些投影后的脸的投影数据和一些没有脸的图像产生的投影数据，共同训练一个面部识别模型。另外也可以训练一个多分类识别器，每个人是一个类，从而创建一个识别某个输入脸是否是某个人的识别模型。

9.4.2　PCA 和 SVD 模型的关系

我们之前提到 PCA 和 SVD 有着密切的联系。事实上，可以使用 SVD 恢复出相同的主成分向量，并且应用相同的投影矩阵投射到主成分空间。

在我们的例子中，SVD 计算产生的右奇异向量等同于我们计算得到的主成分。可以通过在图像矩阵上计算 SVD 并比较右奇异向量和 PCA 的结果说明这一点。和 PCA 一样，SVD 的计算可以通过分布式 RowMatrix 提供的函数完成：

```
val svd = matrix.computeSVD(10, computeU = true)
println(s"U dimension: (${svd.U.numRows}, ${svd.U.numCols})")
println(s"S dimension: (${svd.s.size}, )")
println(s"V dimension: (${svd.V.numRows}, ${svd.V.numCols})")
```

可以看到，SVD 返回一个 1055×10 维的矩阵 *U*、一个长度为 10 的奇异值向量 *S* 和一个 2500×10 维的右奇异值矩阵 *V*：

```
U dimension: (1055, 10)
S dimension: (10, )
V dimension: (2500, 10)
```

矩阵 *V* 和 PCA 的结果完全一样（不考虑正负号和浮点数误差）。可以通过使用一个功能函数大致比较两个矩阵的向量数据来确定这一点：

```
def approxEqual(array1: Array[Double], array2: Array[Double],
tolerance: Double = 1e-6): Boolean = {
  // 注意这里略去了主成分的迹（Sign）
  val bools = array1.zip(array2).map { case (v1, v2) => if
  (math.abs(math.abs(v1) - math.abs(v2)) > 1e-6) false else true }
  bools.fold(true)(_ & _)
}
```

我们在一些数据上测试这个函数：

```
println(approxEqual(Array(1.0, 2.0, 3.0), Array(1.0, 2.0, 3.0)))
```

输出如下：

`true`

来尝试另一组测试数据：

```
println(approxEqual(Array(1.0, 2.0, 3.0), Array(3.0, 2.0, 1.0)))
```

输出如下：

`false`

最后，可以这样使用我们的相等函数：

```
println(approxEqual(svd.V.toArray, pc.toArray))
```

输出如下：

`true`

SVD 和 PCA 都能计算主成分和相应的特征值或奇异值。计算特征向量时，多出的对协方差矩阵的计算可能会带入数值舍入误差（numerical round-off error）。PCA 需要数据进行中心化，即去均值处理，而 SVD 无此要求。

另外一个相关性体现在：矩阵 U 和向量 S（或者严格来讲，对角矩阵 S）的乘积和 PCA 中用来把原始图像数据投影到 10 个主成分构成的空间中的投影矩阵相等。

下面会体现上述点。我们首先用 Breeze 来将 U 中的各向量与 S 点乘（对应元素相乘）。然后比较 PCA 投影出的各个向量与 SVD 投影出的相应向量，再求出相等的向量对的个数：

```
val breezeS = breeze.linalg.DenseVector(svd.s.toArray)
val projectedSVD = svd.U.rows.map { v =>
  val breezeV = breeze.linalg.DenseVector(v.toArray)
  val multV = breezeV :* breezeS
  Vectors.dense(multV.data)
}
projected.rows.zip(projectedSVD).map { case (v1, v2) =>
approxEqual(v1.toArray, v2.toArray) }.filter(b => true).count
```

运行结果是 1055，因此基本可以确定 PCA 投影后的每一行和 SVD 投影后的每一行相等。

 注意在前面的代码中，加粗的 :* 运算符表示对向量执行对应元素和元素的乘法。

9.5 评价降维模型

PCA 和 SVD 都是确定性模型，就是对于给定输入数据，总可以产生确定结果的模型。这和我们之前看到的很多依赖一些随机因素的模型不同（大部分是由模型的初始化权重向量等原因导致）。

这两个模型都可以返回多个主成分或者奇异值，因此控制模型的唯一参数就是 k。就像聚类模型一样，增加 k 总是可以提高模型的表现（对于聚类，表现在相对误差函数值；对于 PCA 和 SVD，整体的不确定性表现在 k 个成分上）。因此，选择 k 的值需要折中，看是要包含尽量多的数据结构信息，还是要保持投影数据的低维度。

在 LFW 数据集上估计 SVD 的 k 值

通过观察在我们的图像数据集上计算 SVD 得到的奇异值，可以确定每次运行中奇异值都相同，并且是按照递减的顺序返回的，如下所示。

```
val sValues = (1 to 5).map { i => matrix.computeSVD(i, computeU = false).s }
sValues.foreach(println)
```

这会生成类似下面的输出：

```
[54091.00997110354]
[54091.00997110358,33757.702867982436]
[54091.00997110357,33757.70286798241,24541.193694775946]
[54091.00997110358,33757.70286798242,24541.19369477593,
23309.58418888302]
[54091.00997110358,33757.70286798242,24541.19369477593,
23309.584188882982,21803.09841158358]
```

奇异值

在降维时，奇异值能作为合适精度取舍的参考，让我们在时间和空间之间取得平衡。

为了估算 SVD（和 PCA）做聚类时的 k 值，以一个较大的 k 的变化范围绘制一个奇异值图是很有用的。可以看到，每增加一个奇异值时增加的变化总量是否基本保持不变。

首先计算最大的 300 个奇异值：

```
val svd300 = matrix.computeSVD(300, computeU = false)
val sMatrix = new DenseMatrix(1, 300, svd300.s.toArray)
println(sMatrix)
csvwrite(new File(
  "/home/ubuntu/work/ml-resources/spark-ml/Chapter_09/data/s.csv"), sMatrix)
```

再把奇异值对应的向量 *S* 写到临时 CSV 文件（正如之前我们在处理特征脸的矩阵时所做的）并且在 IPython 控制台中读回，为每个 k 绘制对应的奇异值图：

```
file_name = '/home/ubuntu/work/ml-resources/spark-ml/Chapter_09/data/s.csv'
data = np.genfromtxt(file_name, delimiter=',')
plt.plot(data)
plt.suptitle('Variation 300 Singular Values ')
plt.xlabel('Singular Value No')
plt.ylabel('Variation')
plt.show()
```

你应该可以看到类似下图所示的结果：

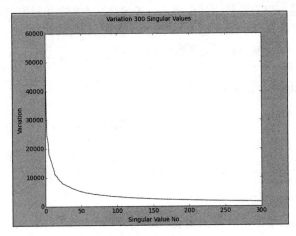

前 300 个奇异值

在前 300 个奇异值的累积和变化曲线中可以看到一个类似的模式（我们对 y 轴取了 log 对数）：

```
plt.plot(cumsum(data))
plt.yscale('log')
plt.suptitle('Cumulative Variation 300 Singular Values ')
plt.xlabel('Singular Value No')
plt.ylabel('Cumulative Variation')
plt.show()
```

上述绘图的完整 Python 代码参见：https://github.com/ml-resources/spark-ml/tree/branch-ed2/Chapter_09/2.0.x/python/org/sparksamples。

前 300 个奇异值累积和的曲线如下图所示。

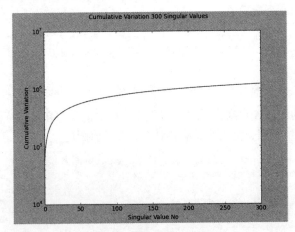

前 300 个奇异值的累积和

可以看到，在 k 值的某个区间之后（本例中大概是 100），图形基本变平。这表明与某一 k 值相对应的奇异值（或者主成分）可能足以解释原始数据的变化。

当然，如果使用降维来帮助我们提高另一个模型的性能，我们可以使用和那个模型相同的评价模型来帮助我们选择 k 值。例如，我们可以使用 AUC 指标和交叉验证，来为分类模型选择模型参数和为降维模型选择 k 值。但是这会耗费更多的计算资源，因为我们必须重算整个模型的训练和测试过程。

9.6 小结

在这一章，我们学习了两个新的用于降维的无监督学习模型，即 PCA 和 SVD。我们了解了如何从面部图像数据中提取特征来训练模型。通过特征脸可视化模型的结果，学习了如何利用模型把原始数据转换成缩减维度后的表示，并研究了 PCA 和 SVD 之间的紧密联系。

下一章，我们将深入学习 Spark 在文本处理和分析方面的技术。

第 10 章 Spark 高级文本处理技术

在第 4 章中，我们讨论了有关特征提取和数据处理的多个问题，其中包括从文本数据中提取特征的基础知识。在这一章中，我们将介绍 MLlib 中的高级文本处理技术，这些技术专门针对大规模的文本处理。

在本章中，我们将：

- 学习几个和文本数据相关的数据处理、特征提取和建模流程的详细例子；
- 根据文档中的文字比较两个文档的相似性；
- 将提取的文本特征作为分类模型的训练输入；
- 讨论近期新产生的自然语言处理的词向量建模模型，演示如何使用 Spark 的 Word2Vec 模型来根据词义比较两个单词的相似性。

下面会探讨如何使用 Spark MLlib 以及 Spark ML 做文本处理以及文档聚类。

10.1 文本数据处理的特别之处

文本数据处理的复杂性主要源于两个原因。第一，文本和语言有隐含的结构信息，使用原始的文本很难捕捉到（例如，含义、上下文、不同词性的词语、句法结构和不同的语言，这些是表现明显的几个方面）。因此，单纯的特征提取方法常常没有太大效果。

第二，文本数据的有效维度一般都非常巨大甚至是无限的。试想一下英语中的单词、所有特殊词、字符、俗语等的总数有多少，然后加上其他语言和所有可以在互联网上找到的文本。因此，即使在较小的数据集上，文本数据按照的维度也可以轻易超过数千万甚至数亿个单词。例如，Common Cawl 数据集就是从几十亿个网站爬取的，包含了 8400 亿以上的单词。

为了应对这个问题，我们需要提取更多的结构特征，并需要一种可以处理极大维度文本数据的方法。

10.2 从数据中抽取合适的特征

自然语言处理（NLP, natural language processing）领域研究文本处理的技术，包括提取特征、建模和机器学习。在这一章中，我们着重讨论 Spark MLlib 和 Spark ML 中包含的两种特征提取技术：**词频–逆文本频率**（TF-IDF）的词加权表示和**特征散列**（feature hashing）。

通过学习 TF-IDF 的例子，还可以了解用于提取特征的文本处理、分词和过滤技术，帮助我们降低输入数据的维度，并提高提取的特征的信息含量和有用性。

10.2.1 词加权表示

在第 4 章中，我们学习了**词袋模型**，即把文本特征映射到简单的二元向量的词向量形式。实践中通常会用到的另一种形式叫作词频–逆文本频率（TF-IDF, term frequency-inverse document frequency）。

TF-IDF 给一段文本（叫作**文档**）中的每一个词赋予一个权值。这个权值是基于单词在文本中出现的频率（**词频**，term frequency）计算得到的。同时还要应用**逆文本频率**做全局的归一化。**逆文本频率**是基于单词在所有文档（所有文档的集合对应的数据集通常称作**语料集**，corpus）中的频率计算得到的。TF-IDF 的标准定义如下：

$$TF-IDF(t,d) = TF(t,d) \times IDF(t)$$

这里，TF(t, d)是单词 t 在文档 d 中的频率（出现的次数），IDF(t)是语料集中单词 t 的逆文本频率，定义如下：

$$IDF(t) = \log(\frac{N}{d})$$

这里 N 是文档的总数，d 是出现过单词 t 的文档数量。

TF-IDF 公式的含义是：相比于在一个文档中出现次数较少的单词，出现次数很多的单词应该在词向量表示中得到更高的权值。而 IDF 归一化起到了减少在所有文档中总是出现的单词的权值的作用。最后的结果就是，稀有的或者重要的单词被给予了更高的权值，而更加常见的单词（被认为比较不重要）则在考虑权重的时候有较小的影响。

学习词袋模型（或者词向量空间模型）的一个优秀资源是《信息检索导论》，[①]
Christopher D. Manning、Prabhakar Raghavan 和 Hinrich Schütze 著。
该书中有几节简述了文本处理技术，包括分词、移除停用词、词根技术、向量空间模型，以及类似 TF-IDF 这样的权重表示。
这里也有一个相关的概要介绍：https://en.wikipedia.org/wiki/Tf-idf。

---

① 该书已由人民邮电出版社出版。——编者注

10.2.2 特征散列

特征散列（feature hashing）是一种处理高维数据的技术，并经常被应用在文本和分类数据集上，这些数据集的特征可以取很多不同的值（经常是好几百万个值）。前几章中，我们经常使用 k 之一（1-of-k）编码方法处理包括文本的分类特征。这种方法简单有效，但是对于非常高维的数据却不易使用。

构造和使用 k 之一特征编码需要在一个向量中维护每一个可能的特征值到下标的映射。另外，构建这个映射的过程本身至少需要额外对数据集进行一次遍历，这在并行场景下会比较麻烦。到现在为止，我们已经使用了一种简单的方法来收集不同的特征值，并把这个集合和一组下标组合在一起来创建一个特征值到下标的映射关系。这个映射关系被广播（显式地写在我们的代码中或者隐式地被 Spark 处理）到各个工作节点。

但是，处理文本时经常会遇到上千万甚至更多维度的特征，这时这种方法就会很慢，并且 Spark 的主节点（收集每一个节点的计算结果）和工作节点都会消耗巨量的内存（为了对本地输入的数据切片应用特征编码，需要广播映射结果到每一个工作节点，并存储在内存中）及网络资源。

特征散列通过使用散列函数对特征赋予向量下标，这个向量下标是通过对特征的值做散列得到的（通常是整数）。例如，对分类特征中的美国这个位置特征得到的散列值是 342。我们将使用散列值作为向量下标，对应的值是 1.0，表示"美国"这个特征出现了。使用的散列函数必须是一致的（就是说，对于一个给定的输入，每次返回相同的输出）。

这种编码的工作方式和基于映射的编码一样，只不过需要预先选择特征向量的大小。因为最常用的散列函数返回整个整数域内的任意值，所以我们将使用**模**（modulo）操作来限制下标的值到一个特定的大小，通常远远小于整数域的大小（根据需要取几万直至几百万）。

特征散列的优势在于不再需要构建映射并把它保存在内存中。特征散列很容易实现，并且非常快，可以在线或者实时生成，因此不需要预先扫描一遍数据集。最后，因为我们选择了维度远远小于原始数据集的特征向量，限制了模型训练和预测时内存的使用规模，所以内存使用量并不会随数据量和维度的增加而增加。

然而，特征散列依然有两个重要的缺陷。

❏ 因为我们没有创建特征到下标的映射，也就不能做逆向转换把下标转换为特征。例如，如何判断哪些特征在我们的模型中是信息量最大的将会变得比较困难。

❏ 因为我们限制了特征向量的大小，所以当两个不同的特征被散列到同一个下标时会产生**散列冲突**。令人惊讶的是，只要我们选择了一个相对合理的特征向量维度，这种冲突貌似对于模型的效果没有太大的影响。散列向量越大，则冲突越小，但增益（gain）仍会很大。具体参见 http://www.cs.jhu.edu/~mdredze/publications/mobile_nlp_feature_mixing.pdf。

在下面的网址中可以找到关于散列技术的更多信息：http://en.wikipedia.org/wiki/Hash_function。

这里有一篇重要的使用散列做特征抽取和机器学习的论文：
WEINBERGER K，DASGUPTA A，LANGFORD J，et al. Feature hashing for large scale multitask learning [C]// Proceedings of the 26th International Conference on Machine Learning，Montreal，Canada，2009.

10.2.3 从 20 Newsgroups 数据集中提取 TF-IDF 特征

为了说明本章的概念，我们将使用一个非常有名的数据集，叫作 20 Newsgroups。该数据集一般用来做文本分类。它是一个由 20 个不同主题的新闻组消息组成的集合，有很多种不同的数据格式。对于我们的任务来说，可以使用按日期组织的数据集。在下面的网站下载这个数据集：http://qwone.com/~jason/20Newsgroups。

这个数据集把可用数据拆分成训练集和测试集两部分，分别包含原数据集的 60% 和 40%。测试集中的新闻组消息发生的时间在训练集之后。这个数据集也排除了用来分辨所属真实新闻组的消息头信息。因此，这是一个测试分类模型在现实中表现的很合适的数据集。

想了解该数据集的更多信息，请参考 UCI 机器学习档案库：http://kdd.ics.uci.edu/databases/20newsgroups/20newsgroups.data.html。

下面我们开始，首先通过以下命令下载数据并解压文件：

```
> tar xfvz 20news-bydate.tar.gz
```

这创建了两个文件夹：一个是 20news-bydate-train，另一个是 20news-bydate-test。看一下训练集目录下的子文件夹结构：

```
> cd 20news-bydate-train/
> ls
```

可以看到它包含很多子文件夹，每个新闻组一个文件夹：

```
alt.atheism               comp.windows.x         rec.sport.hockey
  soc.religion.christian
comp.graphics             misc.forsale           sci.crypt
  talk.politics.guns
comp.os.ms-windows.misc   rec.autos              sci.electronics
  talk.politics.mideast
comp.sys.ibm.pc.hardware  rec.motorcycles        sci.med
  talk.politics.misc
comp.sys.mac.hardware     rec.sport.baseball     sci.space
  talk.religion.misc
```

每一个新闻组文件夹内都有很多文件,每个文件包含一条消息:

```
> ls rec.sport.hockey
52550 52580 52610 52640 53468 53550 53580 53610 53640 53670 53700
53731 53761 53791
...
```

我们来看其中一条消息的部分内容以了解格式:

```
> head -20 rec.sport.hockey/52550
From: dchhabra@stpl.ists.ca (Deepak Chhabra)
Subject: Superstars and attendance (was Teemu Selanne, was +/-
leaders)
Nntp-Posting-Host: stpl.ists.ca
Organization: Solar Terresterial Physics Laboratory, ISTS
Distribution: na
Lines: 115


Dean J. Falcione (posting from jrmst+8@pitt.edu) writes:
[I wrote:]

>> When the Pens got Mario, granted there was big publicity, etc, etc,
>> and interest was immediately generated. Gretzky did the same thing for LA.
>> However, imnsho, neither team would have seen a marked improvement in
>> attendance if the team record did not improve. In the year before Lemieux
>> came, Pittsburgh finished with 38 points. Following his arrival, the Pens
>> finished with 53, 76, 72, 81, 87, 72, 88, and 87 points, with a couple of
                                  ^^
>> Stanley Cups thrown in.
...
```

我们看到每条消息都包含一个消息头,其中有发送者、主题和其他元数据,然后是消息的原始内容。

1. 查看 20 Newsgroups 数据

下面会用一个 Spark 程序来载入并分析该数据集:

```
object TFIDFExtraction {
  def main(args: Array[String]) {

  }
}
```

从数据的目录结构结构看,数据都是以单独的文件形式保存的,每个消息对应一个文件。这和之前类似。因此,同样用 Spark 的 `wholeTextFiles` 方法来把每个文件的内容读取到 RDD 的一个记录中。

以下代码中的 `PATH` 指向的路径是解压 20news-bydate 压缩包后的文件夹:

```
val sc = new SparkContext("local[2]", "First Spark App")
val path = "/PATH/20news-bydate-train/*"
val rdd = sc.wholeTextFiles(path)
// 打印记录数
println(text.count)
```

上述代码会输出 Spark 发现的文件总数目:

```
...
FileInputFormat: Total input paths to process
: 11314
...
```

命令运行结束后,将会看到总共的记录数目,这个数目应该和之前的 "Total input paths to process" 屏幕输出一致:

```
11314
```

下面打印输出刚导入数据的 RDD 的第一个元素:

```
16/12/30 20:42:02 INFO DAGScheduler: Job 1 finished: first at
TFIDFExtraction.scala:27, took 0.067414 s
(file:/home/ubuntu/work/ml-resources/sparkml/
Chapter_10/data/20news- bydate-train/alt.atheism/53186,From:
ednclark@kraken.itc.gu.edu.au (Jeffrey Clark)
Subject: Re: some thoughts.
Keywords: Dan Bissell
Nntp-Posting-Host: kraken.itc.gu.edu.au
Organization: ITC, Griffith University, Brisbane, Australia
Lines: 70
...
```

然后我们看一下得到的新闻组主题:

```
val newsgroups = rdd.map {
  case (file, text) => file.split("/").takeRight(2).head
}
println(newsgroups.first())
val countByGroup = newsgroups.map(
  n => (n, 1)).reduceByKey(_ + _).collect.sortBy(-_._2).mkString("\n")
println(countByGroup)
```

将会产生下面的输出:

```
(rec.sport.hockey,600)
(soc.religion.christian,599)
(rec.motorcycles,598)
(rec.sport.baseball,597)
(sci.crypt,595)
(rec.autos,594)
(sci.med,594)
(comp.windows.x,593)
(sci.space,593)
```

```
(sci.electronics,591)
(comp.os.ms-windows.misc,591)
(comp.sys.ibm.pc.hardware,590)
(misc.forsale,585)
(comp.graphics,584)
(comp.sys.mac.hardware,578)
(talk.politics.mideast,564)
(talk.politics.guns,546)
(alt.atheism,480)
(talk.politics.misc,465)
(talk.religion.misc,377)
```

各个主题中的消息数量基本相等。

2. 基本分词处理

我们文本处理流程的第一步就是把每个文档中的原始文本内容切分为多个词（也叫作**词项**，token）组成的集合。这个过程叫作**分词**（tokenization）。我们先来实现最简单的**空白分词**，并把每个文档的所有单词变为小写：

```
val text = rdd.map { case (file, text) => text }
val whiteSpaceSplit = text.flatMap(t => t.split(" ").map(_.toLowerCase))
println(whiteSpaceSplit.distinct.count)
```

因为需要进行探索性分析，所以上面代码中没有使用 `map`，而是使用了 `flatMap` 函数。在本章后面，我们将对每个文档应用相同的分词方案，到时候将使用 `map` 函数。

运行完之前的代码片段，你将会得到分词之后不同单词的数量：

402978

正如你所见，即使对于相对较小的语料集，不同单词的个数（也就是我们特征向量的维度）也可能会非常高。

下面随机抽篇文档看下，这会用到 RDD 的 `sample` 函数：

```
println(whiteSpaceSplit.sample(true, 0.3, 42).take(100).mkString(","))
```

注意我们传给 `sample` 函数的第三个参数，一个随机种子。我们设置它为 42，这样就会在每次调用 `sample` 后得到相同的结果，你们的结果也应该和书中的相同。

此时会显示下面的结果：

```
atheist,resources
summary:,addresses,,to,atheism
keywords:,music,,thu,,11:57:19,11:57:19,gmt
distribution:,cambridge.,290
```

```
archive-name:,atheism/resources
alt-atheism-archive-name:,december,,,,,,,,,,,,,,,,,,,,,addresses,addresses,,,,,,
religion,to:,to:,,p.o.,53701.
telephone:,sell,the,,fish,on,their,cars,,with,and,written
inside.,3d,plastic,plastic,,evolution,evolution,7119,,,,,san,san,san,
mailing,net,who,to,atheist,press

aap,various,bible,,and,on.,,,one,book,is:

"the,w.p.,american,pp.,,1986.,bible,contains,ball,,based,based,james,of
```

3. 改进分词效果

之前简单的分词产生了很多单词，而且许多不是单词的字符（比如标点符号）没有过滤掉。多数分词方案都会把这些字符移除。我们可以使用正则表达式模式切分原始文档来移除这些非单词字符：

```
val nonWordSplit = text.flatMap(t =>
  t.split("""\W+""").map(_.toLowerCase))
println(nonWordSplit.distinct.count)
```

这将极大减少不同单词的数量：

130126

观察一下前几个单词，会发现我们已经去除了文本中大部分没有用的字符：

```
println(nonWordSplit.distinct.sample(true, 0.3, 42).take(100).mkString(","))
```

输出结果如下：

```
jejones,ml5,w1w3s1,k29p,nothin,42b,beleive,robin,believiing,749,
steaminess,tohc4,fzbv1u,ao,
instantaneous,nonmeasurable,3465,tiems,tiems,tiems,eur,3050,pgva4,
...
warms,ndallen,g45,herod,6w8rg,mqh0,suspects,
floor,flq1r,io21087,phoniest,funded,ncmh,c4uzus
```

尽管我们使用非单词正则模式来切分文本的效果不错，但仍然剩下很多数字和包含数字的单词。在有些情况下，数字会成为文档中的重要内容。但对于我们来说，下一步就是过滤掉数字和包含数字的单词。

使用另一个正则表达式模式可以过滤掉和 `val regex = """[^0-9]*""".r` 这个模式不匹配的单词：

```
val regex = """[^0-9]*""".r
val filterNumbers = nonWordSplit.filter(token =>
  regex.pattern.matcher(token).matches)
println(filterNumbers.distinct.count)
```

这再次减小了单词集的大小:

```
84912
```

让我们再随机来看另一个过滤完单词后的例子:

```
println(filterNumbers.distinct.sample(true, 0.3, 50).take(100).mkString(","))
```

其输出如下:

```
jejones,silikian,reunion,schwabam,nothin,singen,husky,tenex,
eventuality,beleive,goofed,robin,upsets,aces,nondiscriminatory,
underscored,bxl,believing,believing,believing,historians,
...
scramblers,alchoholic,shutdown,almanac_,bruncati,karmann,hfd,
makewindow,perptration,mtearle
```

可以看到,我们移除了所有的数字字符。尽管还有一些奇怪的单词剩下,但已经可以接受了。

4. 移除停用词

停用词是指在一个语料集(和大多数语料集)的几乎所有文档中出现很多次的常用词。常见的英语停用词包括 and、but、the、of 等。提取文本特征的标准做法是从抽取的词中排除停用词。

当使用 TF-IDF 加权时,加权模式已经做了这一点。停用词的 IDF 分数很低,往往 TF-IDF 权值也很低,因此是不重要的词。有些时候,对于信息检索和搜索任务,停用词又需要被包含。但是,最好还是在提取特征时移除停用词,因为这可以降低最后特征向量的维度和训练数据的大小。

来看看所有文档中高频的词语,看看还有没有需要去除的停用词:

```
val tokenCounts = filterNumbers.map(t => (t, 1)).reduceByKey(_ + _)
val oreringDesc = Ordering.by[(String, Int), Int](_._2)
println(tokenCounts.top(20)(oreringDesc).mkString("\n"))
```

这段代码中,我们用过滤完数字字符之后的单词生成一个每个单词在文档中出现频率的集合。现在可以使用 Spark 的 `top` 函数来得到前 20 个出现次数最多的单词。注意,需要给 `top` 函数提供一个排序方法,告诉 Spark 如何给 RDD 中的元素排序。在这种情况下,我们需要按照次数排序,因此设置按照键值对的第二个元素排序。

运行上面的代码,将得到如下出现次数最多的 20 个单词:

```
(the,146532)
(to,75064)
(of,69034)
(a,64195)
(ax,62406)
(and,57957)
(i,53036)
```

```
(in,49402)
(is,43480)
(that,39264)
(it,33638)
(for,28600)
(you,26682)
(from,22670)
(s,22337)
(edu,21321)
(on,20493)
(this,20121)
(be,19285)
(t,18728)
```

如我们所料,很多常用词可以被标注为停用词。把这些词中的某些词和其他常用词集合成一个停用词集,过滤掉这些词之后就可以看到剩下的单词:

```
val stopwords = Set(
  "the","a","an","of","or","in","for","by","on","but", "is", "not",
  "with", "as", "was", "if",
  "they", "are", "this", "and", "it", "have", "from", "at", "my",
  "be", "that", "to"
)
val tokenCountsFilteredStopwords = tokenCounts.filter { case
(k, v) => !stopwords.contains(k) }
println(tokenCountsFilteredStopwords.top(20)(oreringDesc).mkString
("\n"))
```

输出如下:

```
(ax,62406)
(i,53036)
(you,26682)
(s,22337)
(edu,21321)
(t,18728)
(m,12756)
(subject,12264)
(com,12133)
(lines,11835)
(can,11355)
(organization,11233)
(re,10534)
(what,9861)
(there,9689)
(x,9332)
(all,9310)
(will,9279)
(we,9227)
(one,9008)
```

你可能注意到了,输出里仍然有一些常用词。事实上,我们应该有一个大得多的停用词集合。但这里我们将使用小的停用词集(部分原因是为了之后展示 TF-IDF 加权对于常用词的影响)。

如下资源提供了一份英语常见停用词列表：http://xpo6.com/list-of-english-stop-words/。

下一步，我们将删除那些仅仅含有一个字符的单词。这和我们移除停用词的原因类似。这些单字符单词不太可能包含太多信息。因此可以删除它们来降低特征维度和模型大小：

```
val tokenCountsFilteredSize = tokenCountsFilteredStopwords
    .filter{ case (k, v) => k.size >= 2 }
println(tokenCountsFilteredSize
    .top(20)(oreringDesc).mkString("\n"))
```

再来检查一下过滤之后剩下的单词：

```
(ax,62406)
(you,26682)
(edu,21321)
(subject,12264)
(com,12133)
(lines,11835)
(can,11355)
(organization,11233)
(re,10534)
(what,9861)
(there,9689)
(all,9310)
(will,9279)
(we,9227)
(one,9008)
(would,8905)
(do,8674)
(he,8441)
(about,8336)
(writes,7844)
```

除了那些尚未删掉的经常出现的词，也开始看到一些包含更多潜在信息量的词。

5. 基于频率去除单词

在分词的时候，另一种比较常用的去除单词的方法是去掉在整个语料集中出现频率很低的单词。例如，看下语料集中出现频率最低的单词（注意这里我们使用不同的排序方式，返回升序排列的结果）：

```
val oreringAsc = Ordering.by[(String, Int), Int](-_._2)
println(tokenCountsFilteredSize.top(20)(oreringAsc).mkString("\n"))
```

结果如下：

```
(lennips,1)
(bluffing,1)
(preload,1)
(altina,1)
(dan_jacobson,1)
```

```
(vno,1)
(actu,1)
(donnalyn,1)
(ydag,1)
(mirosoft,1)
(xiconfiywindow,1)
(harger,1)
(feh,1)
(bankruptcies,1)
(uncompression,1)
(d_nibby,1)
(bunuel,1)
(odf,1)
(swith,1)
(lantastic,1)
```

正如我们看到的,很多词在整个语料集中只出现一次。对于使用提取特征来完成的任务,比如文本相似度比较或者生成机器学习模型,只出现一次的单词是没有价值的,因为对于这些单词我们没有足够的训练数据。可以应用另一个过滤函数来排除这些很少出现的单词:

```
rareTokens = tokenCounts.filter { case (k, v) => v < 2 }
    .map { case (k, v) => k }.collect.toSet
val tokenCountsFilteredAll = tokenCountsFilteredSize
    .filter { case (k, v) => !rareTokens.contains(k) }
println(tokenCountsFilteredAll.top(20)(oreringAsc).mkString("\n"))
```

剩下的是至少出现了两次的单词:

```
(sina,2)
(akachhy,2)
(mvd,2)
(hizbolah,2)
(wendel_clark,2)
(sarkis,2)
(purposeful,2)
(feagans,2)
(wout,2)
(uneven,2)
(senna,2)
(multimeters,2)
(bushy,2)
(subdivided,2)
(coretest,2)
(oww,2)
(historicity,2)
(mmg,2)
(margitan,2)
(defiance,2)
```

现在,计算不同的单词有多少:

```
println(tokenCountsFilteredAll.count)
```

你会看到下面的输出：

```
51801
```

通过在分词流程中应用所有这些过滤步骤，特征的维度从 402 978 降到了 51 801。

现在把过滤逻辑组合到一个函数中，并应用到 RDD 中的每个文档：

```
def tokenize(line: String): Seq[String] = {
  line.split("""\W+""")
    .map(_.toLowerCase)
    .filter(token => regex.pattern.matcher(token).matches)
    .filterNot(token => stopwords.contains(token))
    .filterNot(token => rareTokens.contains(token))
    .filter(token => token.size >= 2)
    .toSeq
}
```

通过下面的代码可以检查这个函数是否给出相同的输出：

```
println(text.flatMap(doc => tokenize(doc)).distinct.count)
```

结果会输出 51 801，这和我们一步一步执行整个流程得到的结果完全一致。

我们可以对 RDD 中的每个文档按照下面的方式分词：

```
val tokens = text.map(doc => tokenize(doc))
println(tokens.first.take(20))
```

你将会看到类似如下的输出，这里展示了第一篇文档第一部分的分词结果：

```
WrappedArray(mathew, mathew, mantis, co, uk, subject, alt, atheism,
faq, atheist, resources, summary, books, addresses, music, anything,
related, atheism, keywords, faq)
```

6. 关于提取词干

提取词干（stemming）在文本处理和分词中比较常用。这是一种把整个单词转换为一个**基本形式**（base form），形成**词根**（word stem）的方法。例如，复数形式可以转换为单数（dogs 变成 dog），像 walking 和 walker 这样的形式可以转换为 walk。提取词干很复杂，一般通过标准的 NLP 方法或者搜索引擎软件（例如 NLTK、OpenNLP 和 Lucene）实现。在这里的例子中，我们将不考虑提取词干。

完整的提取词干的方法超出了本书讨论的范围。可以在下面的网址中找到更多的信息：https://en.wikipedia.org/wiki/Stemming。

7. 特征散列

下面先解释下什么是特征散列，以便更容易理解下一节的 TF-IDF 模型。

特征散列将一个字符串或单词转换为一个固定长度的向量,以便于处理。

Spark 目前使用 Austin Appleby 的 MurmurHash3 算法（MurmurHash3_x86_32）来将文本散列处理为数字。

其实现如下：

```
private[spark] def murmur3Hash(term: Any): Int = {
  term match {
    case null => seed
    case b: Boolean => hashInt(if (b) 1 else 0, seed)
    case b: Byte => hashInt(b, seed)
    case s: Short => hashInt(s, seed)
    case i: Int => hashInt(i, seed)
    case l: Long => hashLong(l, seed)
    case f: Float => hashInt(java.lang.Float.floatToIntBits(f), seed)
    case d: Double => hashLong(java.lang.Double.doubleToLongBits(d), seed)
    case s: String =>
      val utf8 = UTF8String.fromString(s)
      hashUnsafeBytesBlock(utf8.getMemoryBlock(), seed)
    case _ => throw new SparkException(
      "HashingTF with murmur3 algorithm does not " +
      s"support type ${term.getClass.getCanonicalName} of input data.")
  }
}
```

请注意，`hashInt`、`hashLong` 等函数调用自 Util.scala。

8. 训练 TF-IDF 模型

现在我们使用 MLlib 把每篇处理成词项形式的文档转换为向量形式。第一步是使用 `HashingTF` 实现，它使用特征散列把输入文本的每个词项映射为一个词频向量的下标。之后，计算并使用一个全局的 IDF 向量把词频向量转换为 TF-IDF 向量。

每个词项的下标是这个词项的散列值（依次映射到特征向量的某个维度）。词项的值是本身的 TF-IDF 权重（即词项的频率乘以逆文本频率）。

首先，引入我们需要的类，并创建一个 `HashingTF` 实例，传入维度参数 `dim`。默认特征维度是 2^{20}（或者接近一百万），因此我们选择 2^{18}（或者约 26 000），因为使用 50 000 个单词应该不会产生很多的散列冲突，而较少的维度占用内存更少并且展示起来更方便：

```
import org.apache.spark.mllib.linalg.{ SparseVector => SV }
import org.apache.spark.mllib.feature.HashingTF
import org.apache.spark.mllib.feature.IDF
val dim = math.pow(2, 18).toInt
val hashingTF = new HashingTF(dim)

val tf = hashingTF.transform(tokens)
tf.cache
```

注意，我们使用别名 SV 引入了 MLlib 的 SparseVector 包。这是因为之后我们将使用 Breeze 的 linalg 模块，其中也引用了 SparseVector 包，这样可以避免命名空间的冲突。

HashingTF 的 transform 函数把每个输入文档（即词项的序列）映射到一个 MLlib 的 Vector 对象。我们将调用 cache 来把数据保持在内存中以加速之后的操作。

让我们观察一下转换后数据集的第一个元素：

HashingTF 的 transform 函数返回一个 RDD[Vector] 的引用，因此我们可以把返回的结果转换成 MLlib 的 SparseVector 形式。

transform 方法可以接收 Iterable 参数（例如一个以 Seq[String] 形式出现的文档）对每个文档进行处理，最后返回一个单独的结果向量。

```
val v = tf.first.asInstanceOf[SV]
println(v.size)
println(v.values.size)
println(v.values.take(10).toSeq)
println(v.indices.take(10).toSeq)
```

这将会显示下面的输出：

```
262144
706
WrappedArray(1.0, 1.0, 1.0, 1.0, 2.0, 1.0, 1.0, 2.0, 1.0, 1.0)
WrappedArray(313, 713, 871, 1202, 1203, 1209, 1795, 1862, 3115, 3166)
```

我们可以看到，每一个词频的稀疏向量的维度是 262 144（正如我们期望的 2^{18}）。然而向量中的非零项只有 706 个。输出的最后两行展示了向量中前几列的下标和词频值。

现在通过创建新的 IDF 实例并调用 RDD 中的 fit 方法，利用词频向量作为输入来对语料集中的每个单词计算逆文本频率。之后使用 IDF 的 transform 方法将词频向量转换为 TF-IDF 向量：

```
val idf = new IDF().fit(tf)
val tfidf = idf.transform(tf)
val v2 = tfidf.first.asInstanceOf[SV]
println(v2.values.size)
println(v2.values.take(10).toSeq)
println(v2.indices.take(10).toSeq)
```

检查一下 TF-IDF 向量的第一个元素，会看到如下的输出：

```
706
WrappedArray(2.3869085659322193, 4.670445463955571,
6.561295835827856, 4.597686109673142, ...
WrappedArray(313, 713, 871, 1202, 1203, 1209, 1795, 1862, 3115, 3166)
```

可以看到非零项的数量没有改变（现在是 706），词向量的下标也没变。改变的是各词对应的值。之前这些值表示每个单词在文档中出现的频率,而现在新的值表示 IDF 的加权频率。

如下两行代码会引入 IDF 加权:

```
val idf = new IDF().fit(tf)
val tfidf = idf.transform(tf)
```

9. 分析 TF-IDF 权重

接下来,我们观察几个单词的 TF-IDF 权值,分析一个单词常用或者极少使用的情况会对 TF-IDF 值产生什么样的影响。

首先计算整个语料集的最小和最大 TF-IDF 权值:

```
val minMaxVals = tfidf.map { v =>
  val sv = v.asInstanceOf[SV]
  (sv.values.min, sv.values.max)
}
val globalMinMax = minMaxVals.reduce { case ((min1, max1),
(min2, max2)) =>
  (math.min(min1, min2), math.max(max1, max2))
}
println(globalMinMax)
```

正如我们看到的,最小的 TF-IDF 值是 0,最大的 TF-IDF 值是一个非常大的数:

`(0.0,66155.39470409753)`

现在我们来观察不同单词的 TF-IDF 权值。在之前一节关于停用词的讨论中,我们过滤掉了很多高频常用词。记得我们并没有移除所有这样潜在的停用词,而是在语料集中保留了一些,以便可以看到使用 TF-IDF 加权会有什么影响。

对之前计算得到的频率最高的几个词的 TF-IDF 表示进行计算,可以看到 TF-IDF 加权会对常用词赋予较低的权值,比如 you、do 和 we:

```
val common = sc.parallelize(Seq(Seq("you", "do", "we")))
val tfCommon = hashingTF.transform(common)
val tfidfCommon = idf.transform(tfCommon)
val commonVector = tfidfCommon.first.asInstanceOf[SV]
println(commonVector.values.toSeq)
```

如果形成了这个文档的 TF-IDF 向量表示,会看到下面赋予每个单词的值。注意我们使用了特征散列,所以将不能确定这些值分别表示的是哪个向量。但是,这些值说明赋给这些词的权重相对较低:

`WrappedArray(0.9965359935704624, 1.3348773448236835, 0.5457486182039175)`

现在,让我们对几个不常出现的单词应用相同的转换。直觉上,我们认为这些词和某些话题更相关:

```
val uncommon = sc.parallelize(Seq(Seq("telescope", "legislation","investment")))
val tfUncommon = hashingTF.transform(uncommon)
val tfidfUncommon = idf.transform(tfUncommon)
val uncommonVector = tfidfUncommon.first.asInstanceOf[SV]
println(uncommonVector.values.toSeq)
```

从下面的结果中可以看出,这些词的 TF-IDF 值确实远远高于那些常用词:

WrappedArray(5.3265513728351666, 5.308532867332488, 5.483736956357579)

上述代码位于:
https://github.com/ml-resources/spark-ml/blob/branch-ed2/Chapter_10/scala-2.0.x/src/main/scala/TFIDFExtraction.scala。

10.3 使用 TF-IDF 模型

虽然我们总说训练 TF-IDF 模型,但事实上我们做的是特征提取或者转化,而不是训练机器学习模型。TF-IDF 加权经常用来作为降维、分类和回归等模型的预处理步骤。

为了展示 TF-IDF 的潜在用途,我们将学习两个实例。第一个实例使用 TF-IDF 向量来计算文本相似度,而第二个使用 TF-IDF 向量作为输入特征来训练一个多标签分类模型。

10.3.1 20 Newsgroups 数据集的文本相似度和 TF-IDF 特征

第 5 章提到过,可以通过计算两个向量的距离比较两个向量的相似度。两个向量离得越近(即距离指标越低)就越相似。其中有一个用来计算电影相似度的度量是余弦相似度。

正如我们在比较电影时所做的,也可以计算两个文档的相似度。我们已经通过 TF-IDF 把文本转换成向量表示,因此可以使用和比较电影向量相同的技术来计算两个文本的相似度。

直觉上来说,共有单词越多的两个文档,它们的相似度越高,反之相似度越低。因为我们通过计算两个向量的点积来计算余弦相似度,而每一个向量都由文档中的单词构成,所以共有单词更多的文档余弦相似度也会更高。

现在来看 TF-IDF 如何发挥作用。我们有理由期待,即使非常不同的文档也可能包含很多相同的常用词(例如停用词)。然而,因为 TF-IDF 权值较低,这些单词不会对点积的结果产生较大影响,也就不会对相似度的计算产生太大影响。

例如,我们预估两个从曲棍球新闻组随机选择的新闻比较相似。然后看一下是不是这样:

```
val hockeyText = rdd.filter { case (file, text) =>
  file.contains("hockey") }
val hockeyTF = hockeyText.mapValues(doc =>
  hashingTF.transform(tokenize(doc)))
val hockeyTfIdf = idf.transform(hockeyTF.map(_._2))
```

上面的代码首先过滤原始的输入 RDD，使其只包含来自曲棍球话题组的消息。然后使用我们的分词和词频转换函数。注意使用的 `transform` 方法是处理单个文档（形式为 `Seq[String]` 的）的版本，而不是处理包含所有文档的 RDD 的版本。

最后，我们使用 IDF 转换（使用之前已经基于整个语料集计算出来的相同的 IDF 值）。

有了 hockey 文档向量后，就可以随机选择其中两个向量，并计算它们的余弦相似度（正如之前所做的，我们会使用 Breeze 的线性代数函数，即先把 MLlib 向量转换成 Breeze 下的 SparseVector 实例）：

```
import breeze.linalg._
val hockey1 = hockeyTfIdf.sample
(true, 0.1, 42).first.asInstanceOf[SV]
val breeze1 = new SparseVector(hockey1.indices, hockey1.values,
hockey1.size)
val hockey2 = hockeyTfIdf.sample
(true, 0.1, 43).first.asInstanceOf[SV]
val breeze2 = new SparseVector(hockey2.indices, hockey2.values,
hockey2.size)
val cosineSim = breeze1.dot(breeze2) / (norm(breeze1) *
norm(breeze2))
println(cosineSim)
```

计算得到两个文档的余弦相似度大概是 0.06：

```
0.06700095047242809
```

这个值看起来太低了，但文本数据中大量唯一的单词总会使特征的有效维度很高。因此，我们可以认为，即使是两个谈论相同话题的文档也可能有着较少的相同单词，因而会有较低的相似度分数。

作为对照，我们可以和另一个计算结果做比较，其中一个文档来自 hockey 文档，而另一个文档随机选择自 comp.graphics 新闻组，计算使用完全相同的方法：

```
val graphicsText = rdd.filter {
  case (file, text) =>file.contains("comp.graphics") }
val graphicsTF = graphicsText.mapValues(
  doc => hashingTF.transform(tokenize(doc)))
val graphicsTfIdf = idf.transform(graphicsTF.map(_._2))
val graphics = graphicsTfIdf.sample(true, 0.1, 42)
  .first.asInstanceOf[SV]
val breezeGraphics = new SparseVector(graphics.indices
  ,graphics.values, graphics.size)
```

```
val cosineSim2 = breeze1
  .dot(breezeGraphics) / (norm(breeze1) * norm(breezeGraphics))
println(cosineSim2)
```

余弦相似度非常低，不到 0.002：

```
0.001950124251275256
```

最后，相比一篇计算机话题组的文档，一篇运动话题组的文档很可能会和曲棍球文档有较高的相似度。但我们预计谈论棒球的文档不会和谈论曲棍球的文档那么相似。下面通过计算从棒球新闻组随机得到的消息和曲棍球文档的相似度来看看是否如此：

```
val baseballText = rdd.filter { case (file, text) =>
file.contains("baseball") }
val baseballTF = baseballText.mapValues(doc =>
hashingTF.transform(tokenize(doc)))
val baseballTfIdf = idf.transform(baseballTF.map(_._2))
val baseball = baseballTfIdf.sample
(true, 0.1, 42).first.asInstanceOf[SV]
val breezeBaseball = new SparseVector(baseball.indices,
baseball.values, baseball.size)
val cosineSim3 = breeze1.dot(breezeBaseball) / (norm(breeze1) *
norm(breezeBaseball))
println(cosineSim3)
```

事实上，正如我们预料的，我们发现棒球文档和曲棍球文档的余弦相似度是 0.05。这与 comop.graphics 文档相比已经很高了，但是和另一篇曲棍球文档相比则较低：

```
0.05047395039466008
```

 上述代码位于：
https://github.com/ml-resources/spark-ml/blob/branch-ed2/Chapter_10/scala-2.0.x/src/main/scala/TFIDFExtraction.scala。

10.3.2 基于 20 Newsgroups 数据集使用 TF-IDF 训练文本分类器

当使用 TF-IDF 向量时，我们希望基于文档中共有的单词来计算余弦相似度，从而获得文档之间的相似度。类似地，我们也希望通过使用机器学习模型（比如一个分类模型）学习每个单词的权重；这可以用来区分不同主题的文档。也就是说，它应该可以学习到一个从某些单词是否出现（和权重）到特定主题的映射关系。

在 20 Newsgroups 的例子中，每一个新闻组的主题就是一个类，我们能使用 TF-IDF 转换后的向量作为输入训练一个分类器。

因为我们将要处理的是一个多分类的问题，所以我们使用 MLlib 中的朴素贝叶斯方法，这种方法支持多分类。第一步，引入要使用的 Spark 类：

```
import org.apache.spark.mllib.regression.LabeledPoint
import org.apache.spark.mllib.classification.NaiveBayes
import org.apache.spark.mllib.evaluation.MulticlassMetrics
```

下面将保留聚类代码到一个名为 `DocumentClassification` 的对象里。

```
object DocumentClassification {
  def main(args: Array[String]) {
    val sc = new SparkContext("local[2]", "")
    ...
}
```

之后，抽取 20 个主题并把它们转换到类的映射。可以像在 k 之一特征编码中那样，给每个类赋予一个数字下标：

```
val newsgroupsMap = newsgroups.distinct.collect().zipWithIndex.toMap
val zipped = newsgroups.zip(tfidf)
val train = zipped.map {
  case (topic, vector) => LabeledPoint(newsgroupsMap(topic), vector) }
train.cache
```

在上面的代码中，从 `newgroups` RDD 开始，其中每个元素是一个话题，使用 `zip` 函数把它和由 TF-IDF 向量组成的 `tfidf` RDD 组合。然后对新生成的 `zipped` RDD 中的每个键值对，通过映射函数创建一个 `LabeledPoint` 对象，其中每个 `label` 是一个类下标，特征就是 TF-IDF 向量。

注意，`zip` 算子假设每一个 RDD 有相同数量的分片，并且每个对应分片有相同数量的记录。如果不是这样将会失败。这里我们可以这么假设，是因为事实上 `tfidf` RDD 和 `newsgroup` RDD 都是我们对相同的 RDD 做了一系列的 `map` 操作后得到的，都保留了分片结构。

现在我们有了格式正确的输入 RDD，可以简单地把它传到朴素贝叶斯的 `train` 方法中：

```
val model = NaiveBayes.train(train, lambda = 0.1)
```

让我们在测试数据集上评估一下模型的性能。我们将从 20news-bydate-test 文件夹中加载原始的测试数据，然后使用 `wholeTextFiles` 把每一条信息读取为 RDD 中的记录。再使用和得到 `newsgroups` RDD 相同的方法从文件路径中提取类标签：

```
val testPath = "/PATH/20news-bydate-test/*"
val testRDD = sc.wholeTextFiles(testPath)
val testLabels = testRDD.map { case (file, text) =>
  val topic = file.split("/").takeRight(2).head
  newsgroupsMap(topic)
}
```

使用和处理训练集相同的方法处理测试数据集中的文本。这里将应用我们的 `tokenize` 方法，然后使用词频转换，之后再次使用从训练数据中计算得到的完全相同的 IDF，把 TF 向量转换为 TF-IDF 向量。最后，合并测试类标签和 TF-IDF 向量，创建我们的测试 RDD[LabeledPoint]：

```
val testTf = testRDD.map {
  case (file, text) => hashingTF.transform(tokenize(text)) }
val testTfIdf = idf.transform(testTf)
val zippedTest = testLabels.zip(testTfIdf)
val test = zippedTest.map {
  case (topic, vector) => LabeledPoint(topic, vector) }
```

注意，有一点很重要，我们使用训练集的 IDF 来转换测试集，这会在新数据集上产生更加真实的模型估计，因为新的数据集上包含训练集没有训练的单词。如果基于测试集重新计算 IDF 向量会比较"取巧"，且更重要的是，有可能对通过交叉验证产生的模型最优参数做出非常严重的错误估计。

现在我们准备计算预测结果和模型的真实类标签。我们将使用 RDD 为模型计算准确度和多分类加权 F-指标（weighted F-measure）：

```
val predictionAndLabel = test.map(p => (model.predict(p.features), p.label))
val accuracy = 1.0 * predictionAndLabel
  .filter(x => x._1 == x._2).count() / test.count()
val metrics = new MulticlassMetrics(predictionAndLabel)
println(accuracy)
println(metrics.weightedFMeasure)
```

加权 F-指标是一个综合了准确率和 F-指标的指标（这里类似 ROC 曲线下的面积，当接近 1.0 时有较好的表现），并通过类之间加权平均整合。

可以看到，我们简单的多分类朴素贝叶斯模型在准确率和召回率上均接近 80%：

```
0.7915560276155071
0.7810675969031116
```

上述代码位于：
https://github.com/ml-resources/spark-ml/blob/branch-ed2/Chapter_10/scala-2.0.x/src/main/scala/DocumentClassification.scala。

10.4 评估文本处理技术的作用

文本处理技术和 TF-IDF 加权是特征提取技术的实例，设计目的在于降低原始文本数据的维度和从中提取某些结构信息。比较基于原始文本数据训练得到的模型和基于经过处理及 TF-IDF 加权得到的数据训练出来的模型，可以看到应用这些处理技术的影响。

比较原始特征和处理过的 TF-IDF 特征

在这个例子中，我们在用空白分词处理后的原始文本上应用散列单词频率转换。我们将在这些文本上训练模型，并评估其在测试集上的表现，就像对使用 TF-IDF 特征训练的模型所做的那样：

```
val rawTokens = rdd.map { case (file, text) => text.split(" ") }
val rawTF = texrawTokenst.map(doc => hashingTF.transform(doc))
val rawTrain = newsgroups.zip(rawTF).map {
  case (topic, vector) => LabeledPoint(newsgroupsMap(topic), vector) }
val rawModel = NaiveBayes.train(rawTrain, lambda = 0.1)
val rawTestTF = testRDD.map {
  case (file, text) => hashingTF.transform(text.split(" ")) }
val rawZippedTest = testLabels.zip(rawTestTF)
val rawTest = rawZippedTest.map { case (topic, vector) =>
LabeledPoint(topic, vector) }
val rawPredictionAndLabel = rawTest
  .map(p => (rawModel.predict(p.features), p.label))
val rawAccuracy = 1.0 * rawPredictionAndLabel
  .filter(x => x._1 == x._2).count() / rawTest.count()
println(rawAccuracy)
val rawMetrics = new MulticlassMetrics(rawPredictionAndLabel)
println(rawMetrics.weightedFMeasure)
```

结果可能会令人惊讶，尽管准确率和 F-指标比 TF-IDF 模型低几个百分点，原始模型的表现其实也不错。这也部分反映了一个事实，即朴素贝叶斯模型能很好地适用于原始词频格式的数据：

```
0.7661975570897503
0.7628947184990661
```

10.5 Spark 2.0 上的文本分类

这一节会通过以 Spark DataFrame 为基础的 API，对 libsvm 格式化后的 20newsgroup 数据集做文本分类。当前的 Spark 版本对 libsvm v3.22 提供了支持（https://www.csie.ntu.edu.tw/~cjlin/libsvmtools/datasets/）。

从如下链接下载 libsvm 格式化后的数据，并将其中的 output 目录复制到 Spark-2.0.x 目录下。

libsvm 格式化后的 20newsgroup 数据位于：https://onedrive.live.com/?authkey=%21ADiq5SUOclzoboM&id=FE688BD099939FFE%211119&cid=FE688BD099939FFE。

下列 Scala 代码从 org.apache.spark.ml 导入相关的包，并封装：

```
package org.apache.spark.examples.ml

import org.apache.spark.SparkConf
import org.apache.spark.ml.classification.NaiveBayes
import org.apache.spark.ml.evaluation.MulticlassClassificationEvaluator

import org.apache.spark.sql.SparkSession

object DocumentClassificationLibSVM {
  def main(args: Array[String]): Unit = {
```

```
    // 这里写后续具体实现代码
  }
}
```

之后，将 libsvm 格式数据导入到一个 Spark DataFrame 中：

```
val spConfig = (new SparkConf)
  .setMaster("local")
  .setAppName("SparkApp")
val spark = SparkSession
  .builder()
  .appName("SparkRatingData")
  .config(spConfig)
  .getOrCreate()

val data = spark.read.format("libsvm")
  .load("./output/20news-by-date-train-libsvm/part-combined")

val Array(trainingData, testData) = data.randomSplit(Array(0.7, 0.3), seed = 1L)
```

下面实例化一个 NaiveBayes 类对象，并训练该模型。该类来自 org.apache.spark.ml.classification.NaiveBayes。

```
val model = new NaiveBayes()
  .fit(trainingData)
val predictions = model.transform(testData)
predictions.show()
```

上述 show() 函数的输出如下：

```
+-----+--------------------+--------------------+--------------------+----------+
|label|            features|       rawPrediction|         probability|prediction|
+-----+--------------------+--------------------+--------------------+----------+
|  0.0|(262141,[14,63,64...|[-8972.9535882773...|[1.0,0.0,1.009147...|       0.0|
|  0.0|(262141,[14,329,6...|[-5078.5468878602...|[1.0,0.0,0.0,0.0,...|       0.0|
|  0.0|(262141,[14,448,5...|[-3376.8302696656...|[1.0,0.0,2.138643...|       0.0|
...
|  0.0|(262141,[15,5173,...|[-8741.7756643949...|[1.0,0.0,2.606005...|       0.0|
|  0.0|(262141,[168,170,...|[-41636.025208445...|[1.0,0.0,0.0,0.0,...|       0.0|
+-----+--------------------+--------------------+--------------------+----------+
```

最后测试模型的准确率：

```
val evaluator = new MulticlassClassificationEvaluator()
  .setLabelCol("label")
  .setPredictionCol("prediction")
  .setMetricName("accuracy")
val accuracy = evaluator.evaluate(predictions)
println("Test set accuracy = " + accuracy)
spark.stop()
```

从如下输出可看出模型的准确率在 0.8 以上：

```
Test set accuracy = 0.8768458357944477
```

事实上，相比 Spark 1.6，Spark 2.0 中朴素贝叶斯的性能更好。

上述代码位于：https://github.com/ml-resources/spark-ml/blob/branch-ed2/Chapter_10/scala-2.0.x/src/main/scala/DocumentClassificationLibSVM.scala。

10.6 Word2Vec 模型

到目前为止，我们一直用词袋向量模型来表示文本，并选择性地使用一些加权模式，比如 TF-IDF。另一类最近比较流行的模型是把每一个单词表示成一个向量。

这些模型一般基于一个语料集中单词间共现的统计量来构造。一旦算出向量表示，就可以像使用 TF-IDF 向量一样使用这些向量（例如将它们作为其他机器学习模型的特征）。一个比较常见的用例是，使用单词的向量表示基于单词的含义计算两个单词的相似度。

Word2Vec 就是这些模型中的一个具体实现，常称作**分布式向量表示**（distributed vector representations）。MLlib 模型使用一种 skip-gram 模型，这是一种考虑了单词出现的上下文来学习词向量表示的模型。

Word2Vec 的细节实现超出了本书讨论的范围，Spark 的文档可以在下面的网址找到：http://spark.apache.org/docs/latest/mllib-feature-extraction.html#word2vec，其中包含了更多的算法细节，还有相关实现的链接。

关于 Word2Vec 的一篇主要的学术论文如下：

MIKOLOV T，CHEN K，CORRADO G，et al. Efficient estimation of word representations in vector space [C]// Proceedings of Workshop at ICLR，2013.

另一个近期的词向量表示模型是 GloVe，可以在 https://www-nlp.stanford.edu/projects/glove/ 找到介绍。

读者也可以利用第三方库来实现词性标注（parts of speech tagging）。比如，Stanford NLP 库便可整合到 Scala 代码中。如下链接提供了更多有关实现整合的细节：https://stackoverflow.com/questions/18416561/pos-tagging-in-scala。

10.6.1 借助 Spark MLlib 训练 Word2Vec 模型

在 Spark 中训练一个 Word2Vec 模型相对简单。我们需要传递一个 RDD，其中每个元素都是一个单词的序列。可以使用我们之前得到的分词后的文档来作为模型的输入。

首先导入数据集，并做分词：

```
val sc = new SparkContext("local[2]", "Word2Vector App")

val path = "../data/20news-bydate-train/*"
```

```
val rdd = sc.wholeTextFiles(path)
val text = rdd.map { case (file, text) => text }
val newsgroups = rdd.map {
  case (file, text) => file.split("/").takeRight(2).head
}
val newsgroupsMap = newsgroups.distinct.collect()
  .zipWithIndex.toMap
val dim = math.pow(2, 18).toInt

var tokens = text.map(doc => TFIDFExtraction.tokenize(doc))
```

词项经 TF-IDF 处理后,把它们作为 Word2Vec 的起点。接下来创建该 Word2Vec 的实例,并设置随机种子参数:

```
import org.apache.spark.mllib.feature.Word2Vec
val word2vec = new Word2Vec()
word2vec.setSeed(42)
```

再以上述词项为输入,调用 `fit` 函数来训练模型:

```
val word2vecModel = word2vec.fit(tokens)
```

在训练过程中,应该会有一些输出提示。

训练好后,很容易找出给定词的前 k 个同义词(即与该词以余弦相似度计算对应的词向量最为相近的近似词)。比如,要找出 phiosophers 的前 5 个近似词,用如下代码即可:

```
word2vecModel.findSynonyms("phiosophers", 5).foreach(println)
sc.stop()
```

其输出如下:

```
(year,0.8417112940969042)
(motivations,0.833017707021745)
(solution,0.8284719617235932)
(whereas,0.8242997325042509)
(formed,0.8042383351975712)
```

上述代码位于:

https://github.com/ml-resources/spark-ml/blob/branch-ed2/Chapter_10/scala-2.0.x/src/main/scala/Word2VecMllib.scala。

10.6.2 借助 Spark ML 训练 Word2Vec 模型

这一节看下如何使用 Spark ML DataFrame 和 Spark 2.0.x 的实现来创建一个 Word2Vec 模型。

首先从数据集创建 DataFrame 实例:

```
val spConfig = (new SparkConf)
  .setMaster("local")
```

10.6 Word2Vec 模型

```
  .setAppName("SparkApp")
val spark = SparkSession
  .builder
  .appName("Word2Vec example")
  .config(spConfig)
  .getOrCreate()

import spark.implicits._

val rawDF = spark.sparkContext
  .wholeTextFiles("../data/20news-bydate-train/*")

val textDF = rawDF.map(x => x._2.split(" "))
  .map(Tuple1.apply)
  .toDF("text")
```

之后创建 Word2Vec 类,并在上述 textDf DataFrame 上训练模型:

```
val word2Vec = new Word2Vec()
  .setInputCol("text")
  .setOutputCol("result")
  .setVectorSize(3)
  .setMinCount(0)
val model = word2Vec.fit(textDF)
val result = model.transform(textDF)
```

下面找出 hockey 前 5 个近似词:

```
val ds = model.findSynonyms("hockey", 5).select("word")
ds.rdd.saveAsTextFile("./output/hockey-synonyms")
ds.show()
spark.stop()
```

其输出如下:

```
+--------------+
|     word     |
+--------------+
|     Fess     |
|    guide     |
|validinference|
|   problems.  |
|   paperback  |
+--------------+
```

可以看出,与使用 Spark MLlib 时相比,输出有很大不同。这是因为 Spark 1.6 与 Spark 2.0/2.1 中的 Word2Vector 转换实现不相同。

上述代码位于:
https://github.com/ml-resources/spark-ml/blob/branch-ed2/Chapter_10/scala-2.0.x/src/main/scala/Word2VecMl.scala。

10.7 小结

在这一章中，我们更深入地了解了复杂的文本处理技术，并探索了 MLlib 的文本特征提取能力，特别是 TF-IDF 单词加权方式。我们学习了使用 TF-IDF 特征向量的结果来计算文本相似度并训练新闻组话题分类模型的例子，以及怎么使用前沿的 Word2Vec 模型来计算一个语料集中单词的向量表示，并使用训练好的模型找到和给定单词上下文语义相近的词。我们还介绍了如何使用 Spark ML 中的 Word2Vec 模型。

在下一章中，我们将了解在线学习，并讨论如何使用 Spark Streaming 来训练在线学习模型。

第 11 章 Spark Streaming 实时机器学习

本书到目前为止一直重点讲解批量数据处理，也就是我们所有的分析、特征提取和模型训练都被应用于一组固定不变的数据。这十分适用于 Spark 对 RDD 的核心抽象，即不可变的分布式数据集。尽管可以使用 Spark 的转换算子和执行算子从原始的 RDD 创建新 RDD，但是 RDD 一旦创建，其中包含的数据就不会改变。

之前的章节集中于批量机器学习模型，训练模型的固定训练集通常表示为一个特征向量（在监督学习模型中是标签）的 RDD。

本章，我们将：

- 介绍在线学习的概念，当新的数据出现时，模型将被训练和更新；
- 学习使用 Spark Streaming 做流处理；
- 如何将 Spark Streaming 应用于在线学习；
- 介绍 Structured Streaming。

后续小节将把 RDD 当作分布式数据集。DataFrame 和 SQL 操作也可通过类似方式操作流数据。

 DataFrame 和 SQL 操作的更多信息参见：https://spark.apache.org/docs/2.0.0-preview/sql-programming-guide.html。

11.1 在线学习

之前章节所应用的批量机器学习模型重点关注处理已存在的固定训练集。一般来说，这些方法也是迭代式的，即在训练集上实施多轮处理直到收敛到最优模型。

相比于离线计算，在线学习是以对训练数据通过完全增量的形式顺序处理一遍为基础（就是说，一次只训练一个样本）。当处理完每一个训练样本后，模型会对测试样本做预测并得到正确的输出（例如得到分类的标签或者回归的真实目标）。在线学习背后的理念就是模型随着接收到新的消息不断更新自己，而不是像离线训练一次次重新训练。

某些情况下，当数据量很大的时候，或者生成数据的过程快速变化的时候，在线学习方法可以快速、接近实时地响应，而无须如离线学习一般进行代价高昂的重新训练。

然而，在线学习方法并不是必须以完全在线的方式使用。事实上，当我们使用 SGD 优化方法训练分类和回归模型时，已经学习了在离线环境下使用在线学习模型的例子。每处理完一个样本，SGD 就更新一次模型。然而，为了收敛到更好的结果，我们仍然对整个训练集处理了多次。

在完全在线环境中，我们不会（或者也许不能）对整个训练集做多次训练，因此当输入到达时我们需要立刻处理。在线方法还包括小批量离线方法，即并不是每次处理一个输入，而是每次处理一个小批量的训练数据。

在线和离线的方法在真实场景中也可以组合使用。例如，我们可以周期性地（比方说每天）使用批量方法离线重新训练模型，然后在生产环境中应用模型，并使用在线方法实时（即在这一天之中，在两次离线数据训练之间）更新模型以适应环境中的变化。这与 Lambda 架构非常相似，Lambda 架构是一种既支持批处理又支持流处理的数据处理架构。

本章我们将会看到，在线学习环境非常适合流处理和 Spark Streaming 框架。

更多关于在线机器学习的资料参见：https://en.wikipedia.org/wiki/Online_machine_learning。

11.2 流处理

在学习如何使用 Spark 进行在线学习之前，我们首先需要了解流处理的基础知识和 Spark Streaming 库。

除了核心 API 和功能，Spark 项目还包含另一个主要的子项目（和 MLlib 一样），名为 Spark Streaming，主要负责实时处理数据流。

数据流是连续的记录序列。常见的例子包括从网页和移动应用获取的活动流数据、时间戳日志文件、交易数据，甚至传感器或者设备网络传入的事件流。

批处理的方法一般包括将数据流保存到一个临时的存储系统（如 HDFS 或数据库）和在存储的数据上运行批处理。为了生成最新的结果，批处理必须在最新的可用数据上周期性地运行（例如每天、每小时甚至几分钟一次）。

相反，流处理方法是当数据产生时就开始处理，接近实时（从不足一秒到十几分之一秒，而非批处理的以分钟、小时、天甚至周计）。

11.2.1 Spark Streaming 介绍

处理流计算有几种通用的技术，其中最常见的两种如下：

- 单独处理每条记录，并在记录出现时立刻处理；
- 把多个记录组合为小批量任务，可以通过记录数量或者时间长度切分出来。

Spark Streaming 使用第二种方法，其核心概念是**离散化流**（DStream, discretized stream）。一个 DStream 是指一个小批量作业的序列，每一个小批量作业表示为一个 Spark RDD，如下图所示。

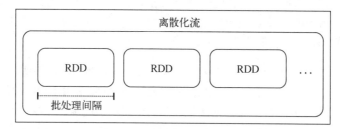

离散化流的抽象表示

离散化流是通过输入数据源和叫作**批处理间隔**（batch interval）的时间窗口来定义的。数据流被分成和批处理间隔相等的时间段（从应用开始执行开始）。流中每一个 RDD 将包含从 Spark Streaming 应用程序接收到的一个批处理间隔内的记录。如果在所给时间间隔内没有数据产生，将得到一个空的 RDD。

1. 输入源

Spark Streaming 接收端负责从数据源接收数据并转换成由 Spark RDD 组成的 DStream。

Spark Streaming 支持多种输入源，包括基于文件的源（接收端在输入位置等待新文件，然后从新文件中读取内容并创建 DStream）和基于网络的输入源（数据来自基于网络套接字的数据源、Twitter API 流、Akka actors 或消息队列，以及 Flume、Kafka、Amazon Kinesis 等分布式流及日志传输框架）。

 关于更多输入源的细节和各种更高级的输入源，请参考这里：http://spark.apache.org/docs/latest/streaming-programming-guide.html#input-dstreams。

2. 转换

正如我们在第 1 章和其他章看到的，Spark 支持对 RDD 进行各种转换。

因为 DStream 是由 RDD 组成的，所以 Spark Streaming 提供了一个可以在 DStream 上使用的转换集合，这些转换和 RDD 上可用的转换类似，包括 `map`、`flatMap`、`join` 和 `reduceByKey`。

Spark Streaming 的转换（比如可应用于 RDD 的那些）操作 DStream 包含的数据。也就是说，这些转换应用于 DStream 的每个 RDD，进而应用于 RDD 的每个元素上。

Spark Streaming 还提供了 `reduce` 和 `count` 这样的算子，它们返回由一个元素（如每批的数目）组成的 DStream 对象。与 RDD 上的算子不同，这些算子不会直接触发 DStream 计算。也就是说，它们不是执行算子，但仍然是转换算子，因为它们会返回另一个 DStream。

(1) 状态跟踪

处理 RDD 的批量计算时，维护和更新一个状态变量比较简单。可以从某个状态（如值的数目或和）开始，然后使用广播变量或者累增变量来并行更新这个状态。一般来说，我们可以使用 RDD 的执行算子来收集并更新驱动端的状态，然后更新全局状态。

使用 DStream 时这样的操作会有点复杂，因为需要在容错的前提下跟踪批量数据的状态。Spark Streaming 提供了 `updateStateByKey` 函数来处理 DStream 中的键值对，比较方便地为我们解决了这种问题。这个方法帮助我们创建某种状态信息组成的流，并在每次遇到批量任务时更新它。比如，状态可以是各个 Key 已经出现的全局总次数。因此，这里的状态可以是每一个网页被访问的次数，每一个广告被点击的次数，每一个用户发表的推文的数量，或者每个产品被购买的次数。

(2) 一般转换

Spark Streaming 的 API 也提供了一般的 `transform` 函数，以方便用户访问流中每个 RDD 含有的批量数据。也就是说，更高层的函数（如 `map`）将一个 DStream 转换为另一个 DStream，而 `transform` 让我们可以将一个 RDD 的函数应用到另一个 RDD 上。例如，我们可以使用 RDD 的 `join` 算子将流中的每一批数据和已经存在的不是我们的 streaming 应用（可能是 Spark 或者其他系统）生成的 RDD 联合起来。

完整的转换函数列表和这些函数的更多信息请参考 Spark 文档：http://spark.apache.org/docs/latest/streaming-programming-guide.html#transformations-on-dstreams。

3. 执行算子

Spark Streaming 中的某些算子（如 `count`）不像批量 RDD 中那样是执行算子。Spark Streaming 自己有一套在 DStream 之上的执行算子的概念。执行算子是输出算子，调用时会触发 DStream 之上的计算，比如下面几个。

- `print`：输出每个批量处理的前 10 个元素到控制台，一般用来做调试和测试。
- `saveAsObjectFile`、`saveAsTextFiles` 和 `saveAsHadoopFiles`：这几个函数把每一批数据输出到 Hadoop 的文件系统中，并用批量数据的开始时间戳来命名。

- forEachRDD：这个算子是最常用的，允许用户对 DStream 的每一个批量数据对应的 RDD 本身做任意操作。经常用来产生附加效果，比如将数据保存到外部系统、打印测试、导出到图表等。

 注意，就像 Spark 批处理一样，DStream 算子是**懒惰**的。就像我们需要在 RDD 调用执行算子（如 count）以保证处理开始，我们同样需要调用上面执行算子中的一个来触发 DStream 上的计算。否则，我们的流式应用并不会真的执行任何计算。

4. 窗口算子

因为 Spark Streaming 基于时间顺序批量处理数据流，所以引入了一个新的概念，叫作**时间窗**（windowing）。window 函数计算应用在流上的滑动窗口中的数据转换。

窗口由窗口长度和和滑动间隔定义。例如，10 秒的窗口和 5 秒的滑动间隔可以定义一个窗口，它每 5 秒计算一次前 10 秒接收的 DStream 数据。例如，可以计算前 10 秒中按页面浏览数量计算的网站排名，使用滑动窗口每 5 秒重算一次。

下图展示了这种窗口 DStream：

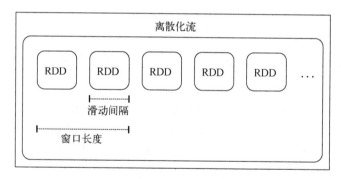

窗口 DStream

11.2.2 Spark Streaming 缓存和容错机制

和 Spark 的 RDD 一样，DStream 也可以缓存在内存里。缓存的使用场景也和 RDD 类似，如果需要多次访问 DStream 中的数据（也许是执行多次不同的分析和聚合或者输出到多个外部系统），缓存会带来很大好处。状态相关的算子，包括 window 函数和 updateStateByKey，为提高效率都会缓存。

之前讲过 RDD 是不可变的数据集合，并由输入数据源和类群（lineage）定义。所谓**类群**，就是应用到 RDD 上的转换算子和执行算子的集合。RDD 中的容错就是重建因为工作节点故障而丢失的 RDD（或 RDD 的分片）。

因为 DStream 本身是批量的 RDD，所以它们可以被重算以应对工作节点故障的情况。然而，这依赖于输入数据依然可用。如果数据源本身是容错的并且是持久化的（HDFS 或者一些其他的容错数据源），那么 DStream 就可以重算。

如果数据流的源头来自于网络（在流处理中很常见），Spark Streaming 的默认持久化方式就是将数据复制到两个工作节点。这就保证了网络 DStreams 可以在故障的情况下重算。然而需要注意，节点接收到但是**还没有复制**的任何数据都可能在节点故障的时候丢失。

Spark Streaming 也支持故障时从驱动节点恢复。但是在处理网络流入的数据时，工作节点内存中的数据还是会丢失。因此，Spark Streaming 在驱动节点故障或者程序失败时并不能支持完全容错。Lambda 架构能应对该场景。比如，借助夜间批次（nightly batch）来修复该类故障引起的问题。

更多细节请参见 http://spark.apache.org/docs/latest/streaming-programming-guide.html#caching-persistence 和 http://spark.apache.org/docs/latest/streaming-programming-guide.html#fault-tolerance-properties。

11.3 创建 Spark Streaming 应用

我们将通过创建第一个 Spark Streaming 应用来演示之前介绍的 Spark Streaming 相关的基本概念。

接下来我们扩展第 1 章的样例程序。当时我们用了一个简单的产品购买活动的样例数据集。在这个例子中，我们不使用静态数据集，而是创建一个简单的应用来随机生成活动并通过网络发送。然后，将创建几个 Spark Streaming 消费者应用来处理这个事件流。

本章的项目文件里包含所需的代码。项目名字叫 scala-spark-streaming-app，其中包含一个 Scala SBT 项目定义文件、样例程序代码和\src\main\resources 目录下叫 names.csv 的资源文件。

build.sbt 文件包含以下项目定义：

```
name := "scala-spark-streaming-app-11"
version := "1.0"
scalaVersion := "2.11.7"

val sparkVersion = "2.0.0"

libraryDependencies ++= Seq(
  "org.apache.spark" %% "spark-core" % sparkVersion,
  "org.apache.spark" %% "spark-mllib" % sparkVersion,
  "org.jfree" % "jfreechart" % "1.0.14",
```

```
"com.github.wookietreiber" % "scala-chart_2.11" % "0.5.0",
"org.apache.spark" %% "spark-streaming" % sparkVersion
)
```

注意,我们加了对 Spark MLlib 和 Spark Streaming 的依赖,其中已经包含了对 Spark 内核的依赖。

names.csv 文件含有 20 个随机生成的用户名。我们将使用这些名字作为该应用的数据生成函数的一部分:

**Miguel,Eric,James,Juan,Shawn,James,Doug,Gary,Frank,Janet,Michael,
James,Malinda,Mike,Elaine,Kevin,Janet,Richard,Saul,Manuela**

11.3.1 消息生成器

消息生成器需要创建一个网络连接,并且随机生成购买活动数据并通过这个连接发送出去。首先,我们会定义对象和主函数。然后从 names.csv 源读入随机姓名并创建一个产品价格集合,生成随机产品活动:

```
/**
 * 随机生成"产品活动"的消息生成器
 * 每秒最多生成 5 个,然后通过网络连接发送
 */
object StreamingProducer {

  def main(args: Array[String]) {

    val random = new Random()

    // 每秒最大活动数
    val MaxEvents = 6

    // 读取可能的姓名列表
    val namesResource =
    this.getClass.getResourceAsStream("/names.csv")
    val names = scala.io.Source.fromInputStream(namesResource)
      .getLines()
      .toList
      .head
      .split(",")
      .toSeq

    // 生成一系列可能的产品
    val products = Seq(
      "iPhone Cover" -> 9.99,
      "Headphones" -> 5.49,
      "Samsung Galaxy Cover" -> 8.95,
      "iPad Cover" -> 7.49
    )
```

通过使用姓名列表和产品名称到价格的映射，我们将创建一个函数，从这些数据中随机选择产品和名称，生成确定数量的购买活动：

```
/** 生成随机产品活动 */
def generateProductEvents(n: Int) = {
  (1 to n).map { i =>
    val (product, price) =
    products(random.nextInt(products.size))
    val user = random.shuffle(names).head
    (user, product, price)
  }
}
```

最后，创建一个网络套接字并设置消息生成器来监听这个套接字。一旦连接成功（从我们的消费者流应用），消息生成器将会以每秒 0~5 个的随机频率来生成随机事件：

```
// 创建网络生成器
val listener = new ServerSocket(9999)
println("Listening on port: 9999")

while (true) {
  val socket = listener.accept()
  new Thread() {
    override def run = {
      println("Got client connected from: " +
      socket.getInetAddress)
      val out = new PrintWriter(socket.getOutputStream(),
      true)

      while (true) {
        Thread.sleep(1000)
        val num = random.nextInt(MaxEvents)
        val productEvents = generateProductEvents(num)
        productEvents.foreach{ event =>
          out.write(event.productIterator.mkString(","))
          out.write("\n")
        }
        out.flush()
        println(s"Created $num events...")
      }
      socket.close()
    }
  }.start()
}
```

这个消息生成器的例子是基于 Spark Streaming 中 `PageViewGenerator` 的例子写的。

正如我们在第 1 章所做的，通过切换根目录到 scala-spark-streaming-app，并且使用 SBT 来运行这个应用：

```
> cd scala-spark-streaming-app
> sbt
[info] ...
>
```

使用 run 命令执行这个应用：

```
> run
```

应该能看到类似下面的输出：

```
...
Multiple main classes detected, select one to run:

 [1] StreamingProducer
 [2] SimpleStreamingApp
 [3] StreamingAnalyticsApp
 [4] StreamingStateApp
 [5] StreamingModelProducer
 [6] SimpleStreamingModel
 [7] MonitoringStreamingModel

Enter number:
```

选择 StreamingProducer 选项。应用程序将开始运行，你可以看到下面的输出：

```
[info] Running StreamingProducer
Listening on port: 9999
```

可以看到，生成器正在监听 9999 端口，等待我们的消费者应用连接。

11.3.2 创建简单的流处理程序

下面创建第一个流处理程序。我们将简单地连接生成器并打印出每一个批次的内容。流处理代码如下：

```
/**
 * 用 Scala 写的一个简单的 Spark Streaming 应用
 */
object SimpleStreamingApp {

  def main(args: Array[String]) {

    val ssc = new StreamingContext("local[2]",
    "First Streaming App", Seconds(10))
    val stream = ssc.socketTextStream("localhost", 9999)

    // 简单地打印每一批的前几个元素
    // 批量运行
```

```
      stream.print()
      ssc.start()
      ssc.awaitTermination()

  }
}
```

看上去很简单,这主要是因为 Spark Streaming 已经帮我们处理了复杂的过程。首先初始化一个 `StreamingContext` 对象(一个和 `SparkContext` 类似的流处理对象),设定和之前 `SparkContext` 相似的配置项。注意,我们需要提供批处理的时间间隔,这里设为 10 秒。

然后使用定义好的流数据源 `socketTextStream` 创建一个数据流,从套接字服务器读取文本并创建一个 `DStream[String]`对象。之后在 DStream 上调用 `print` 函数,打印出每批数据的前几个元素。

在 DStream 上调用 `print` 类似于在 RDD 上调用 `take`,只输出前几个元素。

可以通过 SBT 运行程序。打开第二个终端窗口,让生成器程序运行,然后运行 `sbt`:

```
> sbt
[info] ...
> run
...
```

然后我们应该看到几个可以选择的选项:

```
Multiple main classes detected, select one to run:

 [1] StreamingProducer
 [2] SimpleStreamingApp
 [3] StreamingAnalyticsApp
 [4] StreamingStateApp
 [5] StreamingModelProducer
 [6] SimpleStreamingModel
 [7] MonitoringStreamingModel
```

运行 `SimpleStreamingApp` 的主类。你应该看到流计算程序开始运行,打印出了类似下面的结果:

```
...
14/11/15 21:02:23 INFO scheduler.ReceiverTracker: ReceiverTracker
started
14/11/15 21:02:23 INFO dstream.ForEachDStream: metadataCleanupDelay =
-1
14/11/15 21:02:23 INFO dstream.SocketInputDStream:
metadataCleanupDelay = -1
14/11/15 21:02:23 INFO dstream.SocketInputDStream: Slide time = 10000
ms
14/11/15 21:02:23 INFO dstream.SocketInputDStream: Storage level =
```

```
StorageLevel(false, false, false, false, 1)
14/11/15 21:02:23 INFO dstream.SocketInputDStream: Checkpoint
interval = null
14/11/15 21:02:23 INFO dstream.SocketInputDStream: Remember duration
= 10000 ms
14/11/15 21:02:23 INFO dstream.SocketInputDStream: Initialized and
validated org.apache.spark.streaming.dstream.SocketInputDStream@ff3436d
14/11/15 21:02:23 INFO dstream.ForEachDStream: Slide time = 10000 ms
14/11/15 21:02:23 INFO dstream.ForEachDStream: Storage level =
StorageLevel(false, false, false, false, 1)
14/11/15 21:02:23 INFO dstream.ForEachDStream: Checkpoint interval =
null
14/11/15 21:02:23 INFO dstream.ForEachDStream: Remember duration =
10000 ms
14/11/15 21:02:23 INFO dstream.ForEachDStream: Initialized and
validated org.apache.spark.streaming.dstream.ForEachDStream@5a10b6e8
14/11/15 21:02:23 INFO scheduler.ReceiverTracker: Starting 1
receivers
14/11/15 21:02:23 INFO spark.SparkContext: Starting job: runJob at
ReceiverTracker.scala:275
...
```

与此同时，应该看到运行生成器的终端窗口显示下面的内容：

```
...
Got client connected from: /127.0.0.1
Created 2 events...
Created 2 events...
Created 3 events...
Created 1 events...
Created 5 events...
...
```

大约 10 秒钟之后，这也是我们批量处理流数据的时间间隔，Spark Streaming 将在流上触发一次计算，因为我们使用了 `print` 算子。这将会展示出这批数据的前几个活动，输出如下：

```
...
14/11/15 21:02:30 INFO spark.SparkContext: Job finished: take at
DStream.scala:608, took 0.05596 s
-------------------------------------------
Time: 1416078150000 ms
-------------------------------------------
Michael,Headphones,5.49
Frank,Samsung Galaxy Cover,8.95
Eric,Headphones,5.49
Malinda,iPad Cover,7.49
James,iPhone Cover,9.99
James,Headphones,5.49
Doug,iPhone Cover,9.99
Juan,Headphones,5.49
James,iPhone Cover,9.99
Richard,iPad Cover,7.49
...
```

你可能会看到不同的结果,因为生成器每秒钟生成活动的数量是随机的。

可以按 Ctrl+C 结束流计算程序的运行。如果愿意,也可以结束消息生成器(结束之后,需要在启动下一个流计算程序之前再次重启)。

11.3.3 流式分析

下面,我们创建一个复杂点的流计算程序。我们在第 1 章已经对产品购买数据集计算了几个统计量,包括总购买量、唯一用户数、总收入和最畅销的产品(及其购买总数和总收入)。

在这个例子中,我们将在购买活动流之上计算相同的指标。关键的不同在于这些统计值会按照每个批次计算并输出。

我们像下面这样编写流计算程序:

```
/**
 * 稍复杂的 Streaming 应用,计算 DStream 中每一批的指标并打印结果
 */
object StreamingAnalyticsApp {

  def main(args: Array[String]) {
    val ssc = new StreamingContext("local[2]",
"First Streaming App", Seconds(10))
    val stream = ssc.socketTextStream("localhost", 9999)

    // 基于原始文本元素生成活动流
    val events = stream.map { record =>
      val event = record.split(",")
      (event(0), event(1), event(2))
    }
```

首先,我们创建了和之前完全相同的 `StreamingContext` 和套接字流。接下来在原始文本上应用 `map` 转换函数,文本中的每一条记录都是一个逗号分隔的字符串,代表购买活动。`map` 函数分隔文本并创建一个“(用户,产品,价格)”元组。这里演示了如何在 DStream 上使用 `map`,和我们在 RDD 上的操作相同。

之后,使用 `foreachRDD` 函数来对流上的每个 RDD 应用任意处理函数,计算我们需要的指标并将结果打印到控制台:

```
    /*
      计算并输出每一个批次的状态。因为每个批次都会生成 RDD,所以在 DStream 上调用
      forEachRDD,应用第 1 章使用过的普通的 RDD 函数
     */
    events.foreachRDD { (rdd, time) =>
      val numPurchases = rdd.count()
```

11.3 创建 Spark Streaming 应用

```
    val uniqueUsers = rdd.map { case (user, _, _) => user
    }.distinct().count()
    val totalRevenue = rdd.map { case (_, _, price) =>
    price.toDouble }.sum()
    val productsByPopularity = rdd
      .map { case (user, product, price) => (product, 1) }
      .reduceByKey(_ + _)
      .collect()
      .sortBy(-_._2)
    val mostPopular = productsByPopularity(0)

    val formatter = new SimpleDateFormat
    val dateStr = formatter.format(new Date(time.milliseconds))
    println(s"== Batch start time: $dateStr ==")
    println("Total purchases: " + numPurchases)
    println("Unique users: " + uniqueUsers)
    println("Total revenue: " + totalRevenue)
    println("Most popular product: %s with %d
    purchases".format(mostPopular._1, mostPopular._2))
  }

  // 开始执行 Spark 上下文
  ssc.start()
  ssc.awaitTermination()

 }

}
```

这里 `foreachRDD` 中 RDD 上的操作算子和第 1 章使用的完全是相同的代码。这说明了可以通过操作其中的 RDD 在流计算中应用任何 RDD 相关的处理，包括内置的高级流计算操作。

调用 `sbt run` 再次运行流计算程序并选择 `StreamingAnalyticsApp`。

还记得吧？如果你之前终止了程序，需要重启消息生成器。这应该在启动流计算程序之前完成。

大约 10 秒钟后，你应该能看到如下输出：

```
...
14/11/15 21:27:30 INFO spark.SparkContext: Job finished: collect at
Streaming.scala:125, took 0.071145 s
== Batch start time: 2014/11/15 9:27 PM ==
Total purchases: 16
Unique users: 10
Total revenue: 123.72
Most popular product: iPad Cover with 6 purchases
...
```

可以使用 Ctrl+C 再次终止流计算程序。

11.3.4 有状态的流计算

作为最后的例子，我们将使用 `updateStateByKey` 函数，应用**有状态的流计算**这个概念，计算收入和每个用户购买量这个全局状态，而且会使用每 10 秒的批量数据更新一次。我们的 `StreamingStateApp` 程序如下：

```
object StreamingStateApp {
  import org.apache.spark.streaming.StreamingContext._
```

首先定义一个 `updateState` 函数来基于运行状态值和当前批次的新数据计算新状态。状态在这种情况下是一个"(产品数量，收入)"元组，针对每个用户。给定当前时刻的当前批次和累积状态的"(产品，收入)"对的集合，计算得到新的状态。

注意，我们将把当前状态的值处理为 `Option`，因为它可能是空的（第一批数据），并且需要定义一个默认值，这将通过下面的 `getOrElse` 来实现：

```
def updateState(prices: Seq[(String, Double)], currentTotal:
Option[(Int, Double)]) = {
  val currentRevenue = prices.map(_._2).sum
  val currentNumberPurchases = prices.size
  val state = currentTotal.getOrElse((0, 0.0))
  Some((currentNumberPurchases + state._1, currentRevenue +
  state._2))
}

def main(args: Array[String]) {

  val ssc = new StreamingContext("local[2]", "First Streaming
  App", Seconds(10))
  // 对于有状态的操作，需要设置一个检查点
  ssc.checkpoint("/tmp/sparkstreaming/")
  val stream = ssc.socketTextStream("localhost", 9999)

  // 基于原始文本元素生成活动流
  val events = stream.map { record =>
    val event = record.split(",")
    (event(0), event(1), event(2).toDouble)
  }
  val users = events.map{ case (user, product, price) => (user,
  (product, price)) }
  val revenuePerUser = users.updateStateByKey(updateState)
  revenuePerUser.print()

  // 启动上下文
  ssc.start()
  ssc.awaitTermination()

  }
}
```

在使用和之前例子中相同的字符串切分转换后，我们在 DStream 上调用了 `updateState`

ByKey，传入定义好的 updateState 函数。然后把结果打印到控制台。

使用 sbt run 并选择[4]StreamingStateApp 来启动流计算的例子（如果有必要，也重启消息生成器程序）。

大约 10 秒钟后，将开始看到第一个状态输出集合。再等待 10 秒钟会看到下一个输出集合，此时会看到整个被更新的全局状态：

```
...
-------------------------------------------
Time: 1416080440000 ms
-------------------------------------------
(Janet,(2,10.98))
(Frank,(1,5.49))
(James,(2,12.98))
(Malinda,(1,9.99))
(Elaine,(3,29.97))
(Gary,(2,12.98))
(Miguel,(3,20.47))
(Saul,(1,5.49))
(Manuela,(2,18.939999999999998))
(Eric,(2,18.939999999999998))
...
-------------------------------------------
Time: 1416080441000 ms
-------------------------------------------
(Janet,(6,34.94))
(Juan,(4,33.92))
(Frank,(2,14.44))
(James,(7,48.93000000000001))
(Malinda,(1,9.99))
(Elaine,(7,61.89))
(Gary,(4,28.46))
(Michael,(1,8.95))
(Richard,(2,16.439999999999998))
(Miguel,(5,35.95))
...
```

可以看到每个用户的购买数量和总收入按批相加了。

现在，看看是否可以应用这个例子来使用 Spark Streaming 的 window 函数。例如，可以对每个用户以 30 秒作为滑动窗口计算上一分钟相似的统计值。

11.4 使用 Spark Streaming 进行在线学习

如前所示，使用 Spark Streaming 与我们操作 RDD 的方式很接近，处理数据流也变得简单了。使用 Spark 的流处理元素结合 MLlib 的基于 SGD 的在线学习能力，我们可以创建实时的机器学习模型，并在新数据到达时实时更新学习模型。

11.4.1 流回归

Spark 在 `StreamingLinearAlgorithm` 类中提供了内建的流式机器学习模型。当前只实现了线性回归（`StreamingLinearRegressionWithSGD`），未来的版本将包含分类。

流回归模型提供了两个方法。

- `trainOn`：这个方法接收 `DStream[LabeledPoint]` 作为参数，它告诉模型在输入的 DStream 中的每一个批次上训练模型。可以被调用多次以在不同的流上训练。
- `predictOn`：这个方法接收 `DStream[LabeledPoint]` 作为参数，它告诉模型对输入的 DStream 做出预测，返回一个新的 `DStream[Double]`，其中包含模型的预测结果。

流回归模型在后台使用 `foreachRDD` 和 `map` 来完成上述操作。同时，该模型也在每个批次后更新模型变量，并暴露出最近训练的模型，让我们得以在其他应用中使用这个模型或者把模型保存到外部。

和标准的批量回归一样，流回归模型的步长和迭代次数可以通过参数配置，使用的模型类也相同。我们同样可以设置初始的模型权重向量。

第一次训练模型时，可以设置初始化权重为零向量或者随机的向量，或者从一个离线批处理的结果加载最近的模型。可以周期性地把模型保存到外部系统，并且使用最近的模型状态作为起点（例如，在一个节点或者应用故障的情况下重启）。

11.4.2 一个简单的流回归程序

为了演示流回归的使用，我们将创建一个和之前一个示例类似的例子，之前的示例使用的是模拟数据。我们将写一个生成器程序，根据给定固定的已知权重向量来生成随机的特征向量和目标变量，并把训练样本写入网络流。

我们的消费者应用将会运行流回归模型，训练，然后测试模拟数据流。第一个示例消费者将简单地将它的预测结果打印到控制台。

1. 创建流数据生成器

数据生成器的运行方式与活动生成器类似。记得第 5 章介绍过，线性模型是一个权重向量 w 和一个特征向量 x 的线性组合（或者是向量的点积，$w^\mathrm{T}x$）。我们的生成器将使用固定的已知的权重向量和随机生成的特征向量产生合成的数据。这个数据完全符合线性回归模型公式，所以预计我们的回归模型将很容易学习到正确的权重向量。

首先，设定每秒处理的最大活动数目（如 100）和特征向量中的特征数量（也是 100）：

11.4 使用 Spark Streaming 进行在线学习

```scala
/**
 * 随机线性回归数据的生成器
 */
object StreamingModelProducer {
  import breeze.linalg._

  def main(args: Array[String]) {

    // 每秒处理的最大活动数目
    val MaxEvents = 100
    val NumFeatures = 100

    val random = new Random()
```

generateRandomArray 函数创建一个大小确定的数组,其中的元素通过正态分布随机生成。我们将使用这个函数初步生成已知的权重向量 w,它在生成器的整个生命周期中固定不变。我们还将创建一个随机的截距,它也将被固定。权重向量和截距将会用来生成流中的每一个数据:

```scala
/** 生成服从正态分布的稠密向量的函数*/
def generateRandomArray(n: Int) = Array.tabulate(n)(_ =>
random.nextGaussian())

// 生成一个固定的随机模型权重向量
val w = new DenseVector(generateRandomArray(NumFeatures))
val intercept = random.nextGaussian() * 10
```

我们也需要一个函数来生成确定数量的随机数据点。每一个活动包含一个随机的特征向量以及目标值(通过计算已知向量及随机特征的点积并加上截距后得到):

```scala
/** 生成一些随机的产品活动 */
def generateNoisyData(n: Int) = {
  (1 to n).map { i =>
    val x = new DenseVector(generateRandomArray(NumFeatures))
    val y: Double = w.dot(x)
    val noisy = y + intercept
    (noisy, x)
  }
}
```

最后,使用和之前生成器类似的代码来初始化一个网络连接,并以文本形式每秒发送随机数量(在 0~100 范围内)的数据点:

```scala
// 创建网络生成器
val listener = new ServerSocket(9999)
println("Listening on port: 9999")

while (true) {
  val socket = listener.accept()
  new Thread() {
    override def run = {
      println("Got client connected from: " + socket.getInetAddress)
      val out = new PrintWriter(socket.getOutputStream(), true)
```

```
        while (true) {
          Thread.sleep(1000)
          val num = random.nextInt(MaxEvents)
          val data = generateNoisyData(num)
          data.foreach { case (y, x) =>
            val xStr = x.data.mkString(",")
            val eventStr = s"$y\t$xStr"
            out.write(eventStr)
            out.write("\n")
          }
          out.flush()
          println(s"Created $num events...")
        }
        socket.close()
      }
    }.start()
  }
}
```

你可以通过使用 sbt run 来说启动生成器，然后选择执行 StreamingModelProducer 主方法。这将导致下面的输出，这表明生成器程序在等待我们的流回归应用的连接：

```
[info] Running StreamingModelProducer
Listening on port: 9999
```

2. 创建流回归模型

下一步，我们将创建流回归模型程序。基本的设置与之前的流分析例子相同：

```
/**
 * 一个简单的线性回归计算出每个批次的预测值
 */
object SimpleStreamingModel {

  def main(args: Array[String]) {

    val ssc = new StreamingContext("local[2]", "First Streaming App", Seconds(10))
    val stream = ssc.socketTextStream("localhost", 9999)
```

这里将创建大量的特征来匹配输入数据流中记录的特征。我们将创建一个零向量来作为流回归模型的初始权值向量。最后，选择迭代次数和步长：

```
    val NumFeatures = 100
    val zeroVector = DenseVector.zeros[Double](NumFeatures)
    val model = new StreamingLinearRegressionWithSGD()
      .setInitialWeights(Vectors.dense(zeroVector.data))
      .setNumIterations(1)
      .setStepSize(0.01)
```

然后，再次使用 map 函数把 DStream 中字符串表示的每个记录转换成 LabelPoint 实例，

11.4 使用 Spark Streaming 进行在线学习

其中包含目标值和特征向量：

```
// 创建一个标签点的流
val labeledStream = stream.map { event =>
  val split = event.split("\t")
  val y = split(0).toDouble
  val features = split(1).split(",").map(_.toDouble)
  LabeledPoint(label = y, features = Vectors.dense(features))
}
```

最后调用模型在转换后的 DStream 上做训练和测试，并输出 DStream 每一批数据前几个元素的预测值：

```
// 在流上训练和测试模型，并打印预测结果作为展示
model.trainOn(labeledStream)
model.predictOn(labeledStream).print()

ssc.start()
ssc.awaitTermination()

  }
}
```

因为使用了与批处理中 MLlib 一样的模型类处理流，所以我们可以选择是否在每一个批次的训练数据（就是多个 `LabeledPoint` 实例构成的 RDD）上执行多次迭代。

这里，我们将设置迭代次数为 1 来单纯模拟在线学习。实践中，你可以设置更多的迭代次数，但每个批次的训练时间将因此增加。如果每个批次的训练时间大大高于训练间隔，流模型将会滞后于数据流的速度。

可以通过减少迭代次数、增加批处理间隔，或者增加 Spark 工作节点以增加流计算程序的并行度来解决这个问题。

现在，准备在第二个终端窗口中使用 `sbt run` 运行 SimpleStreamingModel，正如运行生成器一样（记住为 SBT 选择正确的主方法来执行）。一旦流处理程序开始运行，就应该在生成器控制台看到下面的输出：

```
Got client connected from: /127.0.0.1
...
Created 10 events...
Created 83 events...
Created 75 events...
...
```

大约 10 秒钟后，应该开始看到模型预测结果出现在流应用程序的控制台上：

```
14/11/16 14:54:00 INFO StreamingLinearRegressionWithSGD: Model
updated at time 1416142440000 ms
14/11/16 14:54:00 INFO StreamingLinearRegressionWithSGD: Current
```

```
model: weights, [0.05160959387864821,0.05122747155689144,-
0.17224086785756998,0.05822993392274008,0.07848094246845688,-
0.1298315806501979,0.006059323642394124, ...
...
14/11/16 14:54:00 INFO JobScheduler: Finished job streaming job
1416142440000 ms.0 from job set of time 1416142440000 ms
14/11/16 14:54:00 INFO JobScheduler: Starting job streaming job
1416142440000 ms.1 from job set of time 1416142440000 ms
14/11/16 14:54:00 INFO SparkContext: Starting job: take at
DStream.scala:608
14/11/16 14:54:00 INFO DAGScheduler: Got job 3 (take at
DStream.scala:608) with 1 output partitions (allowLocal=true)
14/11/16 14:54:00 INFO DAGScheduler: Final stage: Stage 3(take at
DStream.scala:608)
14/11/16 14:54:00 INFO DAGScheduler: Parents of final stage: List()
14/11/16 14:54:00 INFO DAGScheduler: Missing parents: List()
14/11/16 14:54:00 INFO DAGScheduler: Computing the requested
partition locally
14/11/16 14:54:00 INFO SparkContext: Job finished: take at
DStream.scala:608, took 0.014064 s
-------------------------------------------
Time: 1416142440000 ms
-------------------------------------------
-2.0851430248312526
4.609405228401022
2.817934589675725
3.3526557917118813
4.624236379848475
-2.3509098272485156
-0.7228551577759544
2.914231548990703
0.896926579927631
1.1968162940541283
...
```

恭喜！你已经创建了你第一个流式在线学习模型！

你可以在每个终端窗口按 Ctrl + C 关掉流应用（或者关掉生成器）。

11.4.3 流式 K-均值

MLlib 还包含一个流处理版本的 K-均值聚类，名为 `StreamingKMeans`。这是小批量 K-均值算法扩展后的模型。每一批数据到达后，模型都会基于之前批次计算得到的聚类中心和当前批次计算得到的聚类中心来更新。

`StreamingKMeans` 支持一个**遗忘度**参数 alpha（使用 `SetDecayFactor` 方法来设置），它控制模型对新数据赋权值的激进程度。alpha 为 0 时意味着模型仅会使用新数据，而 alpha 为 1 时意味着要使用从应用开始后的所有数据。

11.4 使用 Spark Streaming 进行在线学习

其中包含目标值和特征向量：

```
// 创建一个标签点的流
val labeledStream = stream.map { event =>
  val split = event.split("\t")
  val y = split(0).toDouble
  val features = split(1).split(",").map(_.toDouble)
  LabeledPoint(label = y, features = Vectors.dense(features))
}
```

最后调用模型在转换后的 DStream 上做训练和测试，并输出 DStream 每一批数据前几个元素的预测值：

```
// 在流上训练和测试模型，并打印预测结果作为展示
model.trainOn(labeledStream)
model.predictOn(labeledStream).print()

ssc.start()
ssc.awaitTermination()

  }
}
```

因为使用了与批处理中 MLlib 一样的模型类处理流，所以我们可以选择是否在每一个批次的训练数据（就是多个 `LabeledPoint` 实例构成的 RDD）上执行多次迭代。

这里，我们将设置迭代次数为 1 来单纯模拟在线学习。实践中，你可以设置更多的迭代次数，但每个批次的训练时间将因此增加。如果每个批次的训练时间大大高于训练间隔，流模型将会滞后于数据流的速度。

可以通过减少迭代次数、增加批处理间隔，或者增加 Spark 工作节点以增加流计算程序的并行度来解决这个问题。

现在，准备在第二个终端窗口中使用 `sbt run` 运行 SimpleStreamingModel，正如运行生成器一样（记住为 SBT 选择正确的主方法来执行）。一旦流处理程序开始运行，就应该在生成器控制台看到下面的输出：

```
Got client connected from: /127.0.0.1
...
Created 10 events...
Created 83 events...
Created 75 events...
...
```

大约 10 秒钟后，应该开始看到模型预测结果出现在流应用程序的控制台上：

```
14/11/16 14:54:00 INFO StreamingLinearRegressionWithSGD: Model
updated at time 1416142440000 ms
14/11/16 14:54:00 INFO StreamingLinearRegressionWithSGD: Current
```

```
model: weights, [0.05160959387864821,0.05122747155689144,-
0.17224086785756998,0.05822993392274008,0.07848094246845688,-
0.1298315806501979,0.006059323642394124, ...
...
14/11/16 14:54:00 INFO JobScheduler: Finished job streaming job
1416142440000 ms.0 from job set of time 1416142440000 ms
14/11/16 14:54:00 INFO JobScheduler: Starting job streaming job
1416142440000 ms.1 from job set of time 1416142440000 ms
14/11/16 14:54:00 INFO SparkContext: Starting job: take at
DStream.scala:608
14/11/16 14:54:00 INFO DAGScheduler: Got job 3 (take at
DStream.scala:608) with 1 output partitions (allowLocal=true)
14/11/16 14:54:00 INFO DAGScheduler: Final stage: Stage 3(take at
DStream.scala:608)
14/11/16 14:54:00 INFO DAGScheduler: Parents of final stage: List()
14/11/16 14:54:00 INFO DAGScheduler: Missing parents: List()
14/11/16 14:54:00 INFO DAGScheduler: Computing the requested
partition locally
14/11/16 14:54:00 INFO SparkContext: Job finished: take at
DStream.scala:608, took 0.014064 s
-------------------------------------------
Time: 1416142440000 ms
-------------------------------------------
-2.0851430248312526
4.609405228401022
2.817934589675725
3.3526557917118813
4.624236379848475
-2.3509098272485156
-0.7228551577759544
2.914231548990703
0.896926579927631
1.1968162940541283
...
```

恭喜！你已经创建了你第一个流式在线学习模型！

你可以在每个终端窗口按 Ctrl + C 关掉流应用（或者关掉生成器）。

11.4.3 流式 K-均值

MLlib 还包含一个流处理版本的 K-均值聚类，名为 `StreamingKMeans`。这是小批量 K-均值算法扩展后的模型。每一批数据到达后，模型都会基于之前批次计算得到的聚类中心和当前批次计算得到的聚类中心来更新。

`StreamingKMeans` 支持一个遗忘度参数 alpha（使用 `SetDecayFactor` 方法来设置），它控制模型对新数据赋权值的激进程度。alpha 为 0 时意味着模型仅会使用新数据，而 alpha 为 1 时意味着要使用从应用开始后的所有数据。

这里不会介绍更多关于流式 K-均值的内容（Spark 文档 http://spark.apache.org/docs/latest/mllib-clustering.html#streamingclustering 包含了更多细节和例子）。然而，除了可以尝试使用之前的流回归数据生成器为 `StreamingKMeans` 模型生成输入数据，你还可以采用流回归应用来使用 `StreamingKMeans`。

要创建聚类数据生成器，可以先选择一个类簇数目 K，然后通过下面的步骤生成数据点。

- 随机选择一个类簇下标。
- 对每个类簇使用特定的正态分布参数生成一个随机向量。也就是说 K 个聚类的每个类将会有一个均值和方差参数，使用与之前 `generateRandomArray` 函数类似的方法生成随机的向量。

这样，属于相同类簇的点都服从相同的分布，所以我们的流式聚类模型一段时间后应该能得到正确的类簇中心。

11.5 在线模型评估

机器学习和 Spark Streaming 组合起来有很多潜在的应用场景，包括保证模型和模型集合在新的训练数据上同步更新，因而使模型能很快适应上下文场景的改变。

另一个有用的实例是以在线方式跟踪和比较多个模型的性能，甚至可能实时执行模型选择，从而总是用性能最好的模型来生成在线数据的预测结果。

还可以用来对模型做实时"A/B 测试"，或者和前沿的在线选择和学习技术组合，例如贝叶斯更新方法和 Bandit 算法。也可以用来实时监控模型的性能，如果因为某些原因性能降低也可以及时响应和调整。

本节简单地扩展一下流回归的例子。在这个例子中，随着越来越多的数据进入输入流，我们将比较两个具有不同参数的模型的错误率的变化。

使用 Spark Streaming 比较模型性能

正如我们以前在生成器应用中使用已知权重向量和截距来生成训练数据，我们希望最后模型能学到这些权重向量（这个例子中我们不会加入随机噪声）。

因此，随着处理的数据越来越多，模型错误率会越来越低。我们也能使用标准的回归错误指标来比较多个模型的性能。

在这个例子中，我们将使用不同的学习率来创建两个模型，并在相同的数据流上进行训练。我们将对每个模型做预测，并对每个批次计算均方误差（MSE）和根均方误差（RMSE）指标。

新的监控流模型代码如下：

```scala
/**
 * 一个流式回归模型，用来比较这两个模型的性能，并输出每个批次计算后的性能统计
 */
object MonitoringStreamingModel {
  import org.apache.spark.SparkContext._

  def main(args: Array[String]) {

    val ssc = new StreamingContext("local[2]", "First Streaming
    App", Seconds(10))
    val stream = ssc.socketTextStream("localhost", 9999)

    val NumFeatures = 100
    val zeroVector = DenseVector.zeros[Double](NumFeatures)
    val model1 = new StreamingLinearRegressionWithSGD()
      .setInitialWeights(Vectors.dense(zeroVector.data))
      .setNumIterations(1)
      .setStepSize(0.01)

    val model2 = new StreamingLinearRegressionWithSGD()
      .setInitialWeights(Vectors.dense(zeroVector.data))
      .setNumIterations(1)
      .setStepSize(1.0)

    // 创建一个标签点的流
    val labeledStream = stream.map { event =>
      val split = event.split("\t")
      val y = split(0).toDouble
      val features = split(1).split(",").map(_.toDouble)
      LabeledPoint(label = y, features = Vectors.dense(features))
    }
```

注意，前面大部分的安装代码和我们的简单流模型例子一样。不同的是，我们创建了两个 `StreamingLinearRegressionWithSGD` 实例：一个学习率是 0.01，另一个学习率是 1.0。

接下来，我们将在输入流上训练每一个模型，并使用 Spark Streaming 的 `transform` 函数，为此创建一个新的包含每个模型错误率的 DStream：

```scala
    // 在同一个流上训练这两个模型
    model1.trainOn(labeledStream)
    model2.trainOn(labeledStream)
    // 使用转换算子创建包含模型错误率的流
    val predsAndTrue = labeledStream.transform { rdd =>
      val latest1 = model1.latestModel()
      val latest2 = model2.latestModel()
      rdd.map { point =>
        val pred1 = latest1.predict(point.features)
        val pred2 = latest2.predict(point.features)
        (pred1 - point.label, pred2 - point.label)
      }
    }
```

最后，对每个模型使用 foreachRDD 来计算 MSE 和 RMSE 指标，并将结果输出到控制台：

```
// 对于每个模型的每个批次，输出 MSE 和 RMSE 统计值
predsAndTrue.foreachRDD { (rdd, time) =>
  val mse1 = rdd.map { case (err1, err2) => err1 * err1
  }.mean()
  val rmse1 = math.sqrt(mse1)
  val mse2 = rdd.map { case (err1, err2) => err2 * err2
  }.mean()
  val rmse2 = math.sqrt(mse2)
  println(
    s"""
       |-------------------------------------------
       |Time: $time
       |-------------------------------------------
     """.stripMargin)
  println(s"MSE current batch: Model 1: $mse1; Model 2:
$mse2")
  println(s"RMSE current batch: Model 1: $rmse1; Model 2:
$rmse2")
  println("...\n")
}

ssc.start()
ssc.awaitTermination()

  }
}
```

如果你之前关掉了生成器，执行 sbt run 并选择 StreamingModelProducer 重新启动。生成器再次运行后，在第二个终端窗口执行 sbt run 并且选择主类为 MonitoringStreamingModel。

你将看到流处理程序启动，约 10 秒后第一批数据处理完毕，输出如下：

```
...
14/11/16 14:56:11 INFO SparkContext: Job finished: mean at
StreamingModel.scala:159, took 0.09122 s

-------------------------------------------
Time: 1416142570000 ms
-------------------------------------------

MSE current batch: Model 1: 97.9475827857361; Model 2:
97.9475827857361
RMSE current batch: Model 1: 9.896847113385965; Model 2:
9.896847113385965
...
```

因为两个模型都从从同样的初始化权重向量开始，所以我们看到它们对第一批数据做了完全相同的预测，即错误率相同。

如果让程序运行几分钟，最后应该看到其中一个模型开始收敛，错误率越来越低，而另一个

模型因为学习率过高而越来越发散。

```
...
14/11/16 14:57:30 INFO SparkContext: Job finished: mean at
StreamingModel.scala:159, took 0.069175 s

-------------------------------------------
Time: 1416142650000 ms
-------------------------------------------

MSE current batch: Model 1: 75.54543031658632; Model 2:
10318.213926882852
RMSE current batch: Model 1: 8.691687426304878; Model 2:
101.57860959317593
...
```

如果让程序运行更长时间,应该会看到第一个模型的错误率变得很小:

```
...
14/11/16 17:27:00 INFO SparkContext: Job finished: mean at
StreamingModel.scala:159, took 0.037856 s

-------------------------------------------
Time: 1416151620000 ms
-------------------------------------------

MSE current batch: Model 1: 6.551475362521364; Model 2:
1.057088005456417E26
RMSE current batch: Model 1: 2.559584998104451; Model 2:
1.0281478519436867E13
...
```

因为数据是随机生成的,所以你看到的结果可能不一样,但总体趋势应该一致:第一批时,模型的错误率相同,然后第一个模型的错误率越来越小。

11.6 结构化流

Spark 2.0 开始支持结构化流(Structured Streaming)。该方式下应用的最终输出等同于在现有基础上执行一个新的批处理得到的结果。结构化流对执行引擎内和与外部系统交互提供一致性和可靠性支持。结构化流是一个简单的数据框架和数据集 API。

用户提交要进行的查询,以及输入和输出路径。然后系统增量执行该查询,同时保持足够的状态来从系统故障中恢复,并确保结果在外部存储上一致性,等等。

结构化流旨在以 Spark Streaming 上最高效的那些特性为基础,提供一个创建实时应用的更为简单的模型。但在 Spark 2.0 中,结构化流处于 alpha 阶段。

11.7 小结

在这一章中，我们讨论了在线机器学习和流数据分析的知识点。然后介绍了 Spark Streaming 库和 API，使用和 RDD 相似的函数进行了连续的数据流处理，还实现了流分析应用的一个例子并演示了它的功能。

最后，我们在流式应用中使用了 MLlib 的流回归模型，在输入特征向量流上计算并比较了模型的性能。

第 12 章 Spark ML Pipeline API

本章将会讲解 Spark ML Pipeline 的基础知识,及其在多种场景下的应用。Pipeline(管道)由多个组件构成。它利用 Spark 平台和机器学习来提供构建大型学习系统所需的关键特性,从而简化构建过程。

12.1 Pipeline 简介

Pipeline API 的灵感来自 scikit-learn,自 Spark 1.2 版引入,旨在简化机器学习流程的创建、调优和检视。

基于 DataFrame,ML Pipeline 提供了一组高层 API,以帮助用户创建和调优机器学习流程。多个 Spark 机器学习算法可以整合到单个流程中。

ML Pipeline 通常由一系列的数据预处理、特征提取、模型拟合和验证阶段构成。

以文本分类为例,文档要经过预处理阶段,比如分词、分段和清洗、提取特征向量,以及用交叉验证来训练分类模型。算法和涉及预处理的多个步骤可通过 Pipeline 衔接起来。Pipeline 通常基于机器学习库之上,协调策划整个工作流程。

12.1.1 DataFrame

Spark Pipeline 由一系列阶段构成,其中每个阶段对应一个转换器(transformer)或一个评估器(estimator)。各个阶段依次运行,输入 DataFrame 随各阶段的进行而有序转换。

DataFrame 对象是贯穿整个 Pipeline 的基本数据结构或张量(tensor)。DataFrame 指代一个按行数据集,并支持多种数据格式,比如数值型、字符串、二进制数、布尔型以及日期等格式。

12.1.2 Pipeline 组件

一个 ML Pipeline 或 ML 工作流程由一系列旨在让模型拟合给定输入数据集的转换器和评估器构成。

12.1.3 转换器

转换器是一种抽象，包括特征转换器和学习模型。它实现了 `transform()` 函数，来将一个 DataFrame 转换成另一个 DataFrame。

特征转换器以一个 DataFrame 对象为输入，读取其文本内容，映射为一个新的列，最后输出一个新的 DataFrame。

学习模型以一个 DataFrame 对象为输入，读取包含特征向量的列，对每一个特征向量预测其标签，最后输出一个新的带预测标签的 DataFrame 对象。

自定义一种转换器需遵循如下步骤。

(1) 实现 `transform()` 函数。
(2) 指定 `inputCol` 和 `outputCol`。
(3) 以 DataFrame 对象为输入，并返回该类对象。

简而言之，transformer 是一个 DataFrame 到另一个的映射，即 `DataFrame=[transform]=> DataFrame`。

12.1.4 评估器

评估器是对学习算法的抽象，该算法在数据集上拟合模型。

评估器对象需要实现 `fit()` 函数，该函数以一个 DataFrame 对象为输入，生成一个模型。`LogisticRegression` 便是这样的一种学习算法。

简而言之，评估器实现从 DataFrame 到模型的映射：`DataFrame=[fit]=>Model`。

在如下例子中，`PipelineComponentExample` 引入了转换器和评估器的概念：

```
import org.apache.spark.ml.classification.LogisticRegression
import org.apache.spark.ml.linalg.{Vector, Vectors}
import org.apache.spark.ml.param.ParamMap
import org.apache.spark.sql.Row
import org.utils.StandaloneSpark

object PipelineComponentExample {

  def main(args: Array[String]): Unit = {
    val spark = StandaloneSpark.getSparkInstance()

    // 生成一个(label, features)元组的列表，
    // 以之为输入训练数据
    val training = spark.createDataFrame(Seq(
      (1.0, Vectors.dense(0.0, 1.1, 0.1)),
```

```
  (0.0, Vectors.dense(2.0, 1.0, -1.0)),
  (0.0, Vectors.dense(2.0, 1.3, 1.0)),
  (1.0, Vectors.dense(0.0, 1.2, -0.5))
)).toDF("label", "features")

// 创建一个 LogisticRegression(LR) 实例,
// 它是一个评估器
val lr = new LogisticRegression()
// 打印出参数、文档和任意默认值
println("LogisticRegression parameters:\n" + lr.explainParams() + "\n")

// 使用 setter 函数来配置参数
lr.setMaxIter(10)
  .setRegParam(0.01)

// 用 lr 中保存的参数来训练一个 LogisticRegression 模型
val model1 = lr.fit(training)
// model1 是一个 Model 类对象, 即由一个评估器生成的转换器对象,
// 我们可以列出在 fit() 过程中查看所使用的参数
// 下面会以(name:value)对格式打印出参数, 其中 name 是该 LR 实例的唯一标识
println("Model 1 was fit using parameters: " + model1.parent.extractParamMap)

// 另外也可用 ParaMap 对象来指定各参数, 它支持多种方法来指定参数
val paramMap = ParamMap(lr.maxIter -> 20)
  .put(lr.maxIter, 30) // 指定一个参数。这覆盖了原来的 TmaxIter
  .put(lr.regParam -> 0.1, lr.threshold -> 0.55) // 指定多个参数

// ParamMaps 对象可以合并
val paramMap2 = ParamMap(lr.probabilityCol -> "myProbability")
// 更改输出列的列名
val paramMapCombined = paramMap ++ paramMap2

// 使用上述合并后的各参数来学习一个新的模型
// paramMapCombined 会覆盖之前经 lr.set 函数所设置的所有参数
val model2 = lr.fit(training, paramMapCombined)
println("Model 2 was fit using parameters: " + model2.parent.extractParamMap)

// 准备测试数据
val test = spark.createDataFrame(Seq(
  (1.0, Vectors.dense(-1.0, 1.5, 1.3)),
  (0.0, Vectors.dense(3.0, 2.0, -0.1)),
  (1.0, Vectors.dense(0.0, 2.2, -1.5))
)).toDF("label", "features")

// 用 Transformer.transform() 函数来在测试数据集上做预测
// LogisticRegression.transform 将只会使用 features 这一列
// 注意 model2.transform() 输出的列的名称为 myProbability, 而非
// 'probability'。这是因为之前重命名了 lr.probabilityCol
model2.transform(test)
  .select("features", "label", "myProbability", "prediction")
  .collect()
  .foreach {
    case Row(features: Vector, label: Double, prob: Vector, prediction: Double) =>
      println(s"($features, $label) -> prob=$prob, prediction=$prediction")
```

        }
    }
}

其输出如下：

```
Model 2 was fit using parameters: {
logreg_158888baeffa-elasticNetParam: 0.0,
logreg_158888baeffa-featuresCol: features,
logreg_158888baeffa-fitIntercept: true,
logreg_158888baeffa-labelCol: label,
logreg_158888baeffa-maxIter: 30,
logreg_158888baeffa-predictionCol: prediction,
logreg_158888baeffa-probabilityCol: myProbability,
logreg_158888baeffa-rawPredictionCol: rawPrediction,
logreg_158888baeffa-regParam: 0.1,
logreg_158888baeffa-standardization: true,
logreg_158888baeffa-threshold: 0.55,
logreg_158888baeffa-tol: 1.0E-6
}
17/02/12 12:32:49 INFO Instrumentation: LogisticRegressionlogreg_
158888baeffa-268961738-2: training finished
17/02/12 12:32:49 INFO CodeGenerator: Code generated in 26.525405
ms
17/02/12 12:32:49 INFO CodeGenerator: Code generated in 11.387162
ms
17/02/12 12:32:49 INFO SparkContext: Invoking stop() from shutdown
hook
([-1.0,1.5,1.3], 1.0) ->
prob=[0.05707304171033984,0.9429269582896601], prediction=1.0
([3.0,2.0,-0.1], 0.0) ->
prob=[0.9238522311704088,0.0761477688295912], prediction=0.0
([0.0,2.2,-1.5], 1.0) ->
prob=[0.10972776114779145,0.8902722388522085], prediction=1.0
```

上述代码位于：

https://github.com/ml-resources/spark-ml/blob/branch-ed2/Chapter_12/2.0.0/spark-ai-apps/src/main/scala/org/textclassifier/PipelineComponentExample.scala。

12.2 Pipeline 工作原理

我们运行一系列算法来处理给定数据集并从中学习模型。比如在文本分类中，会将各文档分割为词，然后将词转换为数值特征向量，最后使用这类向量和对应的标签来学习一个预测模型。

Spark ML 会将这种工作流程表示为一个 Pipeline。它由多个按特定顺序运行的 PipelineStages（转换器和评估器）构成。

PipelineStages 中的每一个阶段对应一个转换器或一个评估器。各个阶段以特定的顺序运行，而输入 DataFrame 贯穿各阶段之间。

如下图片取自：https://spark.apache.org/docs/latest/ml-pipeline.html#dataframe。

下图的文本处理 Pipeline 展示了一个由 Tokenizer（分词器）、HashingTF（散列词频特征提取器）和 LogisticRegression 这些组件构成的文本处理流程。`Pipeline.fit()` 函数展示了原始文本通过该 Pipeline 转换的过程。

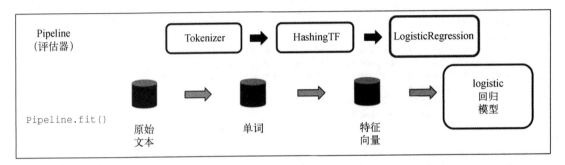

在第一阶段，`Pipeline.fit()` 的调用会将原始文本经 Tokenizer 转换器分为多个单词；在第二阶段，单位词经词频转换器转为特征向量；在最后一阶段，以特征向量为输入，对 LogisticRegression 评估器调用 `fit()` 函数，从而生成 logistic 回归模型（PipelineModel）。

该 Pipeline 是一个评估器，在调用 `fit()` 函数后，会生成一个 PipelineModel。该 PipelineModel 是一个转换器（见下图）。

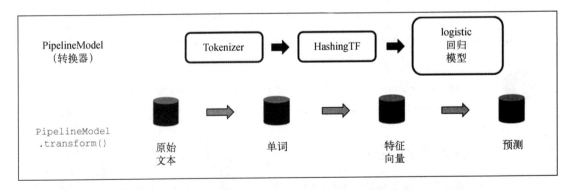

对测试数据集调用 `PipelineModels.transform` 函数，并得到如下的预测结果。

Pipeline 可以是线性组织的，即每个阶段前后衔接而成，也可以是非线性的，此时数据流形成一个**有向无环图**（DAG, directed acyclic graph）。Pipeline 和 PipelineModel 在实际运行前会进行运行时检查（runtime checking）。

DAG Pipeline 的例子如下图[①]：

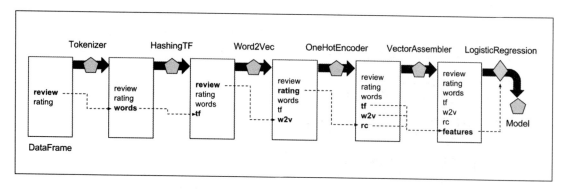

如下 TextClassificationPipeline 引入了转换器和评估器的概念：

```
package org.textclassifier

import org.apache.spark.ml.{Pipeline, PipelineModel}
import org.apache.spark.ml.classification.LogisticRegression
import org.apache.spark.ml.feature.{HashingTF, Tokenizer}
import org.apache.spark.ml.linalg.Vector
import org.apache.spark.sql.Row
import org.utils.StandaloneSpark

object TextClassificationPipeline {

  def main(args: Array[String]): Unit = {
    val spark = StandaloneSpark.getSparkInstance()
    // 生成一个(id, text, label)元组的列表，
    // 以之为输入训练数据
    val training = spark.createDataFrame(Seq(
      (0L, "a b c d e spark", 1.0),
      (1L, "b d", 0.0),
      (2L, "spark f g h", 1.0),
      (3L, "hadoop mapreduce", 0.0)
    )).toDF("id", "text", "label")

    // 配置一个 ML Pipeline，它由三阶段构成：tokenizer、hashingTF 和 lr
    val tokenizer = new Tokenizer()
      .setInputCol("text")
      .setOutputCol("words")
    val hashingTF = new HashingTF()
      .setNumFeatures(1000)
      .setInputCol(tokenizer.getOutputCol)
      .setOutputCol("features")
    val lr = new LogisticRegression()
      .setMaxIter(10)
```

[①] 图中部分文字翻译：review（评论）；rating（评级）；words（词）；tf（词频）；w2v（Word2Vec）；rc（评级向量）；features（特征）；Model（模型）。——译者注

```scala
    .setRegParam(0.001)
val pipeline = new Pipeline()
    .setStages(Array(tokenizer, hashingTF, lr))

// 用Pipeline来拟合训练文档
val model = pipeline.fit(training)

// 现在可以将拟合好的Pipeline存到磁盘
model.write.overwrite().save("/tmp/spark-logistic-regression-model")

// 未拟合的也Pipeline也可保存到磁盘
pipeline.write.overwrite().save("/tmp/unfit-lr-model")

// 生产环境时，载入回该模型
val sameModel = PipelineModel.load("/tmp/spark-logistic-regression-model")

// 准备测试文档，它们是没有标签的(id, text)元组
val test = spark.createDataFrame(Seq(
    (4L, "spark i j k"),
    (5L, "l m n"),
    (6L, "spark hadoop spark"),
    (7L, "apache hadoop")
)).toDF("id", "text")

// 在测试文档上做预测
model.transform(test)
    .select("id", "text", "probability", "prediction")
    .collect()
    .foreach { case Row(id: Long, text: String, prob: Vector, prediction: Double) =>
        println(s"($id, $text) --> prob=$prob, prediction=$prediction")
    }
  }
}
```

对应输出如下：

```
17/02/12 12:46:22 INFO Executor: Finished task 0.0 in stage
30.0 (TID 30). 1494 bytes result sent to driver
17/02/12 12:46:22 INFO TaskSetManager: Finished task 0.0 in stage
30.0 (TID 30) in 84 ms on localhost (1/1)
17/02/12 12:46:22 INFO TaskSchedulerImpl: Removed TaskSet 30.0,
whose tasks have all completed, from pool
17/02/12 12:46:22 INFO DAGScheduler: ResultStage 30 (head at
LogisticRegression.scala:683) finished in 0.084 s
17/02/12 12:46:22 INFO DAGScheduler: Job 29 finished: head at
LogisticRegression.scala:683, took 0.091814 s
17/02/12 12:46:22 INFO CodeGenerator: Code generated in 5.88911 ms
17/02/12 12:46:22 INFO CodeGenerator: Code generated in 8.320754 ms
17/02/12 12:46:22 INFO CodeGenerator: Code generated in 9.082379 ms
(4, spark i j k) -->
prob=[0.15964077387874084,0.8403592261212592],
prediction=1.0
(5, l m n) --> prob=[0.8378325685476612,0.16216743145233883],
prediction=0.0
```

```
(6, spark hadoop spark) --> prob=
[0.06926633132976247,0.9307336686702374], prediction=1.0
(7, apache hadoop) --> prob=
[0.9821575333444208,0.01784246665557917],
prediction=0.0
```

完整代码位于：

https://github.com/ml-resources/spark-ml/blob/branch-ed2/Chapter_12/2.0.0/spark-ai-apps/src/main/scala/org/textclassifier/TextClassificationPipeline.scala。

12.3 Pipeline 机器学习示例

如之前小节所提到的，新 ML 库最大的更新之一就是引入了 Pipeline。它对机器学习流程提供了一个高层抽象，并极大地简化了整个工作流程。

下面会使用 StumbleUpon 数据集来演示一个 Spark Pipeline 的构建过程。

这里所用的数据集可从 http://www.kaggle.com/c/stumbleupon/data 下载。下载训练数据集（train.csv）。下载前需要接受相关的条款。关于比赛的更多信息可参考：http://www.kaggle.com/c/stumbleupon。

用 Spark SQLContext 将数据暂存在一个临时表中后，可一瞥如下：

```
|              url|urlid|         boilerplate|alchemy_category|alchemy_category_score|avglinksize|commonlinkratio_1|commonlinkratio_2|commonlinkratio_3|commonlinkratio_4|
|http://www.conven...| 7018|{"url":"convenien...|               ?|                     ?|      119.0|      0.745454545|      0.581818182|      0.290909091|      0.018181818|
|http://www.inside...| 3402|{"url":"insidersh...|               ?|                     ?|1.883333333|      0.719696970|      0.265151515|      0.113636364|      0.015151515|
|http://www.valetm...|  477|{"title":"Valet T...|               ?|                     ?|0.471502951|      0.190721649|      0.036082474|              0.0|              0.0|
|http://www.howswe...| 6731|{"url":"howsweete...|               ?|                     ?|2.410112360|      0.469325153|      0.101226994|      0.018404908|      0.003067485|
|http://www.thedai...| 1063|{"title":" ","bod...|               ?|                     ?|        0.0|              0.0|              0.0|              0.0|              0.0|
|http://www.monice...| 8945|{"title":"Origina...|               ?|                     ?|4.327655311|      0.978757515|      0.895791583|      0.669138277|      0.422044088|
|http://blogs.babb...| 2839|{"title":" ","bod...|               ?|                     ?|1.786407767|      0.552631579|      0.149122807|      0.052631579|      0.017543860|
|http://humor.cool...| 2949|{"title":"Supermo...|               ?|                     ?|3.417910448|      0.541176471|      0.270588235|      0.176470588|      0.117647059|
|http://sportsillu...| 4156|{"title":"Genevie...|               ?|                     ?|1.154761905|      0.504424779|      0.427728614|      0.023598822|              0.0|
|http://www.chican...| 8004|{"title":"Ten way...|               ?|                     ?|1.292682927|      0.421965318|      0.306358382|      0.011560694|              0.0|
|http://nerdsmagaz...| 3201|{"url":"nerdsmaga...|               ?|                     ?|1.888888889|          0.59375|          0.171875|           0.0625|         0.046875|
|http://bitten.blo...| 6704|{"title":"Microwa...|               ?|                     ?|2.618902439|      0.707317073|      0.336044336|      0.119241192|      0.051490515|
|http://www.peta.o...| 3561|{"title":"Creamy ...|               ?|                     ?|2.881944444|      0.548223355|      0.238578680|      0.106598985|      0.040609137|
|http://www.refine...| 8138|{"title":"Photo 1...|               ?|                     ?|1.769696970|      0.381818182|      0.181818182|      0.048484848|      0.006060606|
|http://sportsillu...| 1754|{"title":"Alyssa ...|               ?|                     ?|1.158208955|      0.505917160|      0.428994083|      0.023668639|              0.0|
|http://twenty1f.com/| 4881|{"title":"Twenty ...|               ?|                     ?|2.133333333|      0.655737705|      0.213114754|      0.196721311|      0.196721311|
|http://allrecipes...| 5483|{"title":"Apple D...|               ?|                     ?|2.328502415|      0.427777778|      0.205555556|      0.061111111|      0.019444444|
|http://www.hypers...| 4781|{"url":"hypersapi...|               ?|                     ?|2.854838710|      0.428571429|      0.103896104|      0.038961039|              0.0|
|http://www.phoeni...| 7053|{"title":" ","bod...|               ?|                     ?|2.278481013|      0.552419355|      0.266129032|      0.052419355|      0.020161290|
|http://www.comple...| 1033|{"title":"The 25 ...|               ?|                     ?|1.127516779|      0.636363636|      0.048484848|              0.0|              0.0|
only showing top 20 rows
```

StumbleUpon 数据集可视化如下图所示：

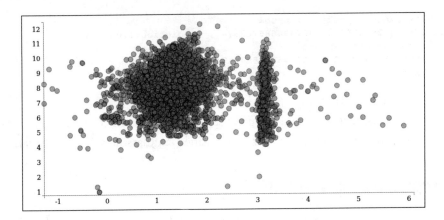

StumbleUponExecutor

StumbleUponExecutor 对象能选择和运行相应的分类模型，比如运行 LogisticRegression，执行 logistic 回归 Pipeline 或设置程序的参数为 LR。其他命令，请参见如下代码片段。

继续之前，先简单介绍下 LogisticRegression 评估器。LogisticRegression 针对几乎可以线性划分的分类问题。它在特征空间里搜索单个线性决策边界。Spark 中支持两种 logistic 回归评估器：二元 logistic 回归（binomial logistic regression），预测一个二分类输出；多元 logistic 回归（multinomial logistic regression），预测一个多分类输出。

```
def executeCommand(arg: String, vectorAssembler: VectorAssembler
                   , dataFrame: DataFrame, sparkContext: SparkContext) = arg match {
  case "LR" => LogisticRegressionPipeline
    .logisticRegressionPipeline(vectorAssembler, dataFrame)
  case "DT" => DecisionTreePipeline
    .decisionTreePipeline(vectorAssembler, dataFrame)
  case "RF" => RandomForestPipeline
    .randomForestPipeline(vectorAssembler, dataFrame)
  case "GBT" => GradientBoostedTreePipeline
    .gradientBoostedTreePipeline(vectorAssembler, dataFrame)
  case "NB" => NaiveBayesPipeline
    .naiveBayesPipeline(vectorAssembler, dataFrame)
  case "SVM" => SVMPipeline.svmPipeline(sparkContext)
}
```

完整代码位于：
https://github.com/ml-resources/spark-ml/blob/branch-ed2/Chapter_12/2.0.0/spark-ai-apps/src/main/scala/org/stumbleuponclassifier/StumbleUponExecutor.scala。

决策树 Pipeline：作为其机器学习工作流的一部分，Pipeline 会用一个决策树评估器来对 StumbleUpon 数据集分类。

Spark 中的决策树评估器本质上用轴对齐线性决策边界（axis-aligned linear decision boundaries）将特征空间划分为多个半空间。结果可能是一个或多个非线性决策边界：

```scala
package org.stumbleuponclassifier

import org.apache.log4j.Logger
import org.apache.spark.ml.classification.DecisionTreeClassifier
import org.apache.spark.ml.evaluation.MulticlassClassificationEvaluator
import org.apache.spark.ml.feature.{StringIndexer, VectorAssembler}
import org.apache.spark.ml.{Pipeline, PipelineStage}
import org.apache.spark.sql.DataFrame

import scala.collection.mutable

object DecisionTreePipeline {
  @transient lazy val logger = Logger.getLogger(getClass.getName)

  def decisionTreePipeline(vectorAssembler: VectorAssembler
                          , dataFrame: DataFrame) = {
    val Array(training, test) = dataFrame
      .randomSplit(Array(0.9, 0.1), seed = 12345)

    // 设置 Pipeline
    val stages = new mutable.ArrayBuffer[PipelineStage]()

    val labelIndexer = new StringIndexer()
      .setInputCol("label")
      .setOutputCol("indexedLabel")
    stages += labelIndexer

    val dt = new DecisionTreeClassifier()
      .setFeaturesCol(vectorAssembler.getOutputCol)
      .setLabelCol("indexedLabel")
      .setMaxDepth(5)
      .setMaxBins(32)
      .setMinInstancesPerNode(1)
      .setMinInfoGain(0.0)
      .setCacheNodeIds(false)
      .setCheckpointInterval(10)

    stages += vectorAssembler
    stages += dt
    val pipeline = new Pipeline().setStages(stages.toArray)

    // 拟合 Pipeline
    val startTime = System.nanoTime()
    // val model = pipeline.fit(training)
    val model = pipeline.fit(dataFrame)
    val elapsedTime = (System.nanoTime() - startTime) / 1e9
    println(s"Training time: $elapsedTime seconds")

    // val holdout = model.transform(test).select("prediction","label")
    val holdout = model.transform(dataFrame).select("prediction", "label")
```

```scala
    // 选择(prediction, true label)并计算测试误差
    val evaluator = new MulticlassClassificationEvaluator()
      .setLabelCol("label")
      .setPredictionCol("prediction")
      .setMetricName("accuracy")
    val mAccuracy = evaluator.evaluate(holdout)
    println("Test set accuracy = " + mAccuracy)
  }
}
```

其输出如下：

Accuracy: 0.3786163522012579

完整代码位于：
https://github.com/ml-resources/spark-ml/blob/branch-ed2/Chapter_12/2.0.0/spark-ai-apps/src/main/scala/org/stumbleuponclassifier/DecisionTreePipeline.scala。

预测数据在二维散点图中可视化效果见下图：

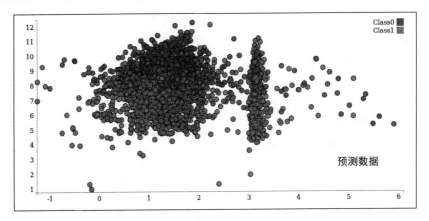

实际数据在二维散点图中可视化效果见下图：

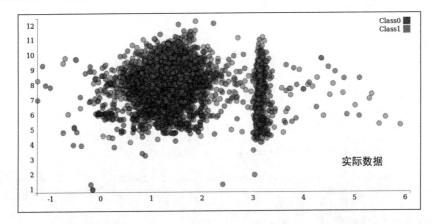

12.3 Pipeline 机器学习示例

朴素贝叶斯 Pipeline：与上述类似，这里用朴素贝叶斯评估器来对 StumbleUpon 数据集分类。

该类评估器考虑类中是否存在某个特定的特征与其他特征相对独立。该类模型构建简单，特别适合大型数据集：

```
package org.stumbleuponclassifier

import org.apache.log4j.Logger
import org.apache.spark.ml.classification.NaiveBayes
import org.apache.spark.ml.evaluation.MulticlassClassificationEvaluator
import org.apache.spark.ml.feature.{StringIndexer, VectorAssembler}
import org.apache.spark.ml.{Pipeline, PipelineStage}
import org.apache.spark.sql.DataFrame

import scala.collection.mutable

object NaiveBayesPipeline {
  @transient lazy val logger = Logger.getLogger(getClass.getName)

  def naiveBayesPipeline(vectorAssembler: VectorAssembler, dataFrame: DataFrame) = {
    val Array(training, test) = dataFrame.randomSplit(Array(0.9, 0.1), seed = 12345)

    // 配置 Pipeline
    val stages = new mutable.ArrayBuffer[PipelineStage]()

    val labelIndexer = new StringIndexer()
      .setInputCol("label")
      .setOutputCol("indexedLabel")
    stages += labelIndexer

    val nb = new NaiveBayes()

    stages += vectorAssembler
    stages += nb
    val pipeline = new Pipeline().setStages(stages.toArray)

    // 拟合 Pipeline
    val startTime = System.nanoTime()
    // val model = pipeline.fit(training)
    val model = pipeline.fit(dataFrame)
    val elapsedTime = (System.nanoTime() - startTime) / 1e9
    println(s"Training time: $elapsedTime seconds")

    // val holdout = model.transform(test).select("prediction","label")
    val holdout = model.transform(dataFrame).select("prediction", "label")

    // 选择(prediction, true label)并计算测试误差
    val evaluator = new MulticlassClassificationEvaluator()
      .setLabelCol("label")
      .setPredictionCol("prediction")
      .setMetricName("accuracy")
    val mAccuracy = evaluator.evaluate(holdout)
    println("Test set accuracy = " + mAccuracy)
  }
}
```

其输出如下：

```
Training time: 2.114725642 seconds
Accuracy: 0.5660377358490566
```

完整代码位于：
https://github.com/ml-resources/spark-ml/blob/branch-ed2/Chapter_12/2.0.0/spark-ai-apps/src/main/scala/org/stumbleuponclassifier/NaiveBayesPipeline.scala。

预测数据在二维散点图中可视化效果见下图：

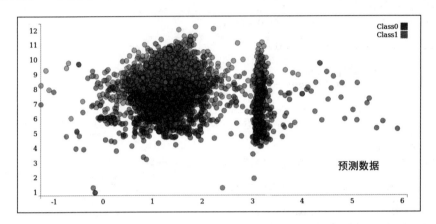

实际数据在二维散点图中可视化效果见下图：

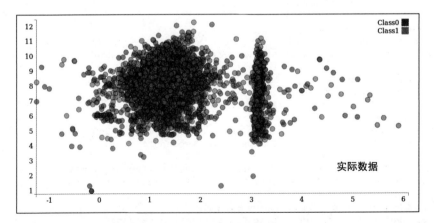

梯度提升 Pipeline：与上面类似，下面用梯度提升树评估器来对 StumbleUpon 数据集分类。

梯度提升树评估器是一种用于回归和分类问题的机器学习方法。梯度提升树（GBT）和随机森林都是用于学习集成树的算法。GBT 对各决策树进行迭代式训练，以最小化一个损失函数。Spark MLlib 支持 GBT。

```scala
package org.stumbleuponclassifier

import org.apache.log4j.Logger
import org.apache.spark.ml.classification.GBTClassifier
import org.apache.spark.ml.feature.{StringIndexer, VectorAssembler}
import org.apache.spark.ml.{Pipeline, PipelineStage}
import org.apache.spark.mllib.evaluation.{MulticlassMetrics, RegressionMetrics}
import org.apache.spark.sql.DataFrame

import scala.collection.mutable

object GradientBoostedTreePipeline {
  @transient lazy val logger = Logger.getLogger(getClass.getName)

  def gradientBoostedTreePipeline(vectorAssembler: VectorAssembler
                                  , dataFrame: DataFrame) = {
    val Array(training, test) = dataFrame.randomSplit(Array(0.9, 0.1), seed = 12345)

    // 设置 Pipeline
    val stages = new mutable.ArrayBuffer[PipelineStage]()

    val labelIndexer = new StringIndexer()
      .setInputCol("label")
      .setOutputCol("indexedLabel")
    stages += labelIndexer

    val gbt = new GBTClassifier()
      .setFeaturesCol(vectorAssembler.getOutputCol)
      .setLabelCol("indexedLabel")
      .setMaxIter(10)

    stages += vectorAssembler
    stages += gbt
    val pipeline = new Pipeline().setStages(stages.toArray)

    // 拟合 Pipeline
    val startTime = System.nanoTime()
    // val model = pipeline.fit(training)
    val model = pipeline.fit(dataFrame)
    val elapsedTime = (System.nanoTime() - startTime) / 1e9
    println(s"Training time: $elapsedTime seconds")

    // val holdout = model.transform(test).select("prediction","label")
    val holdout = model.transform(dataFrame).select("prediction", "label")

    // 类型转换为 RegressionMetrics
    val rm = new RegressionMetrics(
      holdout.rdd.map(x => (x(0).asInstanceOf[Double], x(1).asInstanceOf[Double])))

    logger.info("Test Metrics")
    logger.info("Test Explained Variance:")
    logger.info(rm.explainedVariance)
    logger.info("Test R^2 Coef:")
    logger.info(rm.r2)
```

```
    logger.info("Test MSE:")
    logger.info(rm.meanSquaredError)
    logger.info("Test RMSE:")
    logger.info(rm.rootMeanSquaredError)

    val predictions = model.transform(test)
      .select("prediction").rdd.map(_.getDouble(0))
    val labels = model.transform(test).select("label").rdd.map(_.getDouble(0))
    val accuracy = new MulticlassMetrics(predictions.zip(labels)).precision
    println(s"   Accuracy : $accuracy")
  }

  def savePredictions(predictions: DataFrame, testRaw: DataFrame
                      , regressionMetrics: RegressionMetrics, filePath: String) = {
    predictions
      .coalesce(1)
      .write.format("com.databricks.spark.csv")
      .option("header", "true")
      .save(filePath)
  }
}
```

其输出如下：

Accuracy: 0.3647

完整代码位于：

https://github.com/ml-resources/spark-ml/blob/branch-ed2/Chapter_12/2.0.0/spark-ai-apps/src/main/scala/org/stumbleuponclassifier/GradientBoostedTreePipeline.scala。

预测数据在二维散点图中可视化效果见下图：

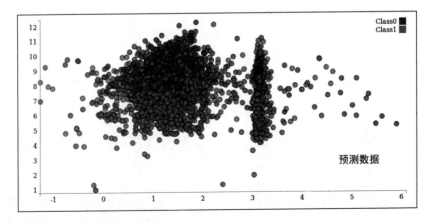

实际数据在二维散点图中可视化效果见下图：

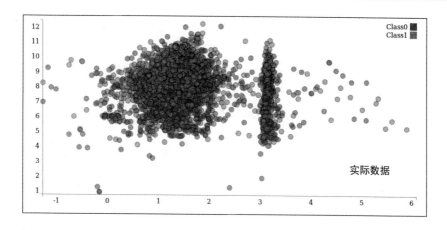

12.4 小结

本章讨论了 Spark ML Pipeline 及其组件的基本知识。介绍了如何在输入 DataFrame 上训练模型,以及通过 ML Pipeline 的各种 API 来运行它们,并用标准指标来评估模型的性能。另外还探讨了如何使用如何转换器和评估器等方法。最后,通过应用不同的算法来对 Kaggle 的 StumbleUpon 数据集进行分类,演示了如何使用 Pipeline API。

机器学习是业界冉冉升起的新星。它应用在许多商业问题和用例中。希望读者能找到创新的方法来增强这些技术,对学习和智能有更深刻的理解。关于机器学习和 Spark 的更多实践和资料分别参见 https://www.kaggle.com 和 https://databricks.com/spark/。

版权声明

Copyright © 2017 Packt Publishing. First published in the English language under the title *Machine Learning with Spark, Second Edition*.

Simplified Chinese-language edition copyright © 2018 by Posts & Telecom Press. All rights reserved.

本书中文简体字版由Packt Publishing授权人民邮电出版社独家出版。未经出版者书面许可，不得以任何方式复制或抄袭本书内容。

版权所有，侵权必究。

站在巨人的肩上
Standing on Shoulders of Giants

TURING
图灵教育

iTuring.cn